eV	K		
eV	—	1.16×10^4 K	1.60×10^{-12} erg	1.78×10^{-33} g
K	8.62×10^{-5} eV	—	1.38×10^{-16} erg	1.54×10^{-37} g
erg	6.24×10^2 GeV	7.24×10^{15} K	—	1.11×10^{-21} g
g	5.62×10^{23} GeV	6.51×10^{36} K	8.99×10^{20} erg	—

表 2　質量，エネルギー，温度の単位換算．

名称	記号・値
天文単位	au $= 1.495978707 \times 10^{13}$ cm (定義)
パーセク	pc $= 3.09 \times 10^{18}$ cm
光年	ly $= 9.46 \times 10^{17}$ cm
太陽質量	$M_\odot = 1.99 \times 10^{33}$ g
太陽光度	$L_\odot = 3.85 \times 10^{33}$ erg s^{-1}
太陽半径	$R_\odot = 6.96 \times 10^{10}$ cm
木星質量	$M_{\rm J} = 9.55 \times 10^{-4} M_\odot = 1.90 \times 10^{30}$ g
木星半径	$R_{\rm J} = 7.15 \times 10^9$ cm
地球質量	$M_\oplus = 3.04 \times 10^{-6} M_\odot = 5.97 \times 10^{27}$ g
地球半径	$R_\oplus = 6.38 \times 10^8$ cm
秒角	arcsec $= 4.85 \times 10^{-6}$ ラジアン
ステラジアン	sr $= 3.28 \times 10^3 {\rm deg}^2 = 4.25 \times 10^{10}$ arcsec^2
ハッブル定数	$H_0 = 100 h$ km s^{-1} Mpc^{-1}
CMB 温度	$T_0 = 2.72548 \pm 0.00057$ K
宇宙の臨界密度	$\rho_{\rm c0} = 3H_0^2/(8\pi G) = 1.88 \times 10^{-29} h^2$ g cm^{-3}
	$= 10.6 h^2$ keV cm^{-3}
	$= 2.78 \times 10^{11} h^2 M_\odot$ Mpc^{-3}
CMB エネルギー密度	$\rho_{\gamma 0} = 4.6 \times 10^{-34} (T_0/2.725{\rm K})^4$ g cm^{-3}
	$= 0.26 (T_0/2.725{\rm K})^4$ eV cm^{-3}
シュワルツシルト半径	$r_{\rm s} = 2GM/c^2 = 2.96 (M/M_\odot)$ km
エディントン光度	$L_{\rm E} = 4\pi GM m_{\rm p} c/\sigma_{\rm T} = 1.26 \times 10^{38} (M/M_\odot)$ erg s^{-1}

表 3　天文学的定数

一般相対論入門［改訂版］

須藤 靖

3. Zur Elektrodynamik bewegter Körper;
von A. Einstein.

Daß die Elektrodynamik Maxwells — wie dieselbe gegenwärtig aufgefaßt zu werden pflegt — in ihrer Anwendung auf bewegte Körper zu Asymmetrien führt, welche den Phänomenen nicht anzuhaften scheinen, ist bekannt. Man denke z. B. an die elektrodynamische Wechselwirkung zwischen einem Magneten und einem Leiter. Das beobachtbare Phänomen hängt hier nur ab von der Relativbewegung von Leiter und Magnet, während nach der üblichen Auffassung die beiden Fälle, daß der eine oder der andere dieser Körper der bewegte sei, streng voneinander zu trennen sind. Bewegt sich nämlich der Magnet und ruht der Leiter, so entsteht in der Umgebung des Magneten ein elektrisches Feld von gewissem Energiewerte, welches an den Orten, wo sich Teile des Leiters befinden, einen Strom erzeugt. Ruht aber der Magnet und bewegt sich der Leiter, so entsteht in der Umgebung des Magneten kein elektrisches Feld, dagegen im Leiter eine elektromotorische Kraft, welcher an sich keine Energie entspricht, die aber — Gleichheit der Relativbewegung bei den beiden ins Auge gefaßten Fällen vorausgesetzt — zu elektrischen Strömen von derselben Größe und demselben Verlaufe Veranlassung gibt, wie im ersten Falle die elektrischen Kräfte.

Beispiele ähnlicher Art, sowie die mißlungenen Versuche, eine Bewegung der Erde relativ zum „Lichtmedium" zu konstatieren, führen zu der Vermutung, daß dem Begriffe der absoluten Ruhe nicht nur in der Mechanik, sondern auch in der Elektrodynamik keine Eigenschaften der Erscheinungen entsprechen, sondern daß vielmehr für alle Koordinatensysteme, für welche die mechanischen Gleichungen gelten, auch die gleichen elektrodynamischen und optischen Gesetze gelten, wie dies für die Größen erster Ordnung bereits erwiesen ist. Wir wollen diese Vermutung (deren Inhalt im folgenden „Prinzip der Relativität" genannt werden wird) zur Voraussetzung erheben und außerdem die mit ihm nur scheinbar unverträgliche

日本評論社

まえがき

物理学のなかで,「背後にある」思想を感じさせてくれるものの代表が量子力学と一般相対論である. また, 科学にとどまらずより広く社会に哲学的な意味で強い影響を与えた物理学の代表がこの両者であることも異論のないところであろう. 量子力学は, もちろんその実用的な重要性のために理科系のあらゆる学部で教えられているであろうが, おそらく一般相対論は理学部物理学科でしか開講されていないものと思われる. その意味では, 一般相対論は物理学科卒業の証であるとも言える. また複数の人々が協力して作り上げた量子力学とは違い, 一般相対論はアインシュタインがほぼ独力で作り上げた体系であるだけに, 思想と哲学が明確である. しかもそれは, 物理法則とは何か, 座標系とは何であるか, といった基本的な問いかけに本質的に結び付いている.

本書の初版は, 東京大学理学部物理学教室で学部学生および大学院生を対象として1999 年以来行った入門的講義をまとめ, 2005 年に出版された. 幸いにも多くの読者を得て, 増刷を繰り返してきたが, 出版以来 10 年以上経過し, 記述が古い箇所が散見されるようになった. とりわけ, 2015 年に重力波が直接検出されたこと, 2019 年にブラックホールシャドウが「撮影」されたことを背景に, 一般相対論は単なる理論的な分野にとどまらず, 一躍, 観測的天文学を牽引する原動力となった. そのため, 特に第 5 章ではブラックホールに関係する節を中心に大幅な追加と改訂を行い, さらに新たに追加した第 7 章で具体的な計算を中心として重力波の基礎的事項を解説し, 改訂版とした.

本書は, 将来, 一般相対論を専門と「しない」人を念頭において, 相対論の心を伝えることを目的としている. したがって, 取り上げた内容は, 特殊相対論の簡単な説明, 一般相対論で必要な数学的準備, 測地線の方程式, 重力場の方程式, シュワルツシルト時空とブラックホール, 相対論的宇宙モデル, 重力波, などの基礎的事項に絞っている (ただし, (♯) をつけた 3.3$^{(♯)}$ 節, 5.6.3$^{(♯)}$ 節, 5.6.4$^{(♯)}$ 節, および 6.7$^{(♯)}$ 節は, 最初は読み飛ばしてもさしつかえない). また, 講義の際に学生諸君に課した演習問題を詳しい解答例とともに付け加えてある. 本書の特徴であるこの 2 点は, 今回の改訂版にも受け継がれるように配慮した. 特に, 本文のみならず問題の解答例のいずれにおいても, 式の導出と変形はほとんど省略せず丁寧に示してある.

一般相対論には優れた教科書が数多くあるものの，専門家が書いてしまうと数学的に厳密かつ詳細に記述してしまいがちである．そのため多くの教科書ではややもすると一般相対論の難解さが強調されてしまい，本来の楽しさや美しさを非専門家に味わってもらえないような内容なのではないかと危惧する．一方，巷に溢れている一般相対論の啓蒙書は一部をのぞけば結局お話でしかなく，隔靴掻痒の感を禁じ得まい．本書はその橋渡し的な役割を期待しているもので，さらに興味をもった読者は，参考文献のリストに記した文献等をもとにしてさらに先に進んでほしい．

　本書のもととなっている講義を履修した学生諸君からもらった多くの質問は，文章としてまとめ直す際にとても参考になった．初版では，当時，私の研究室の大学院生であった岡部孝弘君，加用一者君，日影千秋君，大栗真宗君，矢幡和浩君に講義のティーチングアシスタントとして，本書の章末問題とその解答をチェックしてもらった．また同じく当時の大学院生であった斎藤俊君と西道啓博君，助教であった向山信治氏からも，原稿の細部にわたるコメントを頂いた．初版の校正中にちょうど私の研究室に滞在していたマックスプランク天体物理学研究所の Gerhard Börner 氏には，アインシュタインの書いた原論文のドイツ語を丁寧に説明してもらった．改訂版では，私の研究室の大学院生である林利憲君に，細部にわたるまで確認をお願いした．初版と改訂版のいずれにおいても，日本評論社の高橋健一氏には，TeX 原稿の調整から文章の推敲・校正に至るまでとても御世話になった．これらの方々に厚く感謝の意を表させて頂きたい．

　本書は多くの方々の協力を得て繰り返してチェックしているものの，完全に誤植や間違いをなくすことは困難である．言うまでもなく，それらに関する責任は私にある．出版後に修正すべきと判断した箇所について

> https://www.nippyo.co.jp/shop/book/8107.html
> http://www-utap.phys.s.u-tokyo.ac.jp/~suto/book

に適宜正誤表を載せておくので参照していただければ幸いである．

2019 年 9 月

須藤 靖

目　　次

まえがき	i
第 1 章　ニュートン力学から特殊相対論へ	**1**
1.1　ニュートン力学とガリレイの相対性原理 ……………………………	1
1.2　マクスウェル方程式とガリレイ変換 …………………………………	3
1.3　ローレンツ変換 …………………………………………………………	5
1.4　エーテル仮説と光速度不変の原理 ……………………………………	6
1.4.1　光速度の測定実験 ………………………………………………	7
1.4.2　エーテルは実在するか？　マイケルソン‐モーリーの実験 …………	8
1.5　ミンコフスキー時空 ……………………………………………………	10
1.6　ミンコフスキー時空の性質 ……………………………………………	13
1.7　ミンコフスキー時空におけるスカラー，ベクトル，テンソル …………	15
1.8　物理法則の共変形式 ……………………………………………………	16
1.8.1　相対論的力学 ……………………………………………………	16
1.8.2　マクスウェル方程式の共変化 …………………………………	17
第 1 章の問題 …………………………………………………………………	19
第 2 章　一般相対性原理とその数学的表現	**24**
2.1　特殊相対論の限界：慣性系とは？　重力は "力" か？ ………………	24
2.2　一般相対論の概念構成 …………………………………………………	26
2.3　物理量はテンソルである：物理学の幾何学化 ………………………	27
2.3.1　一般座標変換 ……………………………………………………	27
2.3.2　基底ベクトル ……………………………………………………	29

iv 目次

$\qquad$ 2.3.3 双対ベクトル基底 ·································· 31

$\qquad$ 2.3.4 テンソル (の成分) の変換則のまとめ ················ 34

2.4 平行移動と共変微分 ······························· 35

2.5 一般のテンソルの (共変) 微分 ······················ 38

2.6 リーマン接続とクリストッフェル記号 ················ 39

2.7 平行移動とリーマンの曲率テンソル ················· 40

2.8 まとめ：物理量とテンソル ························· 43

$\qquad$ 第 2 章の問題 ······································ 44

第 3 章　測地線方程式　　　　　　　　　　　　　　　　　　　47

3.1 重力場のもとでの粒子の運動方程式 ················· 47

3.2 ニュートン理論との対応 ·························· 50

3.3$^{(\sharp)}$ 接続係数とゲージ相互作用：$\Gamma^{\mu}{}_{\alpha\beta}$ と A^{μ} ········ 51

$\qquad$ 第 3 章の問題 ······································ 55

第 4 章　重力場の方程式　　　　　　　　　　　　　　　　　　58

4.1 マッハの原理 ································· 58

4.2 エネルギー運動量テンソル ······················ 59

4.3 アインシュタイン方程式への道 ···················· 62

4.4 ニュートン理論との対応 ·························· 64

4.5 宇宙定数 ···································· 66

4.6 変分原理による定式化 ··························· 69

$\qquad$ 4.6.1 重力場：アインシュタイン-ヒルベルト作用 ········· 70

$\qquad$ 4.6.2 物質場：エネルギー運動量テンソル ·············· 72

$\qquad$ 第 4 章の問題 ······································ 73

第 5 章　シュワルツシルト時空とブラックホール　　　　　　　76

5.1 球対称重力場の計量 ····························· 76

5.2 シュワルツシルト解導出の概略 ···················· 77

5.3 シュワルツシルト半径と事象の地平線 ················ 78

$\qquad$ 5.3.1 等方座標系 ······························ 79

$\qquad$ 5.3.2 動径方向に進む光 ························· 80

5.4 シュワルツシルトブラックホールのまわりの質点の運動 ········· 82

5.4.1	シュワルツシルト時空における粒子の運動方程式 …………………	82
5.4.2	角運動量を持たない場合 ………………………………………	83
5.4.3	角運動量を持つ場合 ……………………………………………	85
5.5	一般相対論の古典的検証 ………………………………………	87
5.6	水星の近日点移動の計算 ………………………………………	90
5.6.1	ニュートン力学でのケプラー運動 ………………………………	90
5.6.2	一般相対論的補正項 ……………………………………………	92
5.6.3$^{(\sharp)}$	ラグランジュの惑星方程式を用いた近日点移動の計算 ……………	93
5.6.4$^{(\sharp)}$	太陽の四重極モーメントによる水星の近日点移動 ………………	98
5.7	光線の曲がり角の計算 …………………………………………	102
5.7.1	光線の軌跡の方程式 ……………………………………………	102
5.7.2	一般相対論的補正項 ……………………………………………	103
5.7.3	ニュートン力学における"光"の軌道の曲がり角 ………………	105
5.8	ブラックホール天文学 …………………………………………	106
5.8.1	天文学的ブラックホールの分類 …………………………………	106
5.8.2	ブラックホールへの物質膠着 ……………………………………	108
5.8.3	ブラックホールシャドウ ………………………………………	110
5.8.4	ブラックホールの蒸発 …………………………………………	113
	第5章の問題 ……………………………………………………	115

第6章	相対論的宇宙モデル	**120**
6.1	宇宙原理と宇宙の一様等方性 …………………………………	120
6.2	ロバートソン-ウォーカー計量の幾何学的性質 …………………	122
6.3	アインシュタイン方程式からフリードマン方程式へ ……………	124
6.4	宇宙の状態方程式と宇宙定数 …………………………………	127
6.5	アインシュタイン-ドジッター宇宙モデル ……………………	129
6.6	フリードマン宇宙モデル ………………………………………	131
6.6.1	フリードマン-ルメートル方程式 ………………………………	131
6.6.2	宇宙論パラメータ ………………………………………………	133
6.6.3	宇宙の膨張則と宇宙の未来 ……………………………………	136
6.7$^{(\sharp)}$	宇宙定数とダークエネルギー …………………………………	138
6.7.1	アインシュタインの静的宇宙モデル ……………………………	138

vi   目次

    6.7.2　ルメートル宇宙モデル ・・・・・・・・・・・・・・・・・・・・・・・・・・・・・・・・・・　139

    6.7.3　実効的な宇宙定数としてのスカラー場 ・・・・・・・・・・・・・・・・・・・・　140

  第 6 章の問題・・　142

第 7 章　重力波　　　　　　　　　　　　　　　　　　　　　　　　　　　149

  7.1　アインシュタイン方程式の弱場近似と重力波・・・・・・・・・・・・・・・・・・・・・・　149

  7.2　重力波の平面波解 ・・・　154

    7.2.1　TT ゲージ ・・　155

    7.2.2　重力波の偏光 ・・・　156

  7.3　重力波の四重極近似解 ・・　158

  7.4　重力波によるエネルギー損失率 ・・・・・・・・・・・・・・・・・・・・・・・・・・・・・・・・・　160

  7.5　連星系からの重力波 ・・　161

    7.5.1　円軌道の場合 ・・・　161

    7.5.2　重力波放射と連星系の軌道進化 ・・・・・・・・・・・・・・・・・・・・・・・・・・　164

    7.5.3　重力波放射の方向依存性 ・・・・・・・・・・・・・・・・・・・・・・・・・・・・・・・・　165

    7.5.4　軌道離心率の効果 ・・・・・・・・・・・・・・・・・・・・・・・・・・・・・・・・・・・・・・・　168

  7.6　調和振動子からの重力波 ・・・・・・・・・・・・・・・・・・・・・・・・・・・・・・・・・・・・・・・　171

  7.7　重力波の直接検出 ・・・　173

  第 7 章の問題・・　177

章末問題の解答　　　　　　　　　　　　　　　　　　　　　　　　　　　179

  第 1 章 ・・・　179

  第 2 章 ・・・　184

  第 3 章 ・・・　190

  第 4 章 ・・・　194

  第 5 章 ・・・　198

  第 6 章 ・・・　203

  第 7 章 ・・・　213

参考文献　　　　　　　　　　　　　　　　　　　　　　　　　　　　　　216

索引　　　　　　　　　　　　　　　　　　　　　　　　　　　　　　　218

●表紙・裏表紙に載っている論文について

●表紙の論文

アインシュタインが初めて特殊相対論を発表した論文の最初のページ．1905 年 6 月 30 日に受理されている．この序の部分で，電磁気学と力学との間の変換性の違いに言及し，(特殊) 相対性原理と光速度不変の原理の 2 つを出発点として理論を構築すべきであると述べている (ただし，光速度不変の原理についてはこの次のページで触れられている)．

論文題名：Zur Elektrodynamik bewegter Körper (運動する物体の電気力学について)．

出典：*Annalen der Physik*, 17, pp.891-921.

●裏表紙の論文

アインシュタインは 1915 年に一般相対論に関する数編の論文を発表しているが，現在アインシュタイン方程式と呼ばれている重力場の方程式が正しい形で発表されたのがこの論文である．(2a) 式で G_{im} と記されているのは，現在のアインシュタインテンソルではなく，リーマンテンソルのことである．

論文題名：Die Feldgleichungen der Gravitation (重力場の方程式)．

出典：*Sitzung der physikalisch-mathematischen Klasse vom 25 November 1915*, pp.844-847. (1915 年 11 月 25 日に行われた物理・数学分科会会合の講演集のようなもので，同年 12 月 2 日に出版されたと書かれている．)

第1章

ニュートン力学から特殊相対論へ

一般相対論の出発点たる体系は特殊相対論であり，さらにいえばニュートン力学である．本章ではそれらの詳細には立ち入らず，一般相対論で必要となる考え方を学ぶ準備として，特殊相対論を概観しておこう．

1.1　ニュートン力学とガリレイの相対性原理

一般相対論はもちろんのこと，そもそも物理学の出発点とも言えるニュートン力学は，次の3つの法則をその基礎としている．

- **ニュートンの第1法則**：力を受けていない物体は静止あるいは等速直線運動をする．

- **ニュートンの第2法則**：物体の加速度は受けている力 ($\boldsymbol{f}$) に比例し，その質量 (m) に反比例する．

$$m\frac{d^2\boldsymbol{r}}{dt^2} = \boldsymbol{f}. \tag{1.1}$$

- **ニュートンの第3法則**：2つの質点が互いに及ぼし合う力は大きさが等しく，かつ，向きは反対である．

日常生活での力学現象が少数の原理によって支配されていることを見抜いたのはニュートンの卓越した目であるが，なかでも第1法則は深い内容を持つ．一見すると，この結果は第2法則で力がない場合に帰着し，第2法則に含まれているのではないかと考えがちだが，もちろんそうではない．

「力を受けていない」という状態をどうやれば見分けられるのか，といった重要な問題は別としても，たとえば観測者自身が任意の加速度運動をしていたとすれば，その観

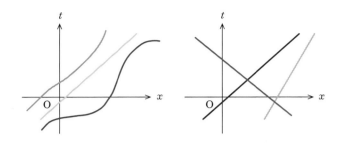

図 1.1 質点の 1 次元運動と慣性系.

測者に固定された座標系から見れば，「力を受けていない」物体であっても別に等速直線運動はしない．図 1.1 の左は，ある観測者からみた物体の運動 (今の場合は，x 軸に沿った 1 次元運動を考えている) を示した例であるが，観測者の運動をあらかじめ知らなければ，この図上で等速直線運動をしている物体が，「力を受けていない」と結論することはできない．

ニュートン力学では，時間は絶対的なものと仮定しているが，空間は (ある程度) 相対的である．この空間座標の選び方の自由度のために，「力を受けていない」物体が任意の運動を行うように座標系を設定することも可能なのである．したがって，第 1 法則が主張しているのは，「力を受けていない物体がすべからく静止あるいは等速直線運動をする」ように観測される座標系が存在する「はずだ」，という点である (図 1.1 の右)．このような理想化された座標系を，慣性系と呼ぶ．もちろんこれはまったく自明ではなく，第 1 法則は第 2 法則に含まれるどころか，それを記述する上での大前提というべきものである．

地上は厳密には慣性系ではないし，太陽もまた銀河系の中心に対して公転している．銀河系も宇宙の他の銀河に対して静止しているわけではない．したがって，真の慣性系の具体例をあげよ，と言われれば答えに窮してしまう．この意味で，慣性系とは言わば理想的なものであり，その存在を見抜いたニュートンの洞察力には驚嘆せざるを得ない．

さて，慣性系はある意味で理想化された存在であると述べたが，いったん 1 つの慣性系が見つかりさえすれば，それから同等な慣性系を無数に定義することができる．具体的に，S 系を慣性系，S′ 系を S 系に対して定速度 $\boldsymbol{V}$ で動いている座標系としよう (図 1.2)．

S 系で観測したとき時刻 t に位置ベクトル $\boldsymbol{r}(t)$ にある物体が，S′ 系では時刻 t' で位置ベクトル $\boldsymbol{r}'(t')$ に観測されたとする．(ニュートン力学では) この 2 つの座標系で

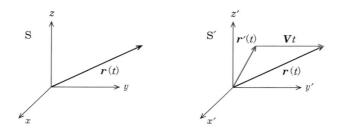

図 1.2 ガリレイ変換.

は，時間座標は同じで，$r(t)$ と $r'(t')$ の違いは，座標系間の相対速度のためであるから
$$t' = t, \quad r' = r - Vt. \tag{1.2}$$
したがって，容易に
$$\frac{dr'}{dt'} = \frac{dr}{dt} - V \quad \Rightarrow \quad \frac{d^2 r'}{dt'^2} = \frac{d^2 r}{dt^2} \tag{1.3}$$
が導かれる．

つまり，S 系で書かれたニュートンの第 2 法則 (1.1) 式は，S′ 系でも不変な形：
$$m \frac{d^2 r'}{dt'^2} = f \tag{1.4}$$
を保つ (実はここでは $m' = m$, $f' = f$ を暗黙のうちに仮定している)．言い替えれば，S′ 系もまた慣性系であることが示されたことになる．

ここで用いた座標変換 (1.2) 式はガリレイ変換と呼ばれている．まとめれば，1 つの慣性系とガリレイ変換で結ばれるような (無限に存在する！) 座標系はやはり慣性系なのである．

1.2 マクスウェル方程式とガリレイ変換

前節の結果は，「ニュートン力学はガリレイ変換に対して不変である」と要約され，ガリレイの相対性原理と呼ばれている．では，ニュートン力学にとどまらず，自然 (物理法則) はすべてガリレイ変換に対して不変なのであろうか？

20 世紀初めに定式化されていた物理学は，ニュートン力学と電磁気学だけであったから，この問いを検証するには，まず電磁気学の基礎方程式であるマクスウェル方程式がガリレイ変換のもとでどのように振る舞うかを調べればよい．ガウス単位系を採用す

4　　　　第 1 章　ニュートン力学から特殊相対論へ

れば [1]，マクスウェル方程式は

$$\mathrm{div}\boldsymbol{E} = 4\pi\rho \quad (\text{ガウスの法則}), \tag{1.5}$$

$$\mathrm{div}\boldsymbol{B} = 0 \quad (\text{磁気単極子が存在しない}), \tag{1.6}$$

$$\mathrm{rot}\boldsymbol{E} + \frac{1}{c}\frac{\partial \boldsymbol{B}}{\partial t} = 0 \quad (\text{ファラデーの電磁誘導の法則}), \tag{1.7}$$

$$\mathrm{rot}\boldsymbol{B} - \frac{1}{c}\frac{\partial \boldsymbol{E}}{\partial t} = \frac{4\pi}{c}\boldsymbol{j} \quad (\text{アンペールの法則}) \tag{1.8}$$

となる.

　特に，これらを組み合わせると真空中 ($\rho = 0$, $\boldsymbol{j} = 0$) での波動方程式 :

$$\left(\varDelta - \frac{1}{c^2}\frac{\partial^2}{\partial t^2}\right)\boldsymbol{E} \equiv \square\,\boldsymbol{E} = 0, \quad \square\,\boldsymbol{B} = 0 \tag{1.9}$$

が得られる.ここで，$\varDelta$ はラプラシアン，$\square$ はダランベルシアンである.したがって，電磁気学あるいはマクスウェル方程式がガリレイ変換に対して不変かどうかを調べるには，まずダランベルシアンの変換則を調べればよい. (1.2) 式を用いて具体的に 1 次元のガリレイ変換の場合を考えれば

$$\frac{\partial}{\partial t} = \frac{\partial x'}{\partial t}\frac{\partial}{\partial x'} + \frac{\partial t'}{\partial t}\frac{\partial}{\partial t'} = -V\frac{\partial}{\partial x'} + \frac{\partial}{\partial t'}, \tag{1.10}$$

$$\frac{\partial}{\partial x} = \frac{\partial x'}{\partial x}\frac{\partial}{\partial x'} = \frac{\partial}{\partial x'}. \tag{1.11}$$

これを使って，S 系でのダランベルシアンを S′ 系の座標で書き直すと

$$\frac{\partial^2}{\partial x^2} - \frac{1}{c^2}\frac{\partial^2}{\partial t^2} = \frac{\partial^2}{\partial x'^2} - \frac{1}{c^2}\frac{\partial^2}{\partial t'^2} - \frac{1}{c^2}\underbrace{\left(V^2\frac{\partial^2}{\partial x'^2} - 2V\frac{\partial^2}{\partial t'\partial x'}\right)}_{\neq 0} \tag{1.12}$$

となり，最後の括弧の項は一般に 0 でない.つまり，ダランベルシアン，したがって，電磁気学はガリレイ変換に対して不変ではないことが示されたことになる.

---

[1] ちなみに，SI 単位系でのマクスウェル方程式は

$$\mathrm{div}\boldsymbol{D} = \rho, \quad \mathrm{div}\boldsymbol{B} = 0, \quad \mathrm{rot}\boldsymbol{E} + \frac{\partial \boldsymbol{B}}{\partial t} = 0, \quad \mathrm{rot}\boldsymbol{H} = \frac{\partial \boldsymbol{D}}{\partial t} + \boldsymbol{j}.$$

ただし，

$$\boldsymbol{D} = \varepsilon_0\boldsymbol{E}, \quad \boldsymbol{B} = \mu_0\boldsymbol{H}, \quad c^2 = \frac{1}{\varepsilon_0\mu_0}$$

となる (ε_0 は真空の誘電率，μ_0 は真空の透磁率).

1.3 ローレンツ変換

ところで，電磁気学がガリレイ変換に対して不変でないという事実は当たり前ともいえる．というのは，そもそも波動方程式 (1.9) の解は $f(x + ct) + g(x - ct)$ なので，(1.2) 式の変換によって得られる解は $f(x' + (c + V)t') + g(x' - (c - V)t')$ のはずだからである [2]．言い換えれば，電磁気学がガリレイ変換に対して不変であるためにはその伝搬速度，すなわち光速度 c が同様にガリレイ変換に対応して変化することが必要である．もちろん，座標系 (すなわち観測者) が運動している場合に，他の運動している物体の速度が相対的に変化するのは日常的に経験している事実であるので，光の速度もまた座標系に対して相対的であることはきわめて直感的と言えよう．

むろんその真偽は最終的には実験によって決定されるべきものである．その前に少し奇異ではあるが，「光速度 c が系によらないことを前提として，電磁気学を不変にするような変換があるか」という問題を考えてみることにする．

まずガリレイ変換を記述する (1.2) 式の形を参考にして次の形から出発してみよう．

$$t' = At + Bx, \quad x' = D(x - Vt). \tag{1.13}$$

形式的にはこれは単なる座標変換の一般化に過ぎない．しかし，物理的には 2 つの座標系の間で時間という概念が違っている，という事実を表現している．その意味では，ニュートン力学の考え方からすでに大きく道を踏み外してしまっていることを認識しておく必要がある．

ともあれ，(1.13) 式を用いれば

$$\frac{\partial}{\partial x} = D\frac{\partial}{\partial x'} + B\frac{\partial}{\partial t'}, \quad \frac{\partial}{\partial t} = -DV\frac{\partial}{\partial x'} + A\frac{\partial}{\partial t'} \tag{1.14}$$

より S 系でのダランベルシアンは

---

[2] 念のために具体的に確かめてみると，

$$\frac{\partial^2}{\partial x'^2}f(x' + (c + V)t') = f''(x' + (c + V)t').$$

$$\left(\frac{\partial^2}{\partial t'^2} + V^2\frac{\partial^2}{\partial x'^2} - 2V\frac{\partial^2}{\partial t'\partial x'}\right)f(x' + (c + V)t')$$

$$= ((c + V)^2 + V^2 - 2V(c + V))f''(x' + (c + V)t')$$

$$= c^2 f''(x' + (c + V)t').$$

これらを組み合わせれば

$$\left(\frac{\partial^2}{\partial x'^2} - \frac{1}{c^2}\frac{\partial^2}{\partial t'^2} - \frac{1}{c^2}\left(V^2\frac{\partial^2}{\partial x'^2} - 2V\frac{\partial^2}{\partial t'\partial x'}\right)\right)f(x' + (c + V)t') = 0.$$

$g(x' - (c - V)t')$ についても同様にすれば成り立っていることがわかる．

$$\frac{\partial^2}{\partial x^2} - \frac{1}{c^2}\frac{\partial^2}{\partial t^2} = D^2\left(1 - \frac{V^2}{c^2}\right)\frac{\partial^2}{\partial x'^2} + 2D\left(B + \frac{V}{c^2}A\right)\frac{\partial^2}{\partial x'\partial t'}$$
$$+ \left(B^2 - \frac{A^2}{c^2}\right)\frac{\partial^2}{\partial t'^2} \tag{1.15}$$

となる．これが S' 系でのダランベルシアンと一致することを要請すれば，

$$D^2\left(1 - \frac{V^2}{c^2}\right) = 1 \quad \Rightarrow \quad D = \frac{1}{\sqrt{1 - V^2/c^2}}. \tag{1.16}$$

ただし，x' と x の向きがそろうように D が正となる解を選んだ．同様にして

$$B + \frac{V}{c^2}A = 0, \quad B^2 - \frac{A^2}{c^2} = -\frac{1}{c^2} \tag{1.17}$$

$$\Rightarrow \quad \left(\frac{V^2}{c^2} - 1\right)A^2 = -1 \tag{1.18}$$

$$\Rightarrow \quad A = \frac{1}{\sqrt{1 - V^2/c^2}}, \quad B = -\frac{VA}{c^2} = \frac{-V/c^2}{\sqrt{1 - V^2/c^2}}. \tag{1.19}$$

ここでも t' と t の向きがそろうように A が正となる解を選んだ．

以上をまとめると，ダランベルシアンを不変にするようにガリレイ変換を修正して得られた座標変換は

$$x' = \frac{x - Vt}{\sqrt{1 - V^2/c^2}}, \quad t' = \frac{t - Vx/c^2}{\sqrt{1 - V^2/c^2}} \tag{1.20}$$

となる．これはローレンツ変換として知られている．通常，

$$\beta \equiv \frac{V}{c}, \quad \gamma \equiv \frac{1}{\sqrt{1 - V^2/c^2}} = \frac{1}{\sqrt{1 - \beta^2}} \tag{1.21}$$

という記号を用いて，

$$\begin{pmatrix} ct' \\ x' \end{pmatrix} = \begin{pmatrix} \gamma & -\beta\gamma \\ -\beta\gamma & \gamma \end{pmatrix}\begin{pmatrix} ct \\ x \end{pmatrix} \tag{1.22}$$

と書くことが多い．

1.4 エーテル仮説と光速度不変の原理

前節までのニュートン力学と電磁気学のガリレイ変換に関する考察から予想される可能性を考えてみると，大きく以下の 3 つに分類されよう．

- **可能性 (a)** 座標変換に関する不変性などを考えるのがそもそもおかしくて，物理法則はある適切な座標でのみ正しく表現され得るものである．

- **可能性 (b)** ガリレイ変換はニュートン力学のみならず電磁気学をも不変にする はずであり，当然，光速度は座標系に依存して変化する．

- **可能性 (c)** 光速度は座標系によらず一定であり，電磁気学を不変にする変換 (1.20) がニュートン力学をも不変にしているはずである．つまりニュートン力学 は $\frac{V}{c} \longrightarrow 0$ における近似理論である．

これらは，この段階ではいずれも単なる理論的可能性でしかない．しかし直感的には，(a) $\longrightarrow$ (b) $\longrightarrow$ (c) の順でもっともらしいように思えないだろうか？　もちろん，このどれが正しいか (どれも間違っているかも知れないわけだが) は，実験によって決着をつけるしかない．具体的には，光の速度は座標系によって変わるのであろうか，という検証実験である．また，光，より一般的に電磁波を伝える媒質は何か，という言い方もできる．その仮想的な媒質をエーテルと呼ぶとすれば [3]，エーテルの実在を検証する実験でもある．

1.4.1　光速度の測定実験

そもそも光速度が有限であるかどうかを検証し，さらにはその速度を測定する実験は古くから行われており，ユニークな工夫がされたものが多い [4]．

日常的感覚からすれば，光速度は無限大であると予想するのが自然であろう．実際，古代ギリシャではそのように考えられていたようだ．光速度が有限であることの検証実験は，ガリレイが初めて行ったとされており (1607 年)，『新科学対話』の中で紹介されている．これは遠く離れた 2 人の観測者の一人 A が光を発し，もう一人の B が A からの光を確認した直後に A へ光を発するというものである．A は自分が光を発してから B からの光を受け取るまでの時間間隔を測り，AB 間の距離に比例してこの時間間隔が長くなるかを調べればよい．ガリレイはこの方法からは光速度が有限の値を持つことを直接示すことはできなかったが，彼の別の業績が光速度の測定に重要な貢献をすることになる．

---

[3]古代ギリシャでは，地上に存在するすべての物質の根源は，火・水・土・空気の基本的な 4 元素からなると考えられていた．それらは，それぞれ熱・乾・冷・湿の 4 つの性質のうち 2 つを持っているものと割り当てられた．つまり，4 元素説である．一方，天上の世界にある天体をつくるものは，第 5 元素であるエーテルであるとされた．

[4]たとえば，霜田光一『歴史を変えた物理実験』(丸善：丸善パリティブックス 1996) を参照のこと．この本は，光速度の測定のみならず，多くの歴史的な実験をわかりやすく丁寧に紹介している優れた解説書である．

8   第 1 章　ニュートン力学から特殊相対論へ

　ガリレイは自作の望遠鏡で 1610 年に木星を観測し，現在ガリレオ衛星と呼ばれて
いる木星の 4 つの衛星，イオ，エウロパ，ガニメデ，カリストを発見した [5]．このう
ちイオの公転周期は 1.76 日であるが，木星の陰に入ったり出たりする食を起こす．航
海中の船の経度を正確に知るために，この食を利用して時計を較正することが考えられ
た [6]．しかし，実は観測的には，この食の周期が一定していないことが知られていた．
レーマーは，この食の時刻の変化が，光速度が有限であることから説明できるのではな
いかと考えた．地球が太陽の周りを公転しているため，その公転軌道直径の分だけ木星
までの距離が変わり，それが観測される食の時刻をずらしているのではないか，という
わけである．1676 年，彼は当時推定されていた地球の軌道直径 2.8×10^8 km とイオ
の食の遅れ時間 22 分を組み合わせて，光速度を 2.14×10^{10} cm/s と推定した．現在
の値に比べて 3 割程度過小評価されているのは，太陽と地球間の距離の誤差と，時計の
精度のためである．しかしそのようなことは本質的ではなく，光速度が有限であること
を初めて実証した意義ははかりしれない．

1.4.2　エーテルは実在するか？　マイケルソン-モーリーの実験

　光の速度が無限大でないことが明らかになると，次は，光が伝搬する "媒質" とは何
であるかが問題となる．たとえば音が空気中を伝搬するように，光を伝搬する何かがあ
るはずだ．このように，エーテルの実在を証明することを本来の目標として行われた有
名なものが，マイケルソン-モーリーの実験である．図 1.3 にその実験を模式的に示し
ておいた．
　この実験では，光源 S から発せられた光が，ビームスプリッター B で 2 つの方向
に分けられ，それぞれ鏡 M1, M2 で反射して再び B で分けられスクリーン上で干渉す
る．この干渉縞のパターンをみるために，それぞれの経路の所要時間を考えてみる．

---

　[5] ちなみに，これらが木星の周りを公転しているという発見は，ニコラウス-コペルニクスの地動説を
信じていたガリレイにとっては，すべての天体が地球の周りを回っているという天動説 (当時のキリスト
教の世界観) が誤っていることを確信する重要な観測的証拠となった．

　[6] 最初の振子時計は 1656 年にホイヘンスによって製作されたが，この原理となっている「振子の等
時性」はもちろんガリレイが発見したものである (ガリレイ自身が 1582 年には振子時計のアイデアを
持っていたとされる)．ホイヘンスの最初の振子時計の精度は 1 日 1 分程度というそれ自身十分革新的
なものであったが，彼はさらに改良を重ね 1 日あたり誤差 10 秒以下という精度を達成した．19 世紀
後半には 1 日あたりの誤差が 0.01 秒以下のものまででき，1930 年代にクォーツ時計が発明されるま
では，振子時計がもっとも正確な時計であった．

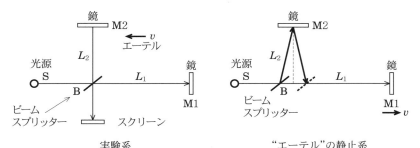

図 1.3 マイケルソン-モーリーの実験．左図は実験室系で見た場合で，右からエーテルの"風"が速度 v で吹いている．右図は，エーテルの静止系から見た場合を模式的に描いたもの．

具体的に，M1 から B の向きに速度 v でエーテルが運動しているものとしよう[7]．この場合，光は B から M1 の向きに進むときには速度 $c-v$, M1 から B に戻ってくるときには速度 $c+v$ を持つと考えられる．したがって，B と M1 を往復するための所要時間，$t_{\parallel}^{(1)}$ は

$$t_{\parallel}^{(1)} = \frac{L_1}{c-v} + \frac{L_1}{c+v} = \frac{2L_1}{c}\frac{1}{1-\beta^2} \tag{1.23}$$

で与えられる．ただし，$\beta \equiv \dfrac{v}{c}$ とした．

一方，B と M2 を往復する所要時間を $t_{\perp}^{(2)}$ とすれば，B 自身の位置が動くこと (図 1.3 の右参照) を考慮して以下の関係式が成り立つことがわかる．

$$ct_{\perp}^{(2)} = 2\sqrt{L_2^2 + \left(v\frac{t_{\perp}^{(2)}}{2}\right)^2}. \tag{1.24}$$

これを解くと，

$$t_{\perp}^{(2)} = \frac{2L_2}{\sqrt{c^2-v^2}} = \frac{2L_2}{c}\frac{1}{\sqrt{1-\beta^2}} \tag{1.25}$$

が得られる．したがって，この配置の場合，B と M1, および B と M2 の光路差は

---

[7] たとえば，地球は太陽の周りを約 30 km/s で公転している．さらに太陽は銀河系の中心に対して約 220 km/s で運動しているし，銀河系自身も宇宙の中で静止しているわけではない (一般に銀河は約 600 km/s 程度の速度を持って宇宙を運動しているのが普通である)．したがって，エーテルの静止系をどこに仮定するかにもよるが，v としてこれら程度の大きな値を念頭におくことは決して不自然ではない．

$$\Delta(0) = c\left(t_\parallel^{(1)} - t_\perp^{(2)}\right) = \frac{2}{\sqrt{1-\beta^2}}\left(\frac{L_1}{\sqrt{1-\beta^2}} - L_2\right) \tag{1.26}$$

となる．そこで，L_1 と L_2 をうまく選んで，スクリーン上で干渉縞がでるように調節しておく．

その後この装置全体を $90°$ 回転して，M2 を M1 の位置になるようにして，光路差を求めれば，

$$\Delta(90) = c\left(t_\perp^{(1)} - t_\parallel^{(2)}\right) = \frac{2}{\sqrt{1-\beta^2}}\left(L_1 - \frac{L_2}{\sqrt{1-\beta^2}}\right). \tag{1.27}$$

したがって，用いた光の波長を λ とすれば，$90°$ 回転の前後では

$$\Delta n = \frac{\Delta(0) - \Delta(90)}{\lambda} = \frac{2(L_1 + L_2)}{\lambda}\left(\frac{1}{1-\beta^2} - \frac{1}{\sqrt{1-\beta^2}}\right)$$

$$\simeq \frac{L_1 + L_2}{\lambda}\beta^2 \tag{1.28}$$

だけ縞がずれることが観測されるはずである．

1881 年およびそれを改良した 1887 年の論文[8] では，$v = 30\,\mathrm{km/s}$ と仮定した場合に予想される縞のずれ $\Delta n \sim 0.4$ に対して測定値の上限は 0.01 であった．この結果は，エーテルは実在しない (というか，あったとしても何も役目を果たさないという意味で考える必要がない) という，直感とはまったく相容れない重大な結論を導く．すなわち，光速度は系によらず一定である (光速度不変の原理) ことが実験的に示されたことになる．つまり，本節の冒頭に掲げた 3 つの可能性のうち，可能性 (b) は排除され，逆にもっとも怪しそうであった (c) が正しいのではないかと思わせる．

実は現在の SI 単位系の定義はこれを前提としている．そこではまず $c \equiv 299792458$ m/s と決め，それをもとに $1\,\mathrm{m}$ は「光が真空中で $\frac{1}{299792458}$ 秒間 (セシウムの準位に対応) に進む長さ」として，と定義されている．つまり，今や光速度は測るものではない (まあ定義の仕方だけの問題と言うべきではあるが)．これをふまえて (?)，以下，本書では特に断らない限り $c \equiv 1$ となる単位系を用いることにする．

1.5　ミンコフスキー時空

光速度不変の原理を認め，物理法則はローレンツ変換に対して不変であるとすれば，ニュートン力学は何らかの修正を余儀なくされる．それを具体的に論じる前に，物理法

---

[8] A.A. Michelson, *Am. J. Sci.*, **22** (1881) 120 および A.A. Michelson & E.W. Morley, *Am. J. Sci.*, **34** (1887) 333.

則が成り立っている「容器」とも言える空間 (space) と時間 (time) について説明しておこう。これらを合わせて時空 (英語では順序が逆で spacetime) と呼ばれることが多い。ちなみに、宇宙という単語は「四方上下謂之宇，往古来今謂之宙」(淮南子『斉俗訓』) から来たとされている。宇が空間，宙が時間に対応し，合わせて「万物を包容する空間。自然法則が成り立つすべての時間と空間。すべての天体を含む空間」の意味であるが，この語源に従えば，宇宙という単語は順序まで含めて英語の spacetime そのものである。

さて，本書の取り決めとして空間座標を x^i ($i = 1, 2, 3$), 時間座標を $x^0 \equiv t$ のように表すことにする。さらにこれらを合わせて，4 次元時空の世界点 (事象) を x^μ ($\mu = 0, 1, 2, 3$) と書く。添字は i と μ に限るわけではないが，通常のラテン文字 (i, j, k, l, m など) を用いたときは，空間座標に対応して 1, 2, 3 のいずれかの成分を表すものと決めておく。一方，ギリシャ文字 ($\alpha, \beta, \gamma, \mu, \nu$ など) は，時間座標も含めて，0, 1, 2, 3 のいずれかの成分を表すものとする。このような状況をさして相対論では，「i は 1 から 3 を走る」，「μ は 0 から 3 を走る」という言いかたをすることが多い。

さて，これらの世界点の構成する時空の幾何学的性質は，無限小だけ離れた 2 点間の距離 (線素) によって決まる。特殊相対論で考える時空は，ミンコフスキー (Minkowski) 時空と呼ばれ，以下の線素で定義される。

$$ds^2 \equiv -(dx^0)^2 + (dx^1)^2 + (dx^2)^2 + (dx^3)^2 = \sum_{\mu=0}^{3} \sum_{\nu=0}^{3} \eta_{\mu\nu} \, dx^\mu dx^\nu. \tag{1.29}$$

ここで，線素の性質を決める $\eta_{\mu\nu}$ を (ミンコフスキー) 計量テンソルと呼ぶ。相対論ではこのように添字に関して和をとることが頻繁に起こるが，そのつど和の記号を書いていると面倒で仕方がない。したがって，以降，「上下に繰り返された添字については必ず和をとる」という，いわゆる "アインシュタインの規則" を採用し，和の記号は省略する。その際に，空間座標を意味する通常のラテン文字については 1 から 3，ギリシャ文字については時間座標も含んで 0 から 3 の範囲で和をとる。たとえば，上述の (1.29) 式の場合

$$\sum_{\mu=0}^{3} \sum_{\nu=0}^{3} \eta_{\mu\nu} \, dx^\mu dx^\nu \equiv \eta_{\mu\nu} \, dx^\mu dx^\nu \tag{1.30}$$

である。しかし，添字がギリシャ文字でない場合には

$$\eta_{ij} \, dx^i dx^j \equiv \sum_{i=1}^{3} \sum_{j=1}^{3} \eta_{ij} \, dx^i dx^j = (dx^1)^2 + (dx^2)^2 + (dx^3)^2 \tag{1.31}$$

12　　　　　　　第 1 章　ニュートン力学から特殊相対論へ

の意味となる [9].

　さて，ミンコフスキー時空の計量テンソルを具体的に行列で成分表示すれば

$$
\eta_{\mu\nu} = \begin{pmatrix} -1 & 0 & 0 & 0 \\ 0 & 1 & 0 & 0 \\ 0 & 0 & 1 & 0 \\ 0 & 0 & 0 & 1 \end{pmatrix} \tag{1.32}
$$

となる．この場合は特別に，2 つの添字をともに上げ下げしても成分は同じである．またローレンツ変換で結ばれるどの座標系でもその成分は不変であると考える．

$$
\eta'_{\mu\nu} = \eta_{\mu\nu}. \tag{1.33}
$$

しかし一般には，上添字と下添字は区別しなくてはならない．つまり，勝手に上げ下げしてはならないし，左右の順序にも意味がある．特殊相対論においてこの添字の上げ下げを行うのが計量テンソル $\eta_{\mu\nu}$ である．

　ところで少し奇異に感じるかも知れないが，座標変換された量は添字に $'$ をつけて区別しておくと便利であることがそのうち実感できる．実際そのような記法を用いることも多い．その記法に従うとすれば，(1.33) 式は

$$
\eta_{\mu'\nu'} = \eta_{\mu\nu}
$$

と書くことになる．ただし，特殊相対論の場合，このような記法を用いることは多くないかも知れない．本書でも，自明な場合にはこのような記法を用いていないことがある．

　たとえば x 方向のローレンツ変換である (1.22) 式は

$$
\begin{pmatrix} x^{0'} \\ x^{1'} \\ x^{2'} \\ x^{3'} \end{pmatrix} = \begin{pmatrix} \gamma & -\beta\gamma & 0 & 0 \\ -\beta\gamma & \gamma & 0 & 0 \\ 0 & 0 & 1 & 0 \\ 0 & 0 & 0 & 1 \end{pmatrix} \begin{pmatrix} x^{0} \\ x^{1} \\ x^{2} \\ x^{3} \end{pmatrix} \tag{1.34}
$$

のように行列表示することができる．これを一般化して，ローレンツ変換を表す行列 (テンソル) を $\Lambda^{\mu'}{}_{\nu}$ とし，アインシュタインの規則を用いると，座標の変換則をすっきりと

$$
x^{\mu'} = \Lambda^{\mu'}{}_{\nu} x^{\nu} \tag{1.35}
$$

のように書き下すことができる．

---

　[9] 実は教科書によっては，本書の定義とは逆に，ギリシャ文字が 1 から 3 を，通常のラテン文字が 0 から 3 を「走る」と定義していることがあるので注意が必要である．

1.6 ミンコフスキー時空の性質

さて，ミンコフスキー時空に関していくつか重要な性質を列挙しておこう．

(i) **線素 ds^2 はローレンツ変換に対して不変:** たとえば，x 方向のローレンツ変換を表す (1.34) 式を代入すると

$$(ds')^2 = -(dx^{0'})^2 + (dx^{1'})^2 + (dx^{2'})^2 + (dx^{3'})^2$$

$$= -(\gamma dx^0 - \beta\gamma dx^1)^2 + (\gamma dx^1 - \beta\gamma dx^0)^2 + (dx^2)^2 + (dx^3)^2$$

$$= ds^2 \tag{1.36}$$

となり，確かに $ds'^2 = ds^2$ が成り立っていることがわかる．より一般には，ローレンツ変換に対する座標の変換則を用いれば，まず

$$ds'^2 \equiv \eta_{\mu'\nu'} \quad \underbrace{dx^{\mu'}}_{\parallel} \quad \underbrace{dx^{\nu'}}_{\parallel}$$

$$= \eta_{\mu'\nu'} \quad \Lambda^{\mu'}{}_{\alpha} dx^{\alpha} \quad \Lambda^{\nu'}{}_{\beta} dx^{\beta}$$

$$= \eta_{\mu'\nu'} \Lambda^{\mu'}{}_{\alpha} \Lambda^{\nu'}{}_{\beta} \quad dx^{\alpha} dx^{\beta} \tag{1.37}$$

が得られる．ところで，異なる座標系での計量テンソルはローレンツ変換によって

$$\eta_{\alpha\beta} = \eta_{\mu'\nu'} \Lambda^{\mu'}{}_{\alpha} \Lambda^{\nu'}{}_{\beta} \tag{1.38}$$

のように関係している．したがって，

$$ds'^2 = \eta_{\alpha'\beta'} dx^{\alpha'} dx^{\beta'} = ds^2 = \eta_{\alpha\beta} dx^{\alpha} dx^{\beta} \tag{1.39}$$

が証明された．実はそもそもローレンツ変換は，ミンコフスキー時空における ds^2 を不変にする変換として定義することもできる (問題 [1.1]).

(ii) **因果律と光円錐:** 図 1.4 のように，横軸に距離 (今の場合は 1 次元の運動を考えている)，縦軸に時間を選んだ図を考えてみる．この図上では，光は角度 45° の直線となる．したがって，原点にいる観測者とグレーの領域は，光速を超えないかぎり，互いに相互作用することができない．一般に，2 つの世界点 $x_{\rm A}$ と $x_{\rm B}$ との 4 次元距離を $s_{\rm AB}$ とすると，$s_{\rm AB}^2 = 0$ を境として

$$\begin{cases} s_{\rm AB}^2 > 0 & (\text{因果関係を持たない}), \\ s_{\rm AB}^2 < 0 & (\text{因果関係を持つ，あるいは持ち得る}) \end{cases} \tag{1.40}$$

の領域に分けられる．特に，図 1.4 の空間軸をもう 1 つ増やすと，境目となる $s_{\rm AB}^2 = 0$ は，原点を頂点として時間軸の正と負の 2 つの方向に開く 2 つの円錐を描くので，こ

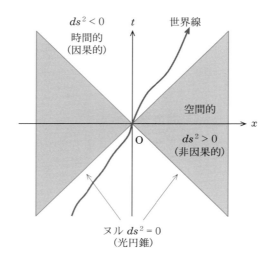

図 **1.4** 因果律と光円錐．

れを光円錐 (lightcone) と呼ぶ．原点にいる観測者にとって，この光円錐の内側の時空とは因果関係を持ち得るが，外側とは決して因果関係を持ち得ないことになる．

(iii) $\eta_{\mu\alpha}$ の**逆行列** $\eta^{\mu\alpha}$: 計量テンソル $\eta_{\mu\alpha}$ は添字を下げるためにも用いられるが，添字を上げる役割をするのが，その逆行列で，$\eta^{\mu\alpha}$ と記する．逆行列の定義より，

$$\eta^{\mu\alpha}\eta_{\alpha\nu} = \underbrace{\delta^{\mu}{}_{\nu}}_{\text{クロネッカーのデルタ}} = \begin{cases} 1 & (\mu = \nu) \\ 0 & (\mu \neq \nu) \end{cases} \tag{1.41}$$

であるが，具体的に成分を表示してみると $\eta^{\mu\alpha}$ と $\eta_{\mu\alpha}$ とは一致することがわかる．

(iv) $\Lambda^{\mu}{}_{\nu}$ の**逆行列**: ローレンツ変換の逆行列を具体的に計算してみよう．まず (1.38) 式に $\eta^{\lambda\alpha}$ をかけると，

$$\eta^{\lambda\alpha}\eta_{\alpha\beta} = \eta^{\lambda\alpha}\eta_{\mu'\nu'}\Lambda^{\mu'}{}_{\alpha}\Lambda^{\nu'}{}_{\beta}. \tag{1.42}$$

(1.41) 式よりこの左辺は $\delta^{\lambda}{}_{\beta}$ なので，右辺より

$$(\Lambda^{-1})^{\alpha}{}_{\beta'} = \eta^{\alpha\mu}\Lambda^{\nu'}{}_{\mu}\eta_{\nu'\beta'} \tag{1.43}$$

であることがわかる．

1.7 ミンコフスキー時空におけるスカラー，ベクトル，テンソル

物理量は，その座標変換 (特殊相対論においてはローレンツ変換) に対する変換性によって，スカラー，ベクトル，テンソルに分類される．それ以外のものを考えることは自由であるが，それらは物理的には意味がない (あるいは，明確な意味を付与できない)．

(i) **スカラー (scalar)**：ローレンツ変換によって値を変えないもの．

ローレンツ変換で結ばれる 同じ 世界点 $x \xrightarrow{\Lambda} x'$ に対して

$$S'(x') = S(x). \tag{1.44}$$

一般には関数形は変わるはずであるが，値が同じもの．たとえば ds^2．

(ii) **ベクトル (vector)**：ローレンツ変換によって，座標と同じ変換性 ((1.35) 式) を示すもの．たとえば

$$A^{\mu'} = \Lambda^{\mu'}{}_\nu A^\nu \tag{1.45}$$

を，反変 (contravariant) ベクトルと呼ぶ．具体的には，dx^μ が例である．そもそもなぜ「反変」という変な名前が付いているのかという説明は 2.3.2 節まで待ってほしい．

一般に添字の上げ下げは計量テンソルとの縮約によって行われる．

$$A_\alpha \equiv \eta_{\alpha\mu} A^\mu \tag{1.46}$$

で A_α という量を定義すると $((A_0, A_1, A_2, A_3) = (-A^0, A^1, A^2, A^3))$，その変換性は

$$A'_\alpha = \eta'_{\alpha\beta} \underbrace{A^{\beta'}}_{\Lambda^{\beta'}{}_\nu \underbrace{A^\nu}_{\eta^{\nu\mu} A_\mu}} = \eta_{\alpha'\beta'} \Lambda^{\beta'}{}_\nu \eta^{\nu\mu} A_\mu = \underbrace{\eta^{\mu\nu} \Lambda^{\beta'}{}_\nu \eta_{\beta'\alpha'}}_{(\Lambda^{-1})^\mu{}_{\alpha'}} A_\mu$$

$$= \Lambda_{\alpha'}{}^\mu A_\mu \tag{1.47}$$

に従う．このような量を共変 (covariant) ベクトルと呼ぶ．具体的には，偏微分がその例である．ちなみに，本書では以降，偏微分を

$$\frac{\partial}{\partial x^\mu} \equiv \partial_\mu \equiv {}_{,\mu} \tag{1.48}$$

のように記す．

(iii) **テンソル (tensor)**：ベクトルの積と同じ変換性を示すもの．たとえば，$t^{\mu\nu} \equiv A^\mu B^\nu$ は 2 階反変テンソルとして振る舞う．

$$t'^{\mu\nu} = \Lambda^{\mu'}{}_\alpha \Lambda^{\nu'}{}_\beta A^\alpha B^\beta = \Lambda^{\mu'}{}_\alpha \Lambda^{\nu'}{}_\beta t^{\alpha\beta}. \tag{1.49}$$

16　　　　　第 1 章　ニュートン力学から特殊相対論へ

しかし逆に，すべてのテンソルがベクトルの積で書き直せるわけではない．一般に m を反変成分，n を共変成分に対する添字の数として，(m, n) 型テンソルを

$$
t^{\mu'_1 \cdots \mu'_m}{}_{\nu'_1 \cdots \nu'_n}
$$

$$
= \underbrace{\Lambda^{\mu'_1}{}_{\lambda_1} \Lambda^{\mu'_2}{}_{\lambda_2} \cdots \Lambda^{\mu'_m}{}_{\lambda_m}}_{m \text{ 個}} \underbrace{\Lambda_{\nu'_1}{}^{\rho_1} \cdots \Lambda_{\nu'_n}{}^{\rho_n}}_{n \text{ 個}} t^{\lambda_1 \cdots \lambda_m}{}_{\rho_1 \cdots \rho_n} \qquad (1.50)
$$

の変換性に従うものとして定義する．

　このようなテンソルの任意の添字を $\eta_{\mu\nu}$, $\eta^{\mu\nu}$ によって上げ下げすれば，いろいろな複合型のテンソルが得られる．たとえば (1.43) 式より，$\Lambda_{\alpha'}{}^{\mu} = (\Lambda^{-1})^{\mu}{}_{\alpha'}$ であることがわかる．

1.8　物理法則の共変形式

　さて，これでやっと特殊相対論的定式化のための準備が終わった．基本方針として，「特殊相対性原理」，すなわち，すべての物理法則はローレンツ変換に対して "不変" である，を出発点とする．これをもう少し具体的にいうならば，物理法則は (ローレンツ変換に対して決められた変換則に従う) テンソルのみを用いて表現されなくてはならない，ということになる．

　たとえば，$A^{\mu\nu} = B^{\mu\nu}$ は，(重要な意味を持つかどうかは別として)「物理法則」としての資格を持つ．つまり，左辺と右辺がちゃんとしたテンソルで記述されているからである．一方，ニュートンの第 2 法則 $m \dfrac{dv^i}{dt} = f^i$ は，物理的にはきわめて重要な意味を持つにもかかわらず，3 次元ベクトルによって書かれたものであるから，4 次元テンソル形式でないという理由によりこのままでは物理法則とは言うことはできない (ローレンツ変換に対して共変ではない)．つまり，ある種の座標系についてのみ特別に成り立つ式であり，一般化が必要なのである．

1.8.1　相対論的力学

　ニュートン力学を自然に 4 次元化するために，以下を定義しよう．

$$
v^i = \frac{dx^i}{dt} \quad \longrightarrow \quad u^\mu \equiv \frac{dx^\mu}{d\tau} \quad (4\text{ 元速度}), \qquad (1.51)
$$

$$
p^i = mv^i \quad \longrightarrow \quad P^\mu \equiv mu^\mu \quad (4\text{ 元運動量}), \qquad (1.52)
$$

$$
\frac{dp^i}{dt} = f^i \quad \longrightarrow \quad \frac{dP^\mu}{d\tau} = F^\mu \quad (4\text{ 元力}). \qquad (1.53)
$$

この場合，固有時間は

$$d\tau = \sqrt{dt^2 - dx^i dx_i} = dt\sqrt{1-v^2} \tag{1.54}$$

なので

$$\begin{cases} u^0 = \dfrac{dt}{d\tau} = \dfrac{1}{\sqrt{1-v^2}}, \\[3mm] u^i = \dfrac{dt}{d\tau}v^i = \dfrac{v^i}{\sqrt{1-v^2}} \end{cases} \tag{1.55}$$

の関係がある．また

$$\begin{cases} \eta_{\mu\nu}u^\mu u^\nu = \dfrac{\eta_{\mu\nu}dx^\mu dx^\nu}{d\tau^2} = -1, \\[3mm] \eta_{\mu\nu}P^\mu P^\nu = m^2(\eta_{\mu\nu}u^\mu u^\nu) = -m^2. \end{cases} \tag{1.56}$$

しかし，実は (1.53) 式の F^μ を与えないと共変化は完成しない．これは考える相互作用に依存するのでこれ以上の一般論はできない．ただし，<u>重力以外</u> はすべて 4 元化可能であることがわかっている．重力を扱えないのは特殊相対論の限界であり，必然的に一般相対論の存在が要請される (実は，一般相対論は，ある意味で重力を普通の意味での力とはみなさない考え方とも言えるのだが $\cdots$).

1.8.2　マクスウェル方程式の共変化

電磁気学 (マクスウェル方程式) はそもそもローレンツ変換に対して不変であるので，何かあらためて変更する必要はない．むしろ，その共変性が明白なように 4 次元テンソルを用いて書き直すだけでよい．そのために，電磁場テンソル (2 階の反対称共変テンソル)：

$$F_{\alpha\beta} \equiv \begin{pmatrix} 0 & -E_x & -E_y & -E_z \\ E_x & 0 & B_z & -B_y \\ E_y & -B_z & 0 & B_x \\ E_z & B_y & -B_x & 0 \end{pmatrix} \tag{1.57}$$

と 4 元電流：

$$J^\alpha \equiv (\rho, \boldsymbol{j}) \tag{1.58}$$

を定義する．これらを用いると，マクスウェル方程式のうちの 2 つは

$$\begin{pmatrix} \mathrm{div}\boldsymbol{B} = 0 \\[2mm] \mathrm{rot}\boldsymbol{E} = -\dfrac{\partial \boldsymbol{B}}{\partial t} \end{pmatrix} \longleftrightarrow F_{\alpha\beta,\gamma} + F_{\beta\gamma,\alpha} + F_{\gamma\alpha,\beta} = 0 \tag{1.59}$$

と書ける.

このことを確認するには，まずこの式の左辺は $\alpha,\ \beta,\ \gamma$ のいずれの添字に対しても反対称 (入れ換えに対して符号を変える) であることに注意する．したがって，α, β, γ がどれも等しくないときのみ ($_4\mathrm{C}_3 = 4$ 通り) 意味のある式を与えるようになっている．(1.59) 式の α, β, γ がすべて空間成分の場合，独立な式は

$$F_{12,3} + F_{23,1} + F_{31,2} = \frac{\partial B_z}{\partial z} + \frac{\partial B_x}{\partial x} + \frac{\partial B_y}{\partial y} = 0 \tag{1.60}$$

だけであるから，

$$\mathrm{div}\,\boldsymbol{B} = 0 \tag{1.61}$$

が得られる．また，α, β, γ の中に時間成分が 1 つ含まれる場合，独立な式は 3 つで

$$F_{12,0} + F_{20,1} + F_{01,2} = \frac{\partial B_z}{\partial t} + \frac{\partial E_y}{\partial x} - \frac{\partial E_x}{\partial y} = 0 \tag{1.62}$$

等から

$$\mathrm{rot}\,\boldsymbol{E} = -\frac{\partial \boldsymbol{B}}{\partial t} \tag{1.63}$$

が得られる．

マクスウェル方程式の残りの 2 つは

$$\begin{pmatrix} \mathrm{div}\,\boldsymbol{E} = 4\pi\rho \\ \mathrm{rot}\,\boldsymbol{B} = 4\pi\boldsymbol{j} + \dfrac{\partial \boldsymbol{E}}{\partial t} \end{pmatrix} \longleftrightarrow\ F^{\alpha\beta}{}_{,\beta} = 4\pi J^\alpha \tag{1.64}$$

にまとめられる．ただし，ここで

$$F^{\alpha\beta} \equiv \eta^{\alpha\mu}\eta^{\beta\nu}F_{\mu\nu} = \begin{pmatrix} 0 & E_x & E_y & E_z \\ -E_x & 0 & B_z & -B_y \\ -E_y & -B_z & 0 & B_x \\ -E_z & B_y & -B_x & 0 \end{pmatrix} \tag{1.65}$$

を定義した．

これを具体的に確かめるのは簡単である．まず (1.64) 式の $\alpha = 0$ 成分から

$$F^{0\beta}{}_{,\beta} = \mathrm{div}\,\boldsymbol{E} = 4\pi J^0 = 4\pi\rho \tag{1.66}$$

が得られる．また，$\alpha = 1$ 成分

$$F^{1\beta}{}_{,\beta} = -\frac{\partial E_x}{\partial t} + \frac{\partial B_z}{\partial y} - \frac{\partial B_y}{\partial z} = 4\pi j_x \tag{1.67}$$

等から

$$\mathrm{rot}\boldsymbol{B} = 4\pi\boldsymbol{j} + \frac{\partial \boldsymbol{E}}{\partial t} \tag{1.68}$$

が得られる.

実は 4 元ポテンシャル $A^\alpha \equiv (\phi, \boldsymbol{A})$ を用いると

$$\left(\begin{array}{c} \boldsymbol{B} = \mathrm{rot}\boldsymbol{A} \\ \boldsymbol{E} = -\dfrac{\partial \boldsymbol{A}}{\partial t} - \mathrm{grad}\phi \end{array} \right) \longleftrightarrow F^{\alpha\beta} = A^{\beta,\alpha} - A^{\alpha,\beta} \tag{1.69}$$

と書き直すことができる. この結果を用いれば, (1.59) 式は恒等的に成り立つ式となる. また (1.64) 式の縮約である連続の式:

$$J^\alpha{}_{,\alpha} = \frac{1}{4\pi} F^{\alpha\beta}{}_{,\beta\alpha} = 0 \tag{1.70}$$

も自明の結果となる.

電磁気学の共変化には, 場の方程式であるマクスウェル方程式の書き換えだけでなく, 荷電粒子の運動方程式に登場するローレンツ力を 4 元化する必要があるが, それについては, 一般相対論における運動方程式を学んだ後に, 問題 [3.6] および [3.7] で考えることにする.

第 1 章の問題

[1.1] 1.3 節では, ダランベルシアンを不変とする変換としてローレンツ変換の特殊な場合を導いた. 実は, ローレンツ変換は, 線素 $ds^2 = -dt^2 + dx^2 + dy^2 + dz^2$ を不変にする変換として定義することもできる. 以下 $c = 1$ とする. まず空間が 1 次元の場合には $\omega \equiv it$ とおくと

$$s^2 \equiv \omega^2 + x^2 \tag{1.71}$$

を一定にする変換は, 並進, 反転を除けば回転のみである. このことを用いて, この場合のローレンツ変換が

$$\begin{pmatrix} t' \\ x' \end{pmatrix} = \begin{pmatrix} \cosh\psi & -\sinh\psi \\ -\sinh\psi & \cosh\psi \end{pmatrix} \begin{pmatrix} t \\ x \end{pmatrix} \equiv \Lambda_x{}^{(2)}(\psi) \begin{pmatrix} t \\ x \end{pmatrix} \tag{1.72}$$

の形で書けることを示せ.

[1.2] (1.72) 式で与えられる変換 $\Lambda_x{}^{(2)}(\psi)$ は群をなすことを示せ.

[1.3] 次に 3 次元空間の場合を考える. 速度 $\boldsymbol{\beta}$ が任意の方向の場合のローレンツ変換は, ある空間座標軸が $\boldsymbol{\beta}$ の方向に一致するような回転と (1.72) 式で与えられるようなローレンツ変換を合成することにより求めることができる. つまり, z 軸まわりの角度 ξ の座標軸回転を

$$\begin{pmatrix} x' \\ y' \end{pmatrix} = \begin{pmatrix} \cos\xi & \sin\xi \\ -\sin\xi & \cos\xi \end{pmatrix} \begin{pmatrix} x \\ y \end{pmatrix} \equiv R_z{}^{(2)}(\xi) \begin{pmatrix} x \\ y \end{pmatrix} \tag{1.73}$$

と表したとき, 求めるローレンツ変換は

$$\Lambda(\boldsymbol{\beta}) = R_z(-\phi) R_y(-\theta) \Lambda_z(\psi) R_y(\theta) R_z(\phi) \tag{1.74}$$

で与えられる. これを具体的に計算して

$$\Lambda(\boldsymbol{\beta}) = \begin{pmatrix} \gamma & -\beta_x\gamma & -\beta_y\gamma & -\beta_z\gamma \\ -\beta_x\gamma & 1+\beta_x{}^2(\gamma-1)/\beta^2 & \beta_x\beta_y(\gamma-1)/\beta^2 & \beta_z\beta_x(\gamma-1)/\beta^2 \\ -\beta_y\gamma & \beta_y\beta_x(\gamma-1)/\beta^2 & 1+\beta_y{}^2(\gamma-1)/\beta^2 & \beta_y\beta_z(\gamma-1)/\beta^2 \\ -\beta_z\gamma & \beta_z\beta_x(\gamma-1)/\beta^2 & \beta_y\beta_z(\gamma-1)/\beta^2 & 1+\beta_z{}^2(\gamma-1)/\beta^2 \end{pmatrix} \tag{1.75}$$

となることを示せ. ただし, $\boldsymbol{\beta} = (\beta_x, \beta_y, \beta_z) = (\beta\sin\theta\cos\phi, \beta\sin\theta\sin\phi, \beta\cos\theta)$, $\beta = |\boldsymbol{\beta}|$, $\gamma \equiv \dfrac{1}{\sqrt{1-\beta^2}}$ とする.

[1.4] 一般にローレンツ変換を表す行列を $\Lambda^\mu{}_\nu$ とすると, ds^2 が不変であるという要請は

$$\eta_{\alpha\beta} = \eta_{\mu\nu} \Lambda^\mu{}_\alpha \Lambda^\nu{}_\beta \tag{1.76}$$

と書ける. この式は $\alpha = \beta$ の場合 4 個, $\alpha \neq \beta$ の場合 $\dfrac{4\times3}{2} = 6$ 個の独立成分を持つから, $\Lambda^\mu{}_\nu$ の独立成分は $4^2 - 4 - 6 = 6$ 個となる. (1.75) 式は $\boldsymbol{\beta}$ の 3 成分をパラメータとして含むので, 残り 3 個の自由度があるはずである. 実際 (1.76) を満たす変換としては, 時間反転, 空間反転 (これは特殊相対論の要請とはみなさない. 実際弱い相互作用においてはこれに対する不変性は破れている) 以外に, 純粋な空間回転があることは自明である. 3 次元回転は, 回転軸を指定する 2 個のパラメータと回転角の 3 個のパラメータで決まるから, これらで $\Lambda^\mu{}_\nu$ の独立な成分 6 個がすべてつくされる.

ローレンツ変換が全体として群をなすのは明らかであるが, (1.75) 式のような狭義のローレンツ変換 (ローレンツブーストと呼ばれる) は, $\boldsymbol{\beta}$ の方向がすべて同じでない限り, 群をなさないし可換でもない.

x 方向に ψ_1, y 方向に ψ_2 のローレンツブーストを行った結果が, 1 つのローレンツブーストでは表現できないことを示し, 上記の結果を確認せよ.

[1.5] ある慣性系で, x 軸方向にそれぞれ速度 β_A と β_B で運動している物体 A, B がある. B とともに運動する座標系から観測したときの A の速度 β を β_A と β_B で表せ.

[1.6] ある慣性系に対して x 軸方向に速度 β で物体 1 が運動し, その物体 1 に対して x 軸方向に速度 β で物体 2 が運動し, $\cdots$ ということを n 回続けた場合, 物体 n の最初の慣性系に対する速度 β_n を求めよ. 特に β_∞ はいくつか? 問題 [1.5] の結果を用いるか, あるいは直接ローレンツ変換を繰り返して求めよ.

[1.7] 電磁波の周波数 ω, 波数ベクトル $\boldsymbol{k}$ から 4 元波数ベクトル $k^\mu \equiv (\omega, \boldsymbol{k})$ を定義する. 平面波の位相 $\boldsymbol{k} \cdot \boldsymbol{x} - \omega t = \eta_{\mu\nu} k^\mu x^\nu$ はスカラーであるから, k^μ は反変ベクトルとして x^μ と同じローレンツ変換に従う.

xy 平面上に光源 P が, 原点 O から角度 θ の方向にあるものとする. つまり波数ベクトルは $\boldsymbol{k} = (k_x, k_y) = (-\omega\cos\theta, -\omega\sin\theta)$ で与えられる. 速度 β で $+x$ 方向に動いている観測者が, O を通過したときに P から受ける光の周波数 ω' と伝播方向 θ' を, 静止している観測者に対するそれぞれの値 ω, θ を用いて表せ. この結果より, P は観測者の進行方向にずれて見えることを示し, $\beta \ll 1$ の場合の $\Delta\theta \equiv \theta - \theta'$ の表式を求めよ.

[1.8] 宇宙マイクロ波背景輻射 (Cosmic Microwave Background, 以下, CMB と省略する) に対して運動している観測者が観測する分布関数を求めたい. まず, $(t, \boldsymbol{x})$ に位置し, 運動量 $\boldsymbol{p}$ を持ち, 位相空間体積要素 $d^3x\,d^3p$ 内に存在する粒子 (群) の, 共動系 (図 1.5 の S 系) での分布関数 f を

$$dN = f(t, \boldsymbol{x}, \boldsymbol{p})\, d^3x\, d^3p \tag{1.77}$$

で定義する. ここで, 左辺はこの体積要素内の対応する粒子数である (粒子のエネルギー $p^0 = \epsilon$ は質量と $\boldsymbol{p}$ によって確定するので, あらわには書いていない). この S 系に対して $-x$ 方向に速度 v で運動している観測者の系 (図 1.5 の S' 系参照):

$$t' = \frac{t + vx}{\sqrt{1 - v^2}}, \quad x' = \frac{x + vt}{\sqrt{1 - v^2}} \tag{1.78}$$

(以下, 光速度 c は 1 とする) を例として考えて, 位相空間体積要素 $d^3x\,d^3p$ がローレンツ不変であることを示せ. ただし, S 系において, 粒子分布の運動量空間成分の広がり dp^i にともなうエネルギーの広がり dp^0 は, 2 次の微小量であるから無視できるものとしてよい.

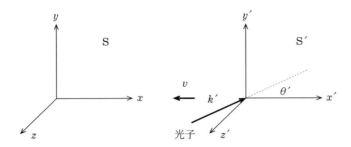

図 **1.5** S 系と S′ 系のローレンツ変換.

[1.9] (1.77) 式から分布関数 $f(t, \boldsymbol{x}, \boldsymbol{p})$ もまたローレンツ変換に対して不変：

$$f'(t', \boldsymbol{x}', \boldsymbol{p}') = f(t, \boldsymbol{x}, \boldsymbol{p}) \tag{1.79}$$

であることがわかる．この導出は質量を持つ粒子に対するものであるが，この結果は質量に依存していないため光子の場合にも同様に成り立つと考えてよい．そこで，CMB に対して適用してみる．CMB 全体に対する静止系での分布関数 (上の定義とは定数倍だけ異なるが) は，温度 T_0 のプランク分布：

$$f(\nu) = \frac{1}{\exp(h\nu/k_{\rm B} T_0) - 1} \tag{1.80}$$

で与えられる (h はプランク定数，$k_{\rm B}$ はボルツマン定数).

図 1.5 のように，S′ 系の観測者の運動方向に対して角度 θ' をなして入射する光子の波数ベクトルを

$$k^{\mu\prime} = \epsilon'(1, \cos\theta', \sin\theta'\cos\phi', \sin\theta'\sin\phi') \tag{1.81}$$

とする．この光子の S 系でのエネルギー ϵ を求めよ．

[1.10] 問題 [1.8] と [1.9] の結果から，CMB の静止系に対して運動する S′ 系から観測したときの CMB の分布関数を求めよ．さらにこれを用いて S′ 系の観測者の運動方向に対して角度 θ' をなして入射する CMB に対する実効的な "温度" $T'(\theta')$ を定義せよ．

[1.11] 地球の太陽のまわりの公転運動だけを考えた場合，問題 [1.10] で得られた $T'(\theta')$ の相対的変化分：

$$\left(\frac{\Delta T}{T}\right)_{\rm E} \equiv \frac{T_{\rm max} - T_{\rm min}}{T_{\rm max} + T_{\rm min}} \tag{1.82}$$

の値を評価せよ．

[1.12] COBE の観測データから二重極成分に対して,

$$\left(\frac{\Delta T}{T}\right)_{\text{dipole}} \approx 1.2 \times 10^{-3} \tag{1.83}$$

という結果が得られている. 問題 [1.11] の結果と比較して, 意味することを述べよ.

[1.13] CMB のように熱的なエネルギー分布関数に従う粒子だけでなく, 非熱的なエネルギー分布の場合にも上記の結果は一般化できる. 観測者が単位時間・単位面積・単位立体角・単位周波数 (エネルギー) あたり受け取る輻射強度 (specific intensity) を $I(\nu)$ と定義すれば, 上述の CMB の分布関数 $f(\nu)$ は $\frac{I(\nu)}{\nu^3}$ に比例する. つまり, S 系と S′ 系で,

$$\frac{I'(\nu')}{\nu'^3} = \frac{I(\nu)}{\nu^3} \tag{1.84}$$

が成り立つ.

我々の宇宙には CMB のような電波領域とは別に, X 線領域においても等方的な背景輻射が存在することが知られており, 宇宙 X 線背景輻射 (Cosmic X-ray Background, 以下, CXB と省略する) と呼ばれている. その輻射強度は, 以下の

$$I_{\text{CXB}}(\epsilon) \approx 6 \left(\frac{\epsilon}{3\,\text{keV}}\right)^{-0.3} \exp\left(-\frac{\epsilon}{40\,\text{keV}}\right) \text{keV/s/cm}^2/\text{keV} \tag{1.85}$$

で良く近似できることが経験的に知られている. $\epsilon \ll 40\,\text{keV}$ のエネルギー領域を考えて, $I_{\text{CXB}} \propto \epsilon^{-p}$ ($p \approx 0.3$) とした場合, 問題 [1.11] と同様にして, 地球の公転運動に伴う

$$\left(\frac{\Delta I_{\text{CXB}}}{I_{\text{CXB}}}\right)_{\text{E}} \equiv \frac{I_{\text{CXB,max}} - I_{\text{CXB,min}}}{I_{\text{CXB,max}} + I_{\text{CXB,min}}} \tag{1.86}$$

の値を評価してみよ.

第2章

一般相対性原理とその数学的表現

2.1 特殊相対論の限界：慣性系とは？ 重力は "力" か？

前章で見たように，特殊相対論はそれ自身美しい体系を持っている．しかしながら，よく考えてみるとまだ不満がのこるところがある．その 1 つは，特殊相対論では，慣性系という一連の座標系をまだ特別扱いしている点である．そのような理想的な系をそもそもどうやって定義できるのか？ という疑問は当然である．さらに進んで，物理法則の記述は慣性系に限ることなく，任意の座標系で同等にできるべきではないのか？ という欲も出てきてしまう．

もう 1 つが，重力は "力" なのか？ という疑問である．これには少し説明が必要であろう．(1.53) 式あるいはその出発点である (1.1) 式において，右辺の力は，左辺とは独立に意味を持つべきものである．この左辺に現れる質量を「慣性質量」と呼ぶことにして m_I と書くと

$$m_I \frac{d^2 \boldsymbol{r}}{dt^2} = \boldsymbol{f}. \tag{2.1}$$

この右辺の $\boldsymbol{f}$ としては，たとえば電磁気力ならば

$$\boldsymbol{f} = \frac{q\,q'}{r^2} \frac{\boldsymbol{r}}{r} \tag{2.2}$$

となる．一方，重力の場合には

$$\boldsymbol{f} = -\frac{G\,m_G\,m_G'}{r^2} \frac{\boldsymbol{r}}{r} \tag{2.3}$$

となる (図 2.1)．

ここで，重力の法則に表れる質量を m_I と区別するために m_G と記し，「重力質量」と呼ぶことにする．しかし本来，(2.1) 式の左辺と右辺はまったく独立なはずである．

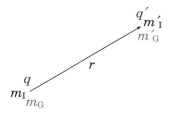

図 2.1 2体相互作用.

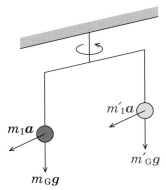

図 2.2 エトベッシュの実験. a は,地球の自転・公転による遠心力 (慣性力) に起因した加速度で,g は重力加速度 $\dfrac{Gm_\oplus \boldsymbol{R}}{R^3}$ である ($m_\oplus$ は地球の質量). 慣性質量と重力質量の比 $\dfrac{m_\mathrm{I}}{m_\mathrm{G}}$ が物体によって異なるならば,この系にトルクが働き,ねじれてしまうはず.

事実 $\dfrac{q}{m_\mathrm{I}}$ は物体によってさまざまな異なる値をとり得る. ところが,$\dfrac{m_\mathrm{G}}{m_\mathrm{I}}$ の値は物体によらず一定であることが実験的に確かめられている. 具体的には,図 2.2 のような原理で慣性質量と重力質量の違いを検出する実験 (エトベッシュ (Eötvös) の実験) が行われており,m_I と m_G の単位をそろえれば

$$\frac{|m_\mathrm{G} - m_\mathrm{I}|}{m_\mathrm{G}} < 10^{-12} \tag{2.4}$$

という強い制限が得られている.

この結果は,本来は運動方程式の右辺に独立して現れる相互作用であるはずの重力が,同時にその左辺とも強く関係していることを意味しており,きわめて奇妙である. 一方,逆にこのことを用いると,重力のみを考える限り,ある点 $\boldsymbol{r}$ における重力加速度

を $g(r)$ とすれば,

$$r' = r - \frac{1}{2}g(r)t^2 \tag{2.5}$$

とおくことで, すべての物体に対して同時に

$$m_1\frac{d^2r'}{dt^2} = m_1\frac{d^2r}{dt^2} - m_1g(r) = (m_G - m_1)g(r) = 0 \tag{2.6}$$

とすることができることになる. もちろんこれは重力以外の相互作用では成り立たない. つまり, r のまわりの十分小さな領域では重力がないような系 (局所慣性系: locally inertia frame) が実現可能である. これを等価原理 (equivalence principle) とよぶ. たとえば, 自由落下するエレベータやケプラー運動する質点に固定された座標系では, 重力は存在しない, という言い方ができる. このように, 他の力と重力はかなり性質が異なる. さらに言えば, このことは重力は本来, 運動方程式の右辺ではなく, 左辺に自動的に入り込むべきものではないか, という可能性を示唆する.

2.2 一般相対論の概念構成

2.1 節で紹介した問題点は, 特殊相対論の枠内で解消することはできない. このため, アインシュタインはさらに 10 年近くを費して一般相対論を完成させるに至った. しかしながら, 一般相対論は他の物理理論とは異なり, 既存の実験事実を説明するべく帰納的に構築されたわけではない. そこには, アインシュタインが, 物理学というものに対して抱いていた審美眼的要請が強く影響している. 以下, 本章では一般相対論を数学的に構成する道をたどっていくわけであるが, 見通しをよくするために, 初めに一般相対論と特殊相対論の概念構成を対比しておこう (表 2.1).

特殊相対論は, 「特殊相対性原理」と「光速度不変の原理」を 2 つの重要な指導原理として構築されたことはすでに前章で述べた. これと対比させるとすれば, 「一般相対性原理」と「等価原理」が, 一般相対論が採用した 2 つの指導原理と呼んでよかろう. この一般化に対応して, 座標系は「慣性系」に限らず任意の「一般座標系」を考えることが可能になる. その結果, 「ローレンツ変換」が「一般座標変換」に, 「ミンコフスキー時空」が「リーマン時空」に拡張される. そのため, 微分も単なる「偏微分」ではなく, 「共変微分」という概念を導入することが必要となる.

このように一般相対論を理解するためには, 少しばかり新たな数学的な概念を学ばなければならない. そこで, 一般座標変換, テンソルの平行移動と共変微分, 接続係数, 曲率定数など, 一般相対論において特に重要な基礎的な事項に絞って, 以下説明していくことにしよう.

	特殊相対論	一般相対論
指導原理 1	特殊相対性原理 (すべての慣性系で物理法則は同じ)	一般相対性原理 (すべての座標系で物理法則は同じ)
指導原理 2	光速度不変の原理 (光速度はすべての慣性系で不変)	等価原理 (重力を受けている系と加速度系は 局所的には区別できない)
座標系	慣性系	一般座標系
座標変換	ローレンツ変換 (大局的) $x'^{\mu} = \Lambda^{\mu}{}_{\nu} x^{\nu}$	一般座標変換 (局所的) $x'^{\mu} = f^{\mu}(x^0, x^1, x^2, x^3) \longrightarrow$ $dx'^{\mu} = \dfrac{\partial x'^{\mu}}{\partial x^{\nu}} dx^{\nu}$
時空	ミンコフスキー時空 $ds^2 = \eta_{\mu\nu} dx^{\mu} dx^{\nu}$	リーマン時空 $ds^2 = g_{\mu\nu} dx^{\mu} dx^{\nu}$
物理法則の表現	ローレンツ変換に従うテンソル	一般座標変換に従うテンソル
重力	独立した力として扱う	幾何学的に自然に取り込まれる (重力はあらわには登場しない)
微分	偏微分 $\left(\dfrac{\partial F}{\partial x^{\mu}} \equiv F_{,\mu} \right)$	共変微分 $(\nabla_{\mu} F \equiv F_{;\mu})$

表 **2.1** 特殊相対論と一般相対論の概念構成の比較.

2.3 物理量はテンソルである：物理学の幾何学化

2.3.1 一般座標変換

　一般座標変換を表す式として $x'^{\mu} = f^{\mu}(x^0, x^1, x^2, x^3)$ と書くと，ついつい図 2.3 のようなイメージを思い浮かべがちであるが，これは正しく理解した上で描いたのでない限り誤解を生みやすい.

　一般相対論で登場する一般座標変換は，普通，2 つの異なる世界点の間の変換ではなく，同一の世界点を単に異なる座標系で表示したことを示すものに過ぎない. したがって，むしろ図 2.4 のように同一の点の近傍で，異なる座標系を設定するような 2 種類の基底ベクトル $\boldsymbol{e}_{\mu}$, $\boldsymbol{e}_{\mu'}$ を選んだことによって，その周りの点の座標成分が x^{μ} から x'^{μ} に変化したことを意味しているものと理解すべきである. 喩えて言うならば，同じ点の近傍を首をかしげて見るようなもので，基底ベクトルの局所的な選び方の任意性としてとらえるほうが適切であろう (違う点への対応の対称性は，エネルギー・運動量・角運

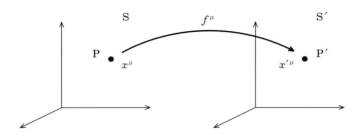

図 **2.3** 一般座標変換のイメージその 1.

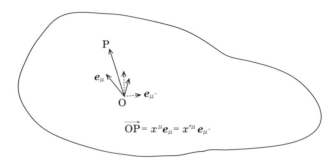

図 **2.4** 一般座標変換のイメージその 2. 座標変換というよりも，基底ベクトルを自由に設定し直す，という表現のほうが適切.

動量保存のようなまったく別の要請となる)．空間の各点でこのように自由に基底ベクトルを選んだ結果として，デカルト座標系では格子状に張りめぐらされていた座標が，自由自在に伸縮する網の目のように変化して時空を覆いつくす，というのが一般座標変換に対する直感的なイメージなのではないかと思う．

ある時空上の任意の点 P において定義された物理量を $A(\mathrm{P})$ とする．まず，点 P とは，別に座標系に依らない概念であることを注意しておこう．またこの物理量も，本来座標系などとは無関係に存在するはずである．しかし残念なことに，単に概念的なものでなくある物理量を用いて何か具体的なことをするためには，その値，あるいは成分を決めないと先には進めない．そこで，いやいやながら便宜的に座標系を設定するのである．

この「いやいやながら」というところが重要で，物理量，さらに言えば物理学を記述する上で，座標系を導入することは本質的ではなく，あくまで便宜的・二次的なものであるという事実が一般相対性原理にほかならない，という言い方もできる．

2.3.2 基底ベクトル

というわけで，とにかく点 P のまわりで局所的に定義された基底ベクトルを設定しなくてはならない．この選び方は一次独立な完全系である限りまったく任意である，というのが一般相対性原理の要請だ．これらは時空で定義されたものであるから，その次元に対応して $\mu = 0 \sim 3$ の 4 つで一組となる．

基底ベクトルの組の 2 つの例を $\boldsymbol{e}_\mu(\mathrm{P}),\ \boldsymbol{e}_{\mu'}(\mathrm{P})$ とすると，互いに他の基底でも展開できるはずなので，一般に $\varepsilon_{\mu'}{}^\alpha$ を係数として

$$\boldsymbol{e}_{\mu'}(\mathrm{P}) = \varepsilon_{\mu'}{}^\alpha(\mathrm{P})\boldsymbol{e}_\alpha(\mathrm{P}) \tag{2.7}$$

と書ける．このように，意味的にはやや変ではあるが，$\boldsymbol{e}'_\mu \longrightarrow \boldsymbol{e}_{\mu'},\ A'_{\alpha\beta\gamma} \longrightarrow A_{\alpha'\beta'\gamma'}$ のように，添字に $'$ をつけておくとわかりやすい場合が多いので，今後そのように理解してほしい (1.5 節参照)．

物理量は本来時空のある一点で局所的 (local) に定義されるものなので，たとえば任意の原点からの点 P までの距離，といった有限の領域にわたる非局所的な量を，点 P でだけ局所的に定義された $\boldsymbol{e}_\mu(\mathrm{P})$ によって展開することはできない [1]．これが可能なのは，P から無限小だけ離れた点までの差の場合のみである．具体的には

$$d\boldsymbol{x} = \underbrace{dx^\alpha}_{\{\boldsymbol{e}_\alpha\}\text{での成分}} \boldsymbol{e}_\alpha = \underbrace{dx^{\mu'}}_{\{\boldsymbol{e}_{\mu'}\}\text{での成分}} \boldsymbol{e}_{\mu'} \underset{(2.7)\ \text{式}}{=} \varepsilon_{\mu'}{}^\alpha \boldsymbol{e}_\alpha\, dx^{\mu'} \tag{2.8}$$

より

$$dx^\alpha = \varepsilon_{\mu'}{}^\alpha dx^{\mu'} \longrightarrow \varepsilon_{\mu'}{}^\alpha = \frac{\partial x^\alpha}{\partial x^{\mu'}} \longrightarrow \boldsymbol{e}_{\mu'} = \frac{\partial x^\alpha}{\partial x^{\mu'}} \boldsymbol{e}_\alpha. \tag{2.9}$$

つまり，2 つの座標系の基底ベクトル間の関係は，座標系間の変換行列で書ける (というか，定義のようなもので当然と言うべきかもしれない)．

より一般に，$\boldsymbol{A}(\mathrm{P})$ が $\boldsymbol{e}_\mu(\mathrm{P})$ の一次結合で展開できるときは

$$\boldsymbol{A}(\mathrm{P}) = A^\mu \boldsymbol{e}_\mu. \tag{2.10}$$

この $\boldsymbol{A}(\mathrm{P})$ をベクトルと呼ぶ．A^μ は $\boldsymbol{e}_\mu$ という座標系 (基底) でみたときの $\boldsymbol{A}(\mathrm{P})$ の成分である．これは

$$\boldsymbol{A}(\mathrm{P}) = A^\mu(\mathrm{P})\boldsymbol{e}_\mu(\mathrm{P}) = A^{\mu'}(\mathrm{P})\boldsymbol{e}_{\mu'}(\mathrm{P}) = A^{\mu'}(\mathrm{P})\varepsilon_{\mu'}{}^\alpha(\mathrm{P})\boldsymbol{e}_\alpha(\mathrm{P}) \tag{2.11}$$

---

[1] 局所的でない物理量は本当にないのか，と詰問されると実は困ってしまう．考え始めると哲学的にさえなり得る問題なので，ここでは，以下考えている物理量は局所的に定義されるものに限定した，という意味に解釈してほしい．少なくとも一般相対論に関する限りほとんどの議論において，このように限定しても差し支えないはずである．

より

$$A^\mu = A^{\alpha'} \varepsilon_{\alpha'}{}^\mu \underset{(2.9)\ \text{式}}{=} \frac{\partial x^\mu}{\partial x^{\alpha'}} A^{\alpha'}, \tag{2.12}$$

あるいは

$$A^{\mu'} = \frac{\partial x^{\mu'}}{\partial x^\alpha} A^\alpha \tag{2.13}$$

という変換性を示す. この $\{A^\mu\}$ の組を, $\boldsymbol{A}(\mathrm{P})$ の反変 (contravariant) 成分と呼ぶ. 基底ベクトル $\{\boldsymbol{e}_\mu\}$ の変換則 (2.9) 式と (2.13) 式とは逆であることが, この「反変」という名前の由来になっている.

注意 通常の教科書では, これらの事情を省略して,「(2.13) 式の変換則に従う量 A^μ を, 反変ベクトルと呼ぶ (定義する)」といった書き方をしてあることが多い. しかし, 本来の相対論的マインドに沿って言うならば,「物理量は座標系によらない概念で, したがって, 座標変換に対して**不変**である」と言いたいところである. 物理量そのものは座標に依らず, 単にその 成分 が座標系によって変換するという考え方はごく自然である (と思う). 通常の教科書は, この解釈ではない (少なくとも自明ではない). もちろん, これはものの言い方だけで実質的には何も変わらないから良いのだ, と考える人もいるかもしれない. しかし, 上述の考え方を一貫して前面に出しているのは Misner, Thorne and Wheeler (1972) の教科書である (文献 1). つまり, ベクトルで表される物理量はあくまで不変であるが, それを成分で表示した場合には, 基底ベクトル $\{\boldsymbol{e}_\mu\}$ の選び方に対応して, **成分である** A^μ は変化する. (2.11) 式から明らかなように, これは $\boldsymbol{A}(\mathrm{P})$ が座標系に応じて変化するのではなく, 不変であることの帰結である.

つまり気持ちとしては, A^α そのものが変化するというよりも, $\{\boldsymbol{e}_\mu\}$ の選び方に対応してその変化した分をまとめて $A^{\mu'}$ と定義した, という表現がよりぴったりくる. またこれに対応して, 添字の上下関係が「′ 系」と「′ なし系」でちゃんと対になっていることにも注意してほしい. これが, 添字に ′ をつけるという (変な) 慣習のご利益の 1 つだ.

このように「基底ベクトルで展開できる物理量がある」, という主張にとどまらず, 「およそ物理的に意味を持つ量はあまねく基底ベクトルで展開できる (後述のテンソルを含め)」というのが, 相対論の本質的な主張である. 確かに座標間の 4 次元距離のようにそもそも時空に関係した量が, 時空で定義された基底で展開されるのはよいと

しても，たとえば電磁ポテンシャル等のような抽象的なものまでも時空の足を持つことは，決して自明ではない．にもかかわらず，その要請の本質的重要さを見抜いたのがアインシュタインの偉いところである．しかしいったんそう言われた後で落ち着いて考えてみれば，その主張は別に実に自然なあたりまえのことのように思えてくる．さらにその帰結として重力が導かれるという事実は，ゲージ理論という枠組みに共通する「対称性 $\longrightarrow$ 物理法則 (相互作用) が具体的に決まる」の顕著な例になっていることまで知ってしまえば，これはすばらしいと形容するしかない．

この基底ベクトルの間に内積を定義し，

$$\boldsymbol{e}_\mu \cdot \boldsymbol{e}_\nu \equiv g_{\mu\nu} \tag{2.14}$$

と書く．このとき，無限小離れた 2 点間の距離 (線素) は，(2.8) 式より

$$ds^2 \equiv (dx^\mu \boldsymbol{e}_\mu) \cdot (dx^\nu \boldsymbol{e}_\nu) = g_{\mu\nu}\, dx^\mu dx^\nu \tag{2.15}$$

と書けるので，$g_{\mu\nu}$ は計量 (metric) と呼ばれる．これは特殊相対論で登場したミンコフスキー時空の計量 $\eta_{\mu\nu}$ の一般化と言える．

また，たとえばこの ds^2 のように，$\boldsymbol{e}_\mu$ に依らずその値が決まるものをスカラー (scalar) と呼ぶのも，特殊相対論の場合と同じである．

これらを一般化して，$\boldsymbol{A}$ が $\boldsymbol{e}_\mu$ の n 個のテンソル積で展開できる場合：

$$\boldsymbol{A} = A^{\mu_1 \cdots \mu_n} \boldsymbol{e}_{\mu_1} \otimes \boldsymbol{e}_{\mu_2} \otimes \cdots \otimes \boldsymbol{e}_{\mu_n}, \tag{2.16}$$

$\boldsymbol{A}$ を n 階テンソルと呼び，$A^{\mu_1 \cdots \mu_n}$ をその反変成分と呼ぶ．テンソル積といっても別に恐れることはなく，$A^{\mu_1 \cdots \mu_n}$ の添字の 1 番めが $\boldsymbol{e}_{\mu_1}$ に対応する足，2 番めが $\boldsymbol{e}_{\mu_2}$ に対応する足 $\cdots$，という事実を，順番をちゃんと記述しておいたもの，という理解で十分である．

2.3.3　双対ベクトル基底

$\boldsymbol{A}$ がベクトル量である場合に，その成分を具体的に計算することを考えよう．単純に $\boldsymbol{e}_\mu$ との内積をとれば

$$\boldsymbol{e}_\mu \cdot \boldsymbol{A} = A^\alpha \boldsymbol{e}_\mu \cdot \boldsymbol{e}_\alpha = g_{\mu\alpha} A^\alpha \tag{2.17}$$

となって，一般には欲しかった A^μ そのものではない．そこで，逆に

$$A_\mu \equiv g_{\mu\alpha} A^\alpha = A^\alpha (\boldsymbol{e}_\mu \cdot \boldsymbol{e}_\alpha) \tag{2.18}$$

を成分とするような「対応物」をつくることを考えてみる．

そのために，$\boldsymbol{e}_\mu$ に対する「双対ベクトル基底」$\boldsymbol{w}^\mu$ を，

という関係式を満たすものとして導入する．こうすれば,

$$\langle \boldsymbol{w}^\mu, \boldsymbol{e}_\nu \rangle = \delta^\mu{}_\nu \tag{2.19}$$

$$\langle \boldsymbol{w}^\mu, \boldsymbol{A} \rangle = A^\alpha \langle \boldsymbol{w}^\mu, \boldsymbol{e}_\alpha \rangle = A^\alpha \delta^\mu{}_\alpha = A^\mu \tag{2.20}$$

が成り立ち，$\boldsymbol{e}_\mu$ の展開係数である反変成分が得られる．ここで，ベクトル同士の内積を表す "·" と区別して，$\langle , \rangle$ を双対ベクトルとベクトル間の演算記号とした．

これは微分形式とよばれるものであるが，ちゃんとした数学的な話は別として，まあ直感的には，$\boldsymbol{e}_\mu$ を法線ベクトルとしたときの平面が $\boldsymbol{w}^\mu$ に対応するようなイメージでよかろう (図 2.5)．双対とは，平面波の波数ベクトルと波面，ユークリッド空間の点と直線との関係のようなものである．

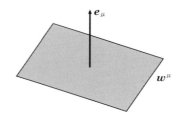

図 2.5 基底ベクトルと双対ベクトル基底．

ところで，$\boldsymbol{A}$ は，そのもととなった「概念的な」意味での (幾何学的) 物理量が存在するはずで，それをベクトルで表現したものが $\boldsymbol{A}$ であると考えれば，双対ベクトルの世界での対応物を $\tilde{\boldsymbol{A}}$ として[2]，そちらを $\boldsymbol{w}^\mu$ で展開することも可能なはずである．

$$\tilde{\boldsymbol{A}} = A_\mu \boldsymbol{w}^\mu. \tag{2.21}$$

この係数 A_μ を $\tilde{\boldsymbol{A}}$ の共変 (covariant) 成分と呼ぶ (単に，共変ベクトルと呼ぶことのほうが多いが)．

しかし，このままでは，本来 1 つの物理量を表すはずの $\boldsymbol{A}$ と $\tilde{\boldsymbol{A}}$ の間の関係 (あるいは，反変成分 A^μ と共変成分 A_μ の関係) が不明である．いわば「この世」と「あの世」の別の世界の表現を同じ土俵で考えるような仕組み (演算) が必要となる．そのために，この世での演算をベクトル同士の内積 "·"，あの世とこの世を結び付ける演算を双対ベクトルとベクトル間の演算 $\langle , \rangle$ とし，

---

[2] $\boldsymbol{A}$ と $\tilde{\boldsymbol{A}}$ をいちいち区別せず，˜ を省略して，概念的な量を示す記号として $\boldsymbol{A}$ を両方の意味で用いてもよいのだが，ここでは一応区別しておく．

$$e_\mu \text{ を } \tilde{A} \text{ に作用} \longrightarrow \langle \tilde{A}, e_\mu \rangle = A_\alpha \langle w^\alpha, e_\mu \rangle = A_\mu \qquad (2.22)$$

と

$$e_\mu \text{ を } A \text{ に作用} \longrightarrow e_\mu \cdot A = A^\alpha (e_\mu \cdot e_\alpha) = g_{\mu\alpha} A^\alpha \qquad (2.23)$$

とを同一視 (等置) できるようにしたわけである．その結果，計量テンソルによって添字の上げ下げができることがわかった[3]．

一般座標変換，より適切には基底ベクトルの異なる選び方を表す (2.9) 式：

$$e_{\mu'} = \frac{\partial x^\alpha}{\partial x^{\mu'}} e_\alpha \qquad (2.24)$$

に対応して

$$w^{\mu'} = w^{\mu'}{}_\alpha w^\alpha \qquad (2.25)$$

と変更されるとする．このとき，(2.19) 式が満たされるためには，

$$\langle w^{\mu'}, e_{\nu'} \rangle = \delta^{\mu'}{}_{\nu'} = w^{\mu'}{}_\alpha \frac{\partial x^\alpha}{\partial x^{\nu'}} \longrightarrow w^{\mu'}{}_\alpha = \frac{\partial x^{\mu'}}{\partial x^\alpha} \qquad (2.26)$$

が必要である．この結果から，

$$\tilde{A} = A_{\mu'} w^{\mu'} = A_{\mu'} \frac{\partial x^{\mu'}}{\partial x^\alpha} w^\alpha = A_\alpha w^\alpha \qquad (2.27)$$

より，

$$A_\mu = \frac{\partial x^{\alpha'}}{\partial x^\mu} A_{\alpha'}, \quad A_{\mu'} = \frac{\partial x^\alpha}{\partial x^{\mu'}} A_\alpha \qquad (2.28)$$

という共変成分の変換則が得られる (しつこいようだが，ベクトルの成分は自ら喜んで変換しているわけではなく，基底が変化したので，その変化分をしりぬぐいさせられて物理量そのものの幾何学的な意味での不変性を保つために仕方なく変換している，というべきである)．

以上の結果を用いると，一般のテンソル (物理量) は，その階数に応じて，w^ν と e_μ を組み合わせたテンソル積で展開できる：

$$T = T^{\mu_1 \cdots \mu_m}{}_{\nu_1 \cdots \nu_n} e_{\mu_1} \otimes e_{\mu_2} \otimes \cdots \otimes e_{\mu_m} \otimes w^{\nu_1} \otimes w^{\nu_2} \otimes \cdots \otimes w^{\nu_n}. \qquad (2.29)$$

T を (m, n) 混合テンソルと呼び，$T^{\mu_1 \cdots \mu_m}{}_{\nu_1 \cdots \nu_n}$ がその成分である．右辺のテンソ

---

[3] 結果だけをみれば，「とにかく (2.18) 式によって添字の上げ下げをするという規則を定める」という方針で共変成分，反変成分を関係付ければ，べつに双対ベクトル空間などを持ち出す必要はない．しかし，これではその背後の意味がわからず，もやもやが残るように思われる．そのため，ここであえてこのような背景をくどくどと説明してみたわけである．

ル積は，μ_i 番目に $\boldsymbol{w}^{\alpha_i}$ を，$\mu_m + \nu_j$ 番目に $\boldsymbol{e}_{\beta_j}$ を作用させたとき，$\displaystyle\prod_{i=1}^{m} \delta_{\mu_i}^{\alpha_i} \prod_{j=1}^{n} \delta_{\beta_j}^{\nu_j}$ となるようなものと理解しておけばよい．

2.3.4　テンソル (の成分) の変換則のまとめ

いままで繰り返して述べてきた考え方が背後にあることは別として，変換則の結果だけを通常用いられる言い方でまとめれば以下のようになる．

- **物理量 :**　物理量はテンソル (スカラー，ベクトルを含む) で表される．それらは座標変換に対応して，ある定められた変換則に従う．
- **スカラー :**　x' と x は，同じ世界点を異なる座標系で表現したものであるとしたとき，

$$S'(x') = S(x)\Big|_{\substack{\text{この右辺に } x = x(x') \text{ を代入して} \\ x' \text{ のみの式にしたものという意味　以下同様}}} \tag{2.30}$$

- **ベクトル :**

$$A^{\mu'}(x') = \frac{\partial x^{\mu'}}{\partial x^{\alpha}} A^{\alpha}(x) \quad (\text{反変}), \quad B_{\mu'}(x') = \frac{\partial x^{\alpha}}{\partial x^{\mu'}} B_{\alpha}(x) \quad (\text{共変}). \tag{2.31}$$

- **テンソル :**

$$T^{\mu'_1 \cdots \mu'_m}{}_{\nu'_1 \cdots \nu'_n}(x')$$

$$= \left(\frac{\partial x^{\mu'_1}}{\partial x^{\alpha_1}}\right) \cdots \left(\frac{\partial x^{\mu'_m}}{\partial x^{\alpha_m}}\right) \cdot \left(\frac{\partial x^{\beta_1}}{\partial x^{\nu'_1}}\right) \cdots \left(\frac{\partial x^{\beta_n}}{\partial x^{\nu'_n}}\right) T^{\alpha_1 \cdots \alpha_m}{}_{\beta_1 \cdots \beta_n}(x). \tag{2.32}$$

- **添字の位置 :**　添字の上下左右はすべて意味があるので，それらを勝手に変更してはならない．ただし，添字の上げ下げは，計量テンソル $g_{\mu\nu}$ とその逆行列 $g^{\mu\nu}$:

$$g^{\mu\alpha} g_{\alpha\nu} = \delta^{\mu}{}_{\nu} \tag{2.33}$$

を用いて行える．たとえば，$g_{\mu\beta}T^{\alpha\beta\gamma} = T^{\alpha}{}_{\mu}{}^{\gamma}$, $g^{\mu\gamma}S_{\alpha\beta\gamma} = S_{\alpha\beta}{}^{\mu}$ は，その添字の示す通りの正しい変換則に従うテンソルとなる．この事実はそもそも前節のように，テンソルの成分は何を基底として展開したか以前にもともと同じ物理量を表現しているものである，という立場に従えば自明というべきであろう．$g_{\mu\nu}$ が基底ベクトルの内積として定義されていることを思い起こせばよいだけである．一方このような背景とは無関係に，ある特別なテンソルとして $g_{\mu\nu}$ を天下り的に導入する立場をとるならば，きちんと証明すべき事実である．

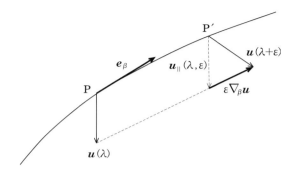

図 2.6 e_β 方向の共変微分.

2.4 平行移動と共変微分

あるベクトル場 u の，基底ベクトル e_β 方向に関する"自然な"微分を

$$\nabla_{e_\beta} u \equiv \nabla_\beta u \tag{2.34}$$

と書くことにし，これを具体的に定義することを考えよう．今，微分を計算したい点を P とし，P を通って $e_\beta(P)$ を接ベクトルとするような曲線を考える (図 2.6)．この線上の位置を特徴づけるパラメータを λ とし，P と P′ の位置をそれぞれ $\lambda, \lambda + \varepsilon$ とする．

このとき，P および P′ でのベクトル場 u は，

$$u(P) = u(\lambda) = u^\mu(\lambda)\, e_\mu(\lambda),$$
$$u(P') = u(\lambda + \varepsilon) = u^\mu(\lambda + \varepsilon)\, e_\mu(\lambda + \varepsilon) \tag{2.35}$$

と書ける．つまり，成分の値 u^μ だけではなく，展開するときの基底ベクトル e_μ もまた，一般に場所と共に変化することに注意してほしい．

微分は局所的なものであるから，P と P′ のように異なる 2 点で定義されたベクトル間の差を用いては定義できない．したがって，

(i) "平行移動" を定義して，$u(P)$ を P′ に平行移動した $u_\parallel(P \longrightarrow P')$ をつくる.

(ii) P′ で定義された 2 つのベクトル，$u_\parallel(P \longrightarrow P')$ と $u(P')$ の差から微分を定義する．

という方針で進むことにする．

P から P′ への平行移動は，2 点間を結ぶ経路を定義してはじめて定まる．経路が与えられれば，「2 つの平行移動されるベクトルのなす角は一定に保たれる」+「ベクトル

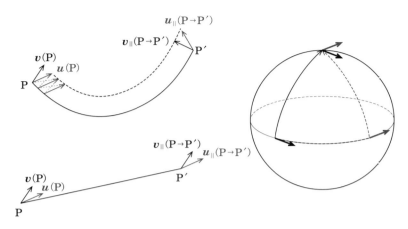

図 2.7 平行移動の例.

の大きさは変化しない」という 2 つの要請から「平行移動」が定義される．直感的には，局所的な平行四辺形の積み重ねを思い浮かべればよい．図 2.7 の例でも明らかなように，経路依存性があることが空間曲率の存在と関係していることが後でわかる．

この定義に従って，点 P における基底ベクトル $e_\mu(P)$ を無限小離れた点 P′ に平行移動したものを $e_{\mu\|}(P \longrightarrow P') \equiv e_{\mu\|}(\lambda;\varepsilon)$ と定義する．今，ε は基底ベクトル e_β 方向であると考えていたから，(2.34) 式の記法に従えば，微分の定義より

$$\nabla_\beta e_\mu \equiv \lim_{\varepsilon \longrightarrow 0} \frac{e_\mu(\lambda+\varepsilon) - e_{\mu\|}(\lambda;\varepsilon)}{\varepsilon}, \tag{2.36}$$

あるいは

$$e_{\mu\|}(\lambda;\varepsilon) = e_\mu(\lambda+\varepsilon) - \varepsilon \nabla_\beta e_\mu \bigg|_{\lambda+\varepsilon}. \tag{2.37}$$

さて上の定義によれば，厳密には右辺第 2 項は $\lambda+\varepsilon$ で定義された量であるべきだろう．しかし，そもそもこれは最後に $\varepsilon \longrightarrow 0$ とすることを前提としての議論である．したがって，右辺第 2 項が ε に比例していることを考えれば，ε の 2 次以上の項を考慮しない以上，別に λ での値に置き換えても差し支えない．

一方，左辺は，点 P′ において (むりやり) 定義されたベクトル場なので，その点における基底ベクトル $e_\mu(P') \equiv e_\mu(\lambda+\varepsilon)$ だけで展開できるはずである．当然，右辺第 2 項も同様で，

$$\nabla_\beta e_\mu = e_\alpha \Gamma^\alpha{}_{\mu\beta} \tag{2.38}$$

によって，係数 $\Gamma^{\alpha}{}_{\mu\beta}$ を定義する [4].

以上で準備が完了した．一般に，ベクトル $\boldsymbol{u}(\mathrm{P})$ を $\boldsymbol{e}_{\beta}(\mathrm{P})$ に沿って P' へ平行移動した結果は，

$$\boldsymbol{u}_{\|}(\mathrm{P} \longrightarrow \mathrm{P}') \equiv \boldsymbol{u}_{\|}(\lambda, \varepsilon) = u^{\mu}(\lambda)\boldsymbol{e}_{\mu\|}(\lambda; \varepsilon)$$

$$= u^{\mu}(\lambda)\boldsymbol{e}_{\mu}(\lambda + \varepsilon) - \varepsilon u^{\mu}(\lambda)\Gamma^{\alpha}{}_{\mu\beta}\boldsymbol{e}_{\alpha}. \tag{2.39}$$

したがって，

$$\nabla_{\beta}\,\boldsymbol{u} \equiv \lim_{\varepsilon \to 0} \frac{\boldsymbol{u}(\lambda + \varepsilon) - \boldsymbol{u}_{\|}(\lambda, \varepsilon)}{\varepsilon}$$

$$= \lim_{\varepsilon \to 0} \left(\frac{u^{\mu}(\lambda + \varepsilon) - u^{\mu}(\lambda)}{\varepsilon}\boldsymbol{e}_{\mu}(\lambda + \varepsilon) + u^{\mu}(\lambda)\Gamma^{\alpha}{}_{\mu\beta}\boldsymbol{e}_{\alpha} \right)$$

$$= u^{\mu}{}_{,\beta}\boldsymbol{e}_{\mu} + u^{\mu}(\lambda)\Gamma^{\alpha}{}_{\mu\beta}\boldsymbol{e}_{\alpha}$$

$$= (u^{\mu}{}_{,\beta} + u^{\alpha}\Gamma^{\mu}{}_{\alpha\beta})\boldsymbol{e}_{\mu}. \tag{2.40}$$

このような，基底ベクトルの微分を忘れずに行った正しい微分を共変微分 (covariant derivative) と呼ぶ．

まとめれば，$\boldsymbol{e}_{\beta}$ 方向の共変微分は

$$\nabla_{\beta}\,\boldsymbol{u} = (\nabla_{\beta}u^{\mu})\boldsymbol{e}_{\mu} + u^{\mu}(\nabla_{\beta}\,\boldsymbol{e}_{\mu}) = (u^{\mu}{}_{,\beta} + \Gamma^{\mu}{}_{\alpha\beta}u^{\alpha})\boldsymbol{e}_{\mu} \equiv u^{\mu}{}_{;\beta}\boldsymbol{e}_{\mu} \tag{2.41}$$

と書ける．共変微分と聞くとなにやら難しそうであるが，実は単にライプニッツの微分則 (chain rule) に従って，ベクトルの成分の偏微分 (第 1 項) と基底ベクトルの微分 (第 2 項) を計算しただけのことである．(2.41) 式の成分だけを取り出せば，

$$u^{\mu}{}_{;\beta} = u^{\mu}{}_{,\beta} + \Gamma^{\mu}{}_{\alpha\beta}u^{\alpha} \tag{2.42}$$

となり，普通の教科書で「反変ベクトルの共変微分」として導かれている正しい式ではあるが，このままではやはり不自然な感が否めない．本来は，面倒でも基底ベクトルを忘れずにつけておけば，局所的に座標ベクトルの取り方が自由である，という一般相対論の思想に忠実なあたりまえの式だったのである．こう考えれば，1 つの基底ベクトルが与えられたときに，次に隣の基底ベクトルをどう選ぶかを決める関係式が必要であることがわかる．これがまさに $\Gamma^{\alpha}{}_{\beta\gamma}$ なのであり，そのため接続係数 (connection) と呼ばれている．

---

[4] 添字の順序が気になる人は，微分に対応する添字が最後になるように $\Gamma^{\alpha}{}_{\mu\beta}$ を定義したと理解しておけばよい．

38　　　第 2 章　一般相対性原理とその数学的表現

　ここまで説明してみると，あえて「共変」微分とよぶ必要すらないように思える．「共変」微分という言葉は，テンソルを考えるときに，その基底ベクトルの存在をとりあえず忘れてテンソルの成分のみで議論をする場合の注意書きのような意味であると思ってよい．本来，成分の微分はあくまで偏微分に過ぎず，基底ベクトルの微分の「つけ」をまとめて成分に負わせたものが，「共変」微分なのである．

2.5　一般のテンソルの (共変) 微分

　さて，双対ベクトル基底と基底ベクトルを結ぶ (2.19) 式に，基底ベクトルの微分 (といってもよいし，接続係数の定義式と言ってもよい) を表現する (2.38) 式を用いれば，双対ベクトル基底を微分した結果が得られる．つまり，

$$\langle \boldsymbol{w}^{\mu}, \boldsymbol{e}_{\nu} \rangle = \delta^{\mu}{}_{\nu}$$

$$\Rightarrow \quad \langle \nabla_{\beta} \boldsymbol{w}^{\mu}, \boldsymbol{e}_{\nu} \rangle + \underbrace{\langle \boldsymbol{w}^{\mu}, \nabla_{\beta} \boldsymbol{e}_{\nu} \rangle}_{= \langle \boldsymbol{w}^{\mu}, \boldsymbol{e}_{\alpha} \Gamma^{\alpha}{}_{\nu\beta} \rangle = \Gamma^{\mu}{}_{\nu\beta}} = 0$$

$$\Rightarrow \quad \nabla_{\beta} \boldsymbol{w}^{\mu} = -\Gamma^{\mu}{}_{\nu\beta} \boldsymbol{w}^{\nu}. \tag{2.43}$$

この式と (2.38) 式さえあれば，一般のテンソルの微分は単にライプニッツ則を繰り返して適用するだけで得られる．

　たとえば，双対ベクトルに対しては，

$$\nabla_{\beta} \tilde{\boldsymbol{v}} = \nabla_{\beta}(v_{\mu} \boldsymbol{w}^{\mu}) = v_{\mu,\beta} \boldsymbol{w}^{\mu} + v_{\mu}(-\Gamma^{\mu}{}_{\nu\beta} \boldsymbol{w}^{\nu}) = (v_{\mu,\beta} - \Gamma^{\alpha}{}_{\mu\beta} v_{\alpha}) \boldsymbol{w}^{\mu}$$

$$\Rightarrow \quad v_{\mu;\beta} \equiv v_{\mu,\beta} - \Gamma^{\alpha}{}_{\mu\beta} v_{\alpha}. \tag{2.44}$$

　同様にして，一般のテンソルに対しては，(2.29) 式のようにちゃんと基底を忘れずにつけて微分して，その後で成分だけを拾い上げれば

$$T^{\alpha_1 \cdots \alpha_m}{}_{\beta_1 \cdots \beta_n ; \gamma}$$

$$= T^{\alpha_1 \cdots \alpha_m}{}_{\beta_1 \cdots \beta_n, \gamma} + \sum_{i=1}^{m} \Gamma^{\alpha_i}{}_{\mu\gamma} T^{\alpha_1 \cdots \alpha_{i-1} \mu \alpha_{i+1} \cdots \alpha_m}{}_{\beta_1 \cdots \beta_n}$$

$$- \sum_{j=1}^{n} \Gamma^{\mu}{}_{\beta_j \gamma} T^{\alpha_1 \cdots \alpha_m}{}_{\beta_1 \cdots \beta_{j-1} \mu \beta_{j+1} \cdots \beta_n} \tag{2.45}$$

が得られる．

　接続係数は座標変換に対して以下の変換則：

$$\Gamma^{\mu'}{}_{\alpha'\beta'} = \frac{\partial x^{\mu'}}{\partial x^{\rho}} \frac{\partial x^{\lambda}}{\partial x^{\alpha'}} \frac{\partial x^{\sigma}}{\partial x^{\beta'}} \Gamma^{\rho}{}_{\lambda\sigma} + \frac{\partial x^{\mu'}}{\partial x^{\gamma}} \frac{\partial^2 x^{\gamma}}{\partial x^{\alpha'} \partial x^{\beta'}} \tag{2.46}$$

に従うことが示される．最後におつりの項があることからもわかるように，これは (2.32) 式の形とは異なっている．つまり，接続係数はテンソルではないことを注意しておこう．一方，接続係数の差はテンソルの変換則に従う．たとえば，4.6 節の (4.61) 式以下の議論を参照されたい．

2.6　リーマン接続とクリストッフェル記号

接続係数にはいろいろな定義の仕方がありうるが，通常は計量テンソルによって

$$\Gamma^{\alpha}{}_{\beta\gamma} = g^{\alpha\mu} \Gamma_{\mu\beta\gamma} = g^{\alpha\mu} \frac{1}{2} \left(g_{\mu\beta,\gamma} + g_{\mu\gamma,\beta} - g_{\beta\gamma,\mu} \right) \tag{2.47}$$

として書かれたものを用いるのが普通で，これを特にクリストッフェル (Christoffel) 記号と呼ぶ．このクリストッフェル記号によって基底ベクトルの接続 (平行移動) を定義する場合を，リーマン接続と呼ぶ．普通の一般相対論はすべてこの場合である．本書でも以降そのように選ぶ．

接続係数が (2.47) 式で定義されるクリストッフェル記号となることは，以下の 5 つの物理的要請のいずれとも等価であることを示すことができる (問題 [2.3], [2.4], [2.5] および 3.1 節参照)．

(a) 任意の点 P_0 において定義された局所ローレンツ系：

$$g_{\alpha\beta}(P_0) = \eta_{\alpha\beta}, \quad g_{\alpha\beta,\gamma}(P_0) = 0 \tag{2.48}$$

は，局所慣性系：

$$\Gamma^{\alpha}{}_{\beta\gamma}(P_0) = 0 \tag{2.49}$$

である．

(b) $g_{\alpha\beta}$ に対する共変微分が常に 0 である．

$$g_{\alpha\beta;\gamma} = 0. \tag{2.50}$$

(c) ベクトルの内積に対する共変微分がライプニッツ則を満たす．

$$\nabla_{\boldsymbol{u}} \, \boldsymbol{v} \cdot \boldsymbol{w} = (\nabla_{\boldsymbol{u}} \, \boldsymbol{v}) \cdot \boldsymbol{w} + \boldsymbol{v} \cdot (\nabla_{\boldsymbol{u}} \, \boldsymbol{w}). \tag{2.51}$$

(d) 測地線が (2.48) 式で定義される局所ローレンツ系での直線となる．

(e) 測地線は，固有時を極大にする世界線と一致する．

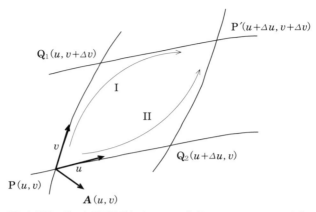

図 2.8 閉じた経路に沿った平行移動とリーマンの曲率テンソル．2 つのベクトル場 $\boldsymbol{u}$ と $\boldsymbol{v}$ を接ベクトルとする経路を考え，この経路を含む面は u と v という 2 つのパラメータで表されているものとする．

2.7 平行移動とリーマンの曲率テンソル

2.4 節で述べたように，平行移動の結果は経路に依存して変わる．これに対応して，共変微分は一般には可換ではない．これは空間の曲率の存在のためである．以下，具体的にある閉じた経路を一周したときの平行移動の差を考えて，リーマン (Riemann) の曲率テンソルを定義する．2.4 節と同様に，基底ベクトルを真面目につけたまま議論してもよいが，少し面倒くさくなるので不本意ながら成分計算をすることにする．

まず，一般の経路に沿って平行移動したベクトルの成分を再度書き下しておく．座標の β 方向への移動に関して得られた (2.39) 式を一般化すると，

$$\begin{aligned}
&\boldsymbol{\xi}_{\parallel}(\mathrm{P} \longrightarrow \mathrm{P}') \\
&\equiv \xi_{\parallel}^{\mu}(x+\Delta x)\boldsymbol{e}_{\mu}(x+\Delta x) \\
&= \xi^{\mu}(x)\boldsymbol{e}_{\mu}(x+\Delta x) - \Delta x^{\beta}\xi^{\mu}(x)\Gamma^{\alpha}{}_{\mu\beta}(x+\Delta x)\boldsymbol{e}_{\alpha}(x+\Delta x) \\
&\approx (\xi^{\mu}(x) - \Delta x^{\beta}\xi^{\alpha}(x)\Gamma^{\mu}{}_{\alpha\beta}(x))\boldsymbol{e}_{\mu}(x+\Delta x) \\
&\Rightarrow \quad \xi_{\parallel}^{\mu}(x+\Delta x) = \xi^{\mu}(x) - \Gamma^{\mu}{}_{\alpha\beta}(x)\xi^{\alpha}(x)\Delta x^{\beta}.
\end{aligned} \qquad (2.52)$$

この式を用いて，図 2.8 のように，2 つのベクトル場 $\boldsymbol{u}$ と $\boldsymbol{v}$ を接ベクトルとする経路に沿ってベクトル $\boldsymbol{A}$ を平行移動した結果の差を具体的に計算してみよう．

(i) $\mathbf{P} \longrightarrow \mathbf{Q_1}$：　まず，(2.52) 式より $\boldsymbol{A}(\mathrm{P})$ を $\boldsymbol{v}$ 方向に $\mathrm{Q_1}$ まで平行移動すると

$$A_{\parallel}^{(\mathrm{I})\mu}(\mathrm{Q_1}) = A^\mu(\mathrm{P}) - \varGamma^\mu{}_{\lambda\beta}(\mathrm{P})A^\lambda(\mathrm{P})\Delta v^\beta. \tag{2.53}$$

ただし，

$$\Delta v^\beta \equiv \frac{\partial x^\beta}{\partial v}\Delta v, \quad \Delta u^\gamma \equiv \frac{\partial x^\gamma}{\partial u}\Delta u \tag{2.54}$$

とする.

(ii) $\mathbf{P} \longrightarrow \mathbf{Q_1} \longrightarrow \mathbf{P'}$：　次に，(2.53) 式で表される成分を持つベクトルを引き続き $\mathrm{Q_1}$ から $\boldsymbol{u}$ 方向に $\mathrm{P'}$ まで平行移動する.

$$A_{\parallel}^{(\mathrm{I})\mu}(\mathrm{P'}) = A_{\parallel}^{(\mathrm{I})\mu}(\mathrm{Q_1}) - \varGamma^\mu{}_{\lambda\gamma}(\mathrm{Q_1})A_{\parallel}^{(\mathrm{I})\lambda}(\mathrm{Q_1})\,\Delta u^\gamma. \tag{2.55}$$

この式の右辺を点 P における量だけを用いて書き直すと (以下，P に関する量は引数をつけないものとする)

$$
\begin{aligned}
A_{\parallel}^{(\mathrm{I})\mu}(\mathrm{P'}) &\approx A^\mu - \varGamma^\mu{}_{\lambda\beta}A^\lambda\Delta v^\beta \\
&\quad - (\varGamma^\mu{}_{\lambda\gamma} + \varGamma^\mu{}_{\lambda\gamma,\beta}\Delta v^\beta)(A^\lambda - \varGamma^\lambda{}_{\delta\beta}A^\delta\Delta v^\beta)\Delta u^\gamma \\
&\approx A^\mu - \varGamma^\mu{}_{\lambda\beta}A^\lambda(\Delta v^\beta + \Delta u^\beta) \\
&\quad - (\varGamma^\mu{}_{\alpha\gamma,\beta} - \varGamma^\mu{}_{\lambda\gamma}\varGamma^\lambda{}_{\alpha\beta})A^\alpha\Delta v^\beta\Delta u^\gamma.
\end{aligned}
\tag{2.56}
$$

(iii) $\mathbf{P} \longrightarrow \mathbf{Q_2} \longrightarrow \mathbf{P'}$：　これは (ii) で得られた (2.56) 式において，$v \longleftrightarrow u$ と置き換えればよいので

$$
\begin{aligned}
A_{\parallel}^{(\mathrm{II})\mu}&(\mathrm{P'}) \\
&\approx A^\mu - \varGamma^\mu{}_{\lambda\beta}A^\lambda(\Delta u^\beta + \Delta v^\beta) - (\varGamma^\mu{}_{\alpha\gamma,\beta} - \varGamma^\mu{}_{\lambda\gamma}\varGamma^\lambda{}_{\alpha\beta})A^\alpha\Delta u^\beta\Delta v^\gamma \\
&= A^\mu - \varGamma^\mu{}_{\lambda\beta}A^\lambda(\Delta u^\beta + \Delta v^\beta) - (\varGamma^\mu{}_{\alpha\beta,\gamma} - \varGamma^\mu{}_{\lambda\beta}\varGamma^\lambda{}_{\alpha\gamma})A^\alpha\Delta v^\beta\Delta u^\gamma.
\end{aligned}
\tag{2.57}
$$

2 つめの等号は，β と γ がいずれも和をとるダミーの添字であることを用いて，それらの名前を入れ換えた結果である. この類の変形は次の (iv) でも用いるし，相対論の計算でよく使うことが多いので，はやく慣れておくとよい.

(iv) **上記の異なる平行移動 (ii) と (iii) の結果の差**：　結局，ベクトル $\boldsymbol{A}$ を経路 I と II にそって平行移動した結果の P′ での差は，Δu と Δv に関する最低次で

$$
A_{\parallel}^{(\mathrm{I})\mu}(\mathrm{P'}) - A_{\parallel}^{(\mathrm{II})\mu}(\mathrm{P'}) \\
= \underbrace{(\varGamma^\mu{}_{\alpha\beta,\gamma} - \varGamma^\mu{}_{\alpha\gamma,\beta} + \varGamma^\mu{}_{\lambda\gamma}\varGamma^\lambda{}_{\alpha\beta} - \varGamma^\mu{}_{\lambda\beta}\varGamma^\lambda{}_{\alpha\gamma})}_{\equiv R^\mu{}_{\alpha\gamma\beta}}A^\alpha\Delta v^\beta\Delta u^\gamma. \tag{2.58}
$$

この結果から，リーマンの曲率テンソルを

$$R^\mu{}_{\alpha\beta\gamma} \equiv \partial_\beta \Gamma^\mu{}_{\alpha\gamma} - \partial_\gamma \Gamma^\mu{}_{\alpha\beta} + \Gamma^\mu{}_{\lambda\beta} \Gamma^\lambda{}_{\alpha\gamma} - \Gamma^\mu{}_{\lambda\gamma} \Gamma^\lambda{}_{\alpha\beta} \tag{2.59}$$

によって定義する[5]．

このリーマンテンソルは，後の添字 2 つに対して反対称：

$$R^\mu{}_{\alpha\beta\gamma} = -R^\mu{}_{\alpha\gamma\beta}, \tag{2.60}$$

および 3 つの添字の循環和が 0：

$$R^\mu{}_{\alpha\beta\gamma} + R^\mu{}_{\beta\gamma\alpha} + R^\mu{}_{\gamma\alpha\beta} = 0 \tag{2.61}$$

という性質を持つ．さらに，

$$R_{\mu\alpha\beta\gamma} \equiv g_{\mu\nu} R^\nu{}_{\alpha\beta\gamma} \tag{2.62}$$

は，前の添字 2 つに対して反対称

$$R_{\mu\alpha\beta\gamma} = -R_{\alpha\mu\beta\gamma} \tag{2.63}$$

である．以上から $R_{\alpha\beta\gamma\delta}$ の独立成分は全部で 20 個しかないことを示すことができる (問題 [2.8])．また，以上の対称性を組み合わせると，前後 2 対の添字をまとめて交換する対称性

$$R_{\alpha\beta\gamma\delta} = R_{\gamma\delta\alpha\beta} \tag{2.64}$$

を持つこともわかる．

ところで，リーマンテンソルを定義するときに用いた (2.58) 式において，特に $\boldsymbol{u} \equiv \boldsymbol{e}_\gamma$，$\boldsymbol{v} \equiv \boldsymbol{e}_\beta$ とおけば，共変微分の定義から，左辺は $(A^\mu{}_{;\beta\gamma} - A^\mu{}_{;\gamma\beta})\Delta v \Delta u$ に等しいはずである．つまり，リーマンテンソルを共変微分の非可換性による項：

$$A^\mu{}_{;\beta\alpha} - A^\mu{}_{;\alpha\beta} = (\nabla_\alpha \nabla_\beta - \nabla_\beta \nabla_\alpha)A^\mu \equiv R^\mu{}_{\lambda\alpha\beta} A^\lambda \tag{2.65}$$

によって定義できることがわかる[6] (問題 [2.12])．ちなみに，(2.59) 式をみただけではリーマンテンソルが正しくテンソルの変換則に従うかどうかはすぐにはわからないが，A^α とその共変微分だけから書かれている (2.65) 式を見れば，ちゃんとしたテンソルであることは自明であろう．

---

[5] ここで用いた符号の定義 (教科書によって違っていることも多いのでさらに注意が必要であるが) の場合，(2.59) 式のように ∂_β を用いて書くと，左辺と右辺第 1 項および第 3 項の下添字の $\beta\gamma$ の順序がそろう．後は，$R \sim \partial\Gamma + \Gamma\Gamma$ の構造をしていることだけ覚えておき，下添字の $\beta\gamma$ について反対称であるように構成すれば自然と (2.59) 式にたどり着ける．

[6] この場合も，(2.65) 式の第 2 式のように ∇_α を用いて書いたときに，下添字の $\alpha\beta$ の順序がそろってすっきりする．

リーマンテンソルは他にも，ビアンキ (Bianchi) の恒等式と呼ばれる重要な式：

$$R^{\mu}{}_{\nu\alpha\beta;\gamma} + R^{\mu}{}_{\nu\beta\gamma;\alpha} + R^{\mu}{}_{\nu\gamma\alpha;\beta} = 0 \tag{2.66}$$

を満たす (問題 [2.9])．また，添字の縮約により

$$\text{リッチ (Ricci) テンソル：} \quad R_{\alpha\beta} \equiv R^{\mu}{}_{\alpha\mu\beta}, \tag{2.67}$$

$$\text{スカラー曲率：} R \equiv R^{\mu}{}_{\mu} = g^{\alpha\beta} R^{\mu}{}_{\alpha\mu\beta} \tag{2.68}$$

が定義される．

2.8 まとめ：物理量とテンソル

(i) **本来，物理法則の記述には座標系が不要：** 物理量およびそれらの間の関係 (微分方程式) として与えられる物理法則は，座標系とは無関係な概念 (座標変換に対して不変) である．

(ii) **物理量はテンソルである：** ある物理量をむりやり特定の座標系 (基底ベクトル) を用いて表現したときの成分は，その選び方に対応した変換を行うことで他の任意の座標系における成分としても表すことができる．

(iii) **共変微分：** 物理量を微分するときには，その成分を微分するのみでなく，成分を表現するときに用いた基底ベクトルをも微分しなくてはならない．この基底ベクトルの微分からこぼれる量を，成分を「共変微分」した結果であるとして押し付ければ，テンソルの階数に応じて，接続係数 $\Gamma^{\mu}{}_{\alpha\beta}$ に比例した付加項が必要となる．

(iv) **一般相対論の接続係数は，等価原理から決まる：** 接続係数 $\Gamma^{\mu}{}_{\alpha\beta}$ は，基底ベクトルの取り方の任意性を反映して自由度を持つ．一方，一般相対論では等価原理から出発して，局所慣性系の存在を要請する．その結果，接続係数は計量テンソル $g_{\mu\nu}$ を用いて一意的に書き下すことができ，クリストッフェル記号と呼ばれるものに帰着する．

(v) **曲率テンソルは共変微分の非可換性に対応する：** 一般にベクトルの平行移動は，経路に依存して異なる結果となる．そのため，共変微分を 2 回行う場合，それらは互いに可換ではない．この非可換性は，物理的には，その閉じた経路内で表される空間の曲率に起因しており，リーマンの曲率テンソル $R^{\mu}{}_{\alpha\beta\gamma}$ で記述される．

44 第 2 章 一般相対性原理とその数学的表現

第 2 章の問題

[2.1] 本書では接続係数 $\Gamma^\mu{}_{\alpha\beta}$ を (2.38) 式

$$\nabla_\beta \boldsymbol{e}_\alpha = \boldsymbol{e}_\mu \Gamma^\mu{}_{\alpha\beta} \tag{2.69}$$

で定義した. この式と $\boldsymbol{e}_\alpha$ の座標変換を示す (2.7) 式:

$$\boldsymbol{e}_{\alpha'} = \epsilon_{\alpha'}{}^\lambda \boldsymbol{e}_\lambda = \frac{\partial x^\lambda}{\partial x^{\alpha'}} \boldsymbol{e}_\lambda \tag{2.70}$$

を組み合わせて

$$\nabla_{\beta'} \boldsymbol{e}_{\alpha'} = \boldsymbol{e}_{\mu'} \Gamma^{\mu'}{}_{\alpha'\beta'} \tag{2.71}$$

に代入し, $\Gamma^\mu{}_{\alpha\beta}$ の変換則

$$\Gamma^{\mu'}{}_{\alpha'\beta'} = \frac{\partial x^{\mu'}}{\partial x^\rho} \frac{\partial x^\lambda}{\partial x^{\alpha'}} \frac{\partial x^\sigma}{\partial x^{\beta'}} \Gamma^\rho{}_{\lambda\sigma} + \frac{\partial x^{\mu'}}{\partial x^\gamma} \frac{\partial^2 x^\gamma}{\partial x^{\alpha'} \partial x^{\beta'}} \tag{2.72}$$

を導け. ただし,

$$\nabla_{\beta'} = \epsilon_{\beta'}{}^\lambda \nabla_\lambda = \frac{\partial x^\lambda}{\partial x^{\beta'}} \nabla_\lambda \tag{2.73}$$

であることに注意せよ.

[2.2] $\Gamma^\mu{}_{\alpha\beta}$ 自身はテンソルではないが, (2.72) 式の変換性のおかげで, テンソルを共変微分して得られる量は 1 つ階数の高いテンソルとして振る舞うことになる. この例として, A^α の共変微分を具体的に計算し,

$$A^{\alpha'}{}_{;\beta'} = \frac{\partial x^{\alpha'}}{\partial x^\mu} \frac{\partial x^\nu}{\partial x^{\beta'}} A^\mu{}_{;\nu} \tag{2.74}$$

となることを確かめよ.

[2.3] 問題 [2.1] と [2.2] では $\Gamma^\mu{}_{\alpha\beta}$ の添字の対称性は何も仮定していない. しかし, 一般相対論では $\Gamma^\mu{}_{\alpha\beta}$ の下添字 2 つについて対称なものが用いられる. 物理的には, これは時空の任意の点において局所的に $\Gamma^\mu{}_{\alpha\beta}$ のすべての成分を同時に 0 とおくことができるための必要十分条件になっている. (2.72) 式を用いてこのことを証明せよ.

[2.4] ベクトル $\boldsymbol{A}$ を平行移動させたとき, その大きさが不変である, つまり

$$g_{\mu\nu}(x + \Delta x) A^\mu_\parallel(x + \Delta x) A^\nu_\parallel(x + \Delta x) = g_{\mu\nu}(x) A^\mu(x) A^\nu(x) \tag{2.75}$$

とおくと, $\Gamma^\alpha{}_{\beta\gamma}$ が $g_{\mu\nu}$ から一意的に決まり, (2.47) 式:

$$\Gamma^\alpha{}_{\beta\gamma} = \frac{1}{2} g^{\alpha\mu} (g_{\mu\beta,\gamma} + g_{\mu\gamma,\beta} - g_{\beta\gamma,\mu}) \tag{2.76}$$

が得られることを示せ. ただし, 問題 [2.3] で述べた物理的要請に従って, 接続係数の下添字に関する対称性:

$$\Gamma^{\mu}{}_{\alpha\beta} = \Gamma^{\mu}{}_{\beta\alpha} \tag{2.77}$$

が満たされているものとする.

[2.5] $\Gamma^{\mu}{}_{\alpha\beta}$ としてクリストッフェル記号を選べば, $g_{\alpha\beta}$ と $g^{\alpha\beta}$ はともに共変微分に対して定数であること:

$$g_{\alpha\beta;\gamma} = 0, \quad g^{\alpha\beta}{}_{;\gamma} = 0 \tag{2.78}$$

を示せ. このおかげで, テンソルの添字の上げ下げと共変微分は可換となる.

[2.6] 計量テンソル $g_{\alpha\beta}$ の行列式を

$$g \equiv \det(g_{\alpha\beta}) = \begin{vmatrix} g_{00} & g_{01} & g_{02} & g_{03} \\ g_{10} & g_{11} & g_{12} & g_{13} \\ g_{20} & g_{21} & g_{22} & g_{23} \\ g_{30} & g_{31} & g_{32} & g_{33} \end{vmatrix} \tag{2.79}$$

としたとき, g の符号が負であることを示せ.

[2.7] 問題 [2.6] で定義した g に対して

$$\frac{\partial}{\partial x^{\alpha}} \ln(-g) = g^{\mu\nu} \frac{\partial g_{\mu\nu}}{\partial x^{\alpha}} = 2\Gamma^{\mu}{}_{\alpha\mu} \tag{2.80}$$

を導け. また, (2.80) 式から反変ベクトルの発散が次式を満たすことを示せ.

$$A^{\mu}{}_{;\mu} = \frac{1}{\sqrt{-g}} \frac{\partial}{\partial x^{\mu}} (\sqrt{-g} A^{\mu}). \tag{2.81}$$

[2.8] リーマンテンソル $R_{\alpha\beta\gamma\delta}$ の持つ対称性

$$R_{\alpha\beta\gamma\delta} = -R_{\beta\alpha\gamma\delta}, \tag{2.82}$$

$$R_{\alpha\beta\gamma\delta} = -R_{\alpha\beta\delta\gamma}, \tag{2.83}$$

$$R_{\alpha\beta\gamma\delta} + R_{\alpha\gamma\delta\beta} + R_{\alpha\delta\beta\gamma} = 0 \tag{2.84}$$

を用いて, その独立成分が 20 個であることを示せ. また, 時空が 4 次元でなく, n 次元の場合, 独立成分の数が

$$\left(\frac{n(n-1)}{2}\right)^2 - n \times \frac{n(n-1)(n-2)}{6} = \frac{n^2(n^2-1)}{12} \tag{2.85}$$

となることを示せ.

[2.9] (2.82) 式 ～(2.84) 式の対称性を組み合わせると,

$$R_{\alpha\beta\gamma\delta} = R_{\gamma\delta\alpha\beta} \tag{2.86}$$

が成り立つことを示せ. また, ビアンキの恒等式 (2.66) :

$$R^{\mu}{}_{\nu\alpha\beta;\gamma} + R^{\mu}{}_{\nu\beta\gamma;\alpha} + R^{\mu}{}_{\nu\gamma\alpha;\beta} = 0 \tag{2.87}$$

を示せ (テンソル式なので, 局所ローレンツ系 $\Gamma^{\mu}{}_{\alpha\beta} = 0$ について証明すれば, 一般座標系についても成立することを用いてよい).

[2.10] 問題 [2.8] で得られたリーマンテンソルの自由度を考慮して, 3 次元以下の空間に対しては $R_{\alpha\beta\gamma\delta}$ が簡単な表式を持つことを, 以下に従って示せ. $g_{\mu\nu}$, $R_{\mu\nu}$ を組み合わせて, $R_{\alpha\beta\gamma\delta}$ の添字と同じ対称性を持つようなものを考えればよい.

(a) 1 次元空間での $R_{\alpha\beta\gamma\delta}$ を求めよ.

(b) 2 次元空間での $R_{\alpha\beta\gamma\delta}$ を $g_{\mu\nu}$ と R を用いて表せ.

(c) 3 次元空間での $R_{\alpha\beta\gamma\delta}$ を $g_{\mu\nu}$, $R_{\mu\nu}$, R を用いて表せ.

[2.11] ϕ を座標の任意関数として, 計量 $g_{\mu\nu}$ を

$$\bar{g}_{\mu\nu} = \phi^2(x)g_{\mu\nu} \tag{2.88}$$

にうつすことを, 共形変換と呼ぶ. この共形変換後の $\bar{\Gamma}^{\mu}{}_{\alpha\beta}$, $\bar{R}^{\mu}{}_{\alpha\beta\gamma}$, $\bar{R}_{\alpha\beta}$, $\bar{R}$ と, 変換前の $\Gamma^{\mu}{}_{\alpha\beta}$, $R^{\mu}{}_{\alpha\beta\gamma}$, $R_{\alpha\beta}$, R との関係を求めよ.

[2.12] 任意のベクトル A^{μ} に対して, 具体的に共変微分を行い, 以下の式が成り立つことを示せ.

$$A^{\mu}{}_{;\beta\alpha} - A^{\mu}{}_{;\alpha\beta} = (\nabla_{\alpha}\nabla_{\beta} - \nabla_{\beta}\nabla_{\alpha})A^{\mu} \equiv R^{\mu}{}_{\lambda\alpha\beta}A^{\lambda}. \tag{2.89}$$

第3章

測地線方程式

3.1 重力場のもとでの粒子の運動方程式

前章までで必要となる数学的準備を終えた。そこで次に，具体的に粒子の運動方程式について考えてみよう。ニュートンの第1法則によれば，「外力が働かない場合の質点の軌道は，直線」である。ユークリッド空間を前提としたこの結論を，リーマン時空における一般相対論の場合に拡張すれば，「**重力以外の力が働かない場合の質点の軌道は測地線である**」ということになる。以下，この測地線の方程式を4つの異なる視点から考えてみる。

(i) **局所ローレンツ系からの一般化**： 2.6節で述べたように一般相対論はリーマン接続，すなわち $\Gamma^\mu{}_{\alpha\beta} = \Gamma^\mu{}_{\beta\alpha}$ となるクリストッフェル記号を接続係数として採用する。この場合，任意の点 P_0 のまわりで (2.48) 式：

$$g_{\alpha\beta}(P_0) = \eta_{\alpha\beta}, \quad g_{\alpha\beta,\gamma}(P_0) = 0 \tag{3.1}$$

が成り立つような局所ローレンツ系 $\{X^\mu\}$ を選ぶことができる。この系では，特殊相対論に従って，自由粒子の軌道は直線：

$$\frac{d^2 X^\mu}{d\tau^2} = 0 \tag{3.2}$$

で与えられる。これを局所ローレンツ系以外の一般座標系 $\{x^\mu\}$ に移すと

$$\frac{d^2 X^\mu}{d\tau^2} = \frac{d}{d\tau}\left(\frac{\partial X^\mu}{\partial x^\alpha}\frac{dx^\alpha}{d\tau}\right) = \frac{\partial^2 X^\mu}{\partial x^\alpha \partial x^\beta}\frac{dx^\beta}{d\tau}\frac{dx^\alpha}{d\tau} + \frac{\partial X^\mu}{\partial x^\alpha}\frac{d^2 x^\alpha}{d\tau^2} = 0$$

$$\Rightarrow \quad \frac{d^2 x^\alpha}{d\tau^2} + \frac{\partial x^\alpha}{\partial X^\lambda}\frac{\partial^2 X^\lambda}{\partial x^\mu \partial x^\nu}\frac{dx^\mu}{d\tau}\frac{dx^\nu}{d\tau} = 0 \tag{3.3}$$

となり，もはや直線ではない。しかし実は，(2.46) 式と (3.1) 式，および 2.6 節 (a) より

48　　　　　　　　　　第 3 章　測地線方程式

$$\Gamma^\alpha{}_{\mu\nu}(x) = \frac{\partial x^\alpha}{\partial X^\lambda} \frac{\partial X^\rho}{\partial x^\mu} \frac{\partial X^\sigma}{\partial x^\nu} \underbrace{\Gamma^\lambda{}_{\rho\sigma}(X)}_{=0} + \frac{\partial x^\alpha}{\partial X^\gamma} \frac{\partial^2 X^\gamma}{\partial x^\mu \partial x^\nu} \tag{3.4}$$

に注意して，(3.3) 式の第 2 項を $\Gamma^\alpha{}_{\mu\nu}(x)$ を用いて書き換えれば，

$$\frac{d^2 x^\alpha}{d\tau^2} + \Gamma^\alpha{}_{\mu\nu} \frac{dx^\mu}{d\tau} \frac{dx^\nu}{d\tau} = 0 \tag{3.5}$$

と変形できる．この式は，測地線の方程式と呼ばれ，左辺第 1 項は加速度，第 2 項は重力に相当する．また，この式が一般座標変換に対してベクトルの反変成分として正しく振る舞うことは直接計算で確認できる．

(ii) ニュートン力学における変分法の一般化： ニュートン力学では，自由粒子の運動方程式を

$$\delta I = \delta \left(\int_A^B L\, dt \right) = \frac{1}{2} m \delta \left(\int_A^B |\boldsymbol{v}|^2\, dt \right) = 0 \tag{3.6}$$

から導くことができる．これを共変化して，

$$dt \longrightarrow d\tau, \quad |\boldsymbol{v}|^2 = \delta_{ij} \frac{dx^i}{dt} \frac{dx^j}{dt} \longrightarrow g_{\alpha\beta} \frac{dx^\alpha}{d\tau} \frac{dx^\beta}{d\tau} \tag{3.7}$$

と置き換えて，

$$I \equiv \int_A^B L\, d\tau = \int_A^B g_{\alpha\beta} \frac{dx^\alpha}{d\tau} \frac{dx^\beta}{d\tau} d\tau \tag{3.8}$$

を変分してみよう．

以降，"·" は $\frac{d}{d\tau}$ を意味するものとして，オイラー-ラグランジュ (Euler-Lagrange) 方程式：

$$\frac{d}{d\tau} \left(\frac{\partial L}{\partial \dot{x}^\mu} \right) - \frac{\partial L}{\partial x^\mu} = 0 \tag{3.9}$$

に直接代入すれば，

$$\frac{d}{d\tau} \left(g_{\mu\beta} \dot{x}^\beta + g_{\alpha\mu} \dot{x}^\alpha \right) - g_{\alpha\beta,\mu} \dot{x}^\alpha \dot{x}^\beta = 0$$

$$\Rightarrow \quad g_{\mu\alpha} \ddot{x}^\alpha + \underbrace{\frac{1}{2} \left(g_{\mu\beta,\alpha} + g_{\mu\alpha,\beta} - g_{\alpha\beta,\mu} \right)}_{=\Gamma_{\mu\alpha\beta}} \dot{x}^\alpha \dot{x}^\beta = 0$$

$$\Rightarrow \quad \frac{d^2 x^\alpha}{d\tau^2} + \underbrace{g^{\alpha\mu} \Gamma_{\mu\beta\gamma}}_{=\Gamma^\alpha{}_{\beta\gamma}} \frac{dx^\beta}{d\tau} \frac{dx^\gamma}{d\tau} \underset{(3.5)\ 式}{=} 0. \tag{3.10}$$

ちなみに，この結果からわかるように，仮に $\Gamma^\alpha{}_{\beta\gamma}$ が下添字について対称でないとして

も，反対称部分は和をとる際に消えてしまうため粒子の運動方程式はまったく同じ形をとる．

(iii) **特殊相対論における変分法の一般化**： 特殊相対論において自由粒子に対する 4 次元不変量 (スカラー) は，ds あるいは $d\tau$ しか考えられないことから，

$$\delta I = \delta \left(\int_{\mathrm{A}}^{\mathrm{B}} d\tau \right) = 0 \tag{3.11}$$

を用いて，その運動方程式を導くことができる．実際，非相対論的近似をすれば

$$d\tau = \sqrt{dt^2 - d\boldsymbol{x}^2} = dt\sqrt{1 - |\boldsymbol{v}|^2} \approx \left(1 - \frac{1}{2}|\boldsymbol{v}|^2 \right) dt \tag{3.12}$$

であるから，(3.11) 式と (3.6) 式は変分した結果が一致する．さらに，一般相対論においても，時間的な世界線 ($g_{\alpha\beta}\, dx^\alpha dx^\beta < 0$) に対しては，

$$d\tau = \sqrt{-g_{\alpha\beta}dx^\alpha dx^\beta} = \sqrt{-g_{\alpha\beta}\frac{dx^\alpha}{d\tau}\frac{dx^\beta}{d\tau}}\, d\tau \tag{3.13}$$

とおけば，(3.11) 式と (3.8) 式は変分結果が一致する．

(iv) **幾何学的解釈**： (3.11) 式は，質点は 2 点間の固有時間 $d\tau$ (あるいは 4 次元距離 ds) が停留値をとるような軌道に沿って運動することを示す．ニュートン力学では，3 次元距離を最小にするような軌道をとり，これが直線に対応する．特殊相対論では，4 次元距離を最大にするような軌道をとる，と言うことができる．このような曲線は，一般に測地線 (geodesic) と呼ばれる．この測地線に対する接ベクトル (物理的には 4 次元速度ベクトル) を

$$u^\mu \equiv \frac{dx^\mu}{d\tau} \tag{3.14}$$

とする．このとき

$$\begin{aligned}
u^\mu u^\alpha{}_{;\mu} &= u^\mu u^\alpha{}_{,\mu} + \Gamma^\alpha{}_{\mu\nu}u^\mu u^\nu \\
&= \frac{dx^\mu}{d\tau}\frac{\partial u^\alpha}{\partial x^\mu} + \Gamma^\alpha{}_{\mu\nu}\frac{dx^\mu}{d\tau}\frac{dx^\nu}{d\tau} \underbrace{=}_{(3.5)\ \text{式}} 0
\end{aligned} \tag{3.15}$$

が成り立つが，この式は測地線の方程式に他ならない (ちなみに，この形で表せば，その共変性は自明)．

(3.15) 式は，幾何学的には，ある曲線の接ベクトルがその曲線に沿って平行移動されたものと一致するものが測地線であることを示している．もっと具体的には，(2.52) 式を用いると，$u^\alpha(\tau)$ を $\tau + \Delta\tau$ に平行移動した結果は，

$$u_{\parallel}^{\alpha}(\tau + \Delta\tau) = u^{\alpha}(\tau) - \Gamma^{\alpha}{}_{\mu\nu}(\tau)u^{\mu}(\tau)\underbrace{\Delta x^{\nu}}_{= u^{\nu}\Delta\tau}. \tag{3.16}$$

したがって，この平行移動されたベクトルと，$\tau + \Delta\tau$ での接ベクトルとの差は，

$$u^{\alpha}(\tau + \Delta\tau) - u_{\parallel}^{\alpha}(\tau + \Delta\tau)$$

$$= u^{\alpha}(\tau + \Delta\tau) - u^{\alpha}(\tau) + \Gamma^{\alpha}{}_{\mu\nu}(\tau)u^{\mu}(\tau)u^{\nu}(\tau)\Delta\tau$$

$$= \Delta\tau\left(\frac{du^{\alpha}}{d\tau} + \Gamma^{\alpha}{}_{\mu\nu}u^{\mu}u^{\nu}\right) = \Delta\tau\ u^{\mu}u^{\alpha}{}_{;\mu}. \tag{3.17}$$

したがって，測地線の方程式 $u^{\mu}u^{\alpha}{}_{;\mu} = 0$ は，測地線に沿って $u^{\alpha}(\tau + \Delta\tau)$ と $u_{\parallel}^{\alpha}(\tau + \Delta\tau)$ が常に等しくなっていることを示している．

3.2　ニュートン理論との対応

前節で，自由粒子は幾何学的な測地線に沿って，「たんたんと」進むことを示した．ところがこのままでは，重力がどこに入っているのかがよくわからない．そこらあたりを理解するために，ニュートン理論との対応を考えてみよう．まず測地線方程式：

$$\frac{du^{\alpha}}{d\tau} + \Gamma^{\alpha}{}_{\mu\nu}u^{\mu}u^{\nu} = 0 \tag{3.18}$$

の空間成分を考えると

$$\frac{d^2x^i}{d\tau^2} + \Gamma^i{}_{00}\left(\frac{dt}{d\tau}\right)^2 + 2\Gamma^i{}_{0j}\left(\frac{dt}{d\tau}\right)\left(\frac{dx^j}{d\tau}\right) + \Gamma^i{}_{jk}\left(\frac{dx^j}{d\tau}\right)\left(\frac{dx^k}{d\tau}\right) = 0. \tag{3.19}$$

ここで，時空がミンコフスキー計量からあまりずれていない場合：

$$g_{\mu\nu} = \eta_{\mu\nu} + h_{\mu\nu}, \quad |h_{\mu\nu}| \ll 1 \tag{3.20}$$

を考えると，

$$\Gamma^{\alpha}{}_{\beta\gamma} \approx \frac{1}{2}\eta^{\alpha\mu}\left(h_{\mu\beta,\gamma} + h_{\mu\gamma,\beta} - h_{\beta\gamma,\mu}\right). \tag{3.21}$$

さらに，質点の速度が非相対論的 $(|v^i| \ll 1)$ な場合には，(3.19) 式の第 3 項と第 4 項は無視できる．また，

$$d\tau^2 = -\eta_{\mu\nu}dx^{\mu}dx^{\nu} - h_{\mu\nu}dx^{\mu}dx^{\nu}$$

$$= dt^2\left((1 - \delta_{ij}v^iv^j) - h_{00} - 2h_{0i}v^i - h_{ij}v^iv^j\right) \approx dt^2 \tag{3.22}$$

と近似できる．したがって (3.19) 式は，

$$\frac{d^2x^i}{dt^2} \approx -\Gamma^i{}_{00} \approx -\frac{1}{2}\eta^{ij}(2h_{j0,0} - h_{00,j}) \approx -\frac{\partial}{\partial x^i}\left(-\frac{h_{00}}{2}\right). \tag{3.23}$$

ただし，ここで計量の時間変化が無視できる ($h_{j0,0} \approx 0$) ものとした．(3.23) 式は，ニュートン力学での重力ポテンシャル φ が計量と

$$\varphi = -\frac{h_{00}}{2} \tag{3.24}$$

という関係にあれば，ニュートン力学の運動方程式に帰着する．またこの場合，

$$h_{00} = -2\varphi \longrightarrow g_{00} \approx -1 - 2\varphi, \quad \Gamma^i{}_{00} \approx \frac{\partial \varphi}{\partial x^i} \tag{3.25}$$

が成り立つ．つまり，重力は $\Gamma^\alpha{}_{\mu\nu}$ の中にちゃんと入っているわけだ．以上をまとめれば，

(i) $|v^i| \ll 1$：質点の速度が非相対論的，
(ii) $|h_{\mu\nu}| \ll 1$：重力場が弱い (時空がほぼミンコフスキー的)，
(iii) $|h_{\mu\nu,0}| \approx 0$：重力場が時間変化しない

という 3 条件を満たす場合，一般相対論で「自由粒子」の運動を記述する測地線方程式は，ニュートン理論の重力場のもとでの粒子の運動方程式に帰着することが示された．逆に言えば，これらのかなり厳しい制約条件をはずした場合の粒子の運動はニュートン理論では記述できず，一般相対論が必要となる．実はそのような場合には，日常の経験に基づいて培われている直感が正しく働かない．だからこそ，物理的に興味深い現象が数多く存在する．たとえば，ほぼ光速で伝搬する高エネルギー粒子 (= 宇宙線) の起源と加速機構，ブラックホールのまわりの強重力場と時空の歪み，時間変化する重力場に伴う重力波の発生とその地上検出，などなど，そのような状況は宇宙物理学のあらゆる場面で顔を出す．

3.3　接続係数とゲージ相互作用：$\Gamma^\mu{}_{\alpha\beta}$ と A^μ

ここまでの流れを概観すると，以下のようになる．

特殊相対論での自由粒子の運動方程式

$\Downarrow$ 一般座標変換に対する不変性の要請

微分の共変化：$\partial_\mu \longrightarrow \nabla_\mu = \partial_\mu + \Gamma$

$\Downarrow$

重力 (Γ) を含む理論 (一般相対論) が自然に導かれた

52   第 3 章　測地線方程式

　この考え方に従うと，勝手に相互作用 (重力) の入り方を選ぶ任意性はない．逆に言えば，このようにして一般相対論を構築する道のりは，相互作用の入り方を規定する指導原理の雛形であると考えることもできる．

　この一般相対論の例と同じく，ある種の変換に対する理論の局所的不変性 (対称性) を要請すると，それに対応して相互作用が規定される．これがゲージ理論の考え方であると言ってよい．自然界のすべての相互作用がゲージ理論で記述される必然性が証明されているわけではないにもかかわらず，その美しさのために，ほとんどの物理学者は「ゲージ理論教」に入信している．同様の流れを電磁気学の場合に復習し，一般相対論の場合との対応関係を眺めてみよう．

(i) **ディラックスピノル**：　自由粒子に対するディラック方程式を

$$(i\gamma^\mu \partial_\mu - m)\Psi = 0 \tag{3.26}$$

(Ψ はディラックスピノル，γ^μ はディラック行列，m は粒子の質量) としたとき [1]，これに対するラグランジアンは，

$$\mathscr{L} = i\overline{\Psi}\gamma^\mu \partial_\mu \Psi - m\overline{\Psi}\Psi = -i(\partial_\mu \overline{\Psi})\gamma^\mu \Psi - m\overline{\Psi}\Psi, \tag{3.27}$$

で与えられる．ここで，$\overline{\Psi} \equiv \Psi^\dagger \gamma^0$ である．

(ii) **大局的ゲージ不変性 $\Longrightarrow$ 保存則**：　ゲージ不変性とは，時間・空間に対する対称性ではなく，内部空間に対するものをさすのが普通である．たとえば，α を実定数とした位相変換：

$$\Psi(x) \longrightarrow e^{i\alpha}\Psi(x) \tag{3.28}$$

に対しては，$\overline{\Psi(x)} \longrightarrow e^{-i\alpha}\overline{\Psi(x)}$, $\partial_\mu \Psi(x) \longrightarrow e^{i\alpha}\partial_\mu \Psi(x)$ であるから，(3.27) 式のラグランジアンは不変である．

---

[1] たとえば，ディラック表現を用いると

$$\gamma^0 \equiv \beta \equiv \begin{pmatrix} I & 0 \\ 0 & -I \end{pmatrix}, \quad \gamma^i \equiv \beta\alpha^i \equiv \begin{pmatrix} 0 & \sigma^i \\ -\sigma^i & 0 \end{pmatrix}.$$

ただし，パウリ行列を以下で定義する：

$$\sigma^1 = \begin{pmatrix} 0 & 1 \\ 1 & 0 \end{pmatrix}, \quad \sigma^2 = \begin{pmatrix} 0 & -i \\ i & 0 \end{pmatrix}, \quad \sigma^3 = \begin{pmatrix} 1 & 0 \\ 0 & -1 \end{pmatrix}.$$

素粒子物理では，$\eta^{\mu\nu} = \mathrm{diag}(+1,-1,-1,-1)$ となるような符号をとることが多いので，この表現もそれに対応して反交換関係が $\{\gamma^\mu, \gamma^\nu\} = 2\eta^{\mu\nu} = 2\mathrm{diag}(+1,-1,-1,-1)$ となるように選んでいる．ただし，これは本書のように相対論で普通用いられる $\eta^{\mu\nu} = \mathrm{diag}(-1,+1,+1,+1)$ とは違っているので注意が必要である．

ラグランジアンが大局的な対称性を持つと，ネーターの定理により，それに対応した保存則がある．今の場合，(3.28) 式の無限小変換：

$$\Psi \longrightarrow (1 + i\alpha)\Psi \equiv \Psi + \delta\Psi \tag{3.29}$$

に対して具体的に $\mathscr{L}$ の変化分 $\delta\mathscr{L} = 0$ を計算してみると，4 次元電流の保存則 (連続の式)：

$$j^{\mu}{}_{,\mu} = q(\overline{\Psi}\gamma^{\mu}\Psi)_{,\mu} = 0 \tag{3.30}$$

が得られる (粒子の電荷を q とした)[2]．

(iii) **局所的ゲージ不変性 $\Longrightarrow$ 相互作用：** (3.28) 式のパラメータ α は場所に依らない定数であるため，これは「大局的な」ゲージ不変性と呼ばれる．これを局所的な座標の関数，すなわち $\alpha = \alpha(x)$ に拡張すると，自由場に対するラグランジアン (3.27) 式は，もはや (3.28) 式で表される「局所的ゲージ変換」に対して不変でなくなる．これは，微分項に

$$\partial_{\mu}\left(e^{i\alpha(x)}\Psi(x)\right) = e^{i\alpha(x)}\partial_{\mu}\Psi(x) + ie^{i\alpha(x)}\Psi(x)\partial_{\mu}\alpha(x) \tag{3.31}$$

という余分な第 2 項がつくためである．

しかしここでは考え方を逆転させ，ラグランジアンの不変性を優先させて，それを保つようにラグランジアンの定義自身を変更する方針を選んでみる．つまり，微分の定義を変えて

$$\Psi \longrightarrow \Psi' = e^{i\alpha(x)}\Psi(x) \text{ に対応して } D_{\mu}\Psi \longrightarrow D'_{\mu}\Psi' = e^{i\alpha(x)}D_{\mu}\Psi(x) \tag{3.32}$$

---

[2] $\delta\Psi$ 等に対応するラグランジアンの変化分は

$$\delta\mathscr{L} = \frac{\partial\mathscr{L}}{\partial\Psi}\delta\Psi + \frac{\partial\mathscr{L}}{\partial(\partial_{\mu}\Psi)}\delta(\partial_{\mu}\Psi).$$

ここで，オイラー-ラグランジュ方程式を用いると

$$\delta\mathscr{L} = \partial_{\mu}\left(\frac{\partial\mathscr{L}}{\partial(\partial_{\mu}\Psi)}\right)(i\alpha\Psi) + \frac{\partial\mathscr{L}}{\partial(\partial_{\mu}\Psi)}(i\alpha\partial_{\mu}\Psi)$$

$$= i\alpha\partial_{\mu}\left(\frac{\partial\mathscr{L}}{\partial(\partial_{\mu}\Psi)}\Psi\right) = i\alpha\partial_{\mu}\left(i\overline{\Psi}\gamma^{\mu}\Psi\right) = -\alpha\partial_{\mu}(\overline{\Psi}\gamma^{\mu}\Psi).$$

したがって，粒子の電荷を q として，4 次元電流を

$$j^{\mu} \equiv q\overline{\Psi}\gamma^{\mu}\Psi$$

と定義すれば，

$$\delta\mathscr{L} = 0 \Longleftrightarrow j^{\mu}{}_{,\mu} = q(\overline{\Psi}\gamma^{\mu}\Psi)_{,\mu} = 0.$$

つまり，位相変換 (3.29) 式に関するラグランジアンの対称性 (不変性) から電流の保存則 (3.30) 式が導かれることがわかった．

となるような，共変微分 D_μ を探すのである．具体的には「接続係数」A_μ を導入して，

$$D_\mu \equiv \partial_\mu + iqA_\mu \tag{3.33}$$

とおく．その上で，この共変微分が (3.32) 式を満たすように，(3.28) 式に対する A_μ の変換則を定めてやればよい．これに従えば，

$$D'_\mu(e^{i\alpha}\Psi) = (\partial_\mu + iqA'_\mu)(e^{i\alpha}\Psi) = e^{i\alpha}(\partial_\mu + \underbrace{iqA'_\mu + i\partial_\mu\alpha}_{iqA_\mu})\Psi$$

$$\Rightarrow \quad A'_\mu = A_\mu - \frac{1}{q}\partial_\mu\alpha \tag{3.34}$$

という変換則が導かれる．

この結果，「局所的ゲージ変換」$\Psi \longrightarrow \Psi' = e^{i\alpha(x)}\Psi$ に対して不変となるように変更を余儀なくされたラグランジアンは，

$$\mathscr{L} = i\overline{\Psi}\gamma^\mu D_\mu\Psi - m\overline{\Psi}\Psi = \underbrace{i\overline{\Psi}\gamma^\mu\partial_\mu\Psi - m\overline{\Psi}\Psi}_{\text{自由場のラグランジアン}} - \underbrace{q\overline{\Psi}\gamma^\mu\Psi A_\mu}_{=j^\mu A_\mu} \tag{3.35}$$

となり，なんと電磁場と粒子の相互作用項 ($j^\mu A_\mu$) が自然に出てきてしまった．自然界の相互作用という文脈とはまったく関係なく，単に数学的な対称性を勝手に要請した結果として導入された接続係数 A_μ は，我々が知っている電磁場のベクトルポテンシャルという物理的な意味を持っていたのである．これは奇跡としか思えない．そして人間は，目の前で奇跡 (もどき) を見せられると，ついつい入信してしまうものである．これが，ほとんどの物理学者が「ゲージ理論教」に帰依している理由でもある．

ところで，一般相対論の共変微分の非可換性は時空の曲率と結び付いていた．そこで，ここでも同じく非可換性に対応する項を具体的に計算してみれば

$$D_\mu D_\nu = (\partial_\mu + iqA_\mu)(\partial_\nu + iqA_\nu)$$

$$= \partial_\mu\partial_\nu + iq(\partial_\mu A_\nu + A_\nu\partial_\mu) + iqA_\mu\partial_\nu - q^2 A_\mu A_\nu$$

$$= iq\partial_\mu A_\nu + (\mu \text{ と } \nu \text{ について対称な項}). \tag{3.36}$$

したがって

$$(D_\mu D_\nu - D_\nu D_\mu)\Psi = iq\underbrace{(\partial_\mu A_\nu - \partial_\nu A_\mu)}_{(1.69)\ \text{式}}\Psi = iqF_{\mu\nu}\Psi. \tag{3.37}$$

つまり，なんと電磁場テンソルが導かれる．

以上をまとめると表 3.1 のような対応関係がみてとれる．重力と電磁気力という一見まったく関係のない相互作用の奥底に，非常に美しい理論構造の一致があることを十分堪能してほしい．

	重力場	電磁気場
自由場の方程式	$$\frac{d^2\boldsymbol{x}}{dt^2} = 0$$	$(i\gamma^\mu\partial_\mu - m)\Psi = 0$
対称性	一般座標変換 $(x^\mu \longrightarrow x^{\mu'})$	局所ゲージ (位相) 変換 $(\Psi \longrightarrow e^{i\alpha(x)}\Psi)$
共変微分	$\nabla_\mu = \partial_\mu + \Gamma$	$D_\mu \equiv \partial_\mu + iqA_\mu$
接続係数	$\Gamma^\mu{}_{\alpha\beta}$ (局所的に 0 とできる)	A_μ (直接観測できない，ゲージ依存)
相互作用	$\dfrac{d^2x^\alpha}{d\tau^2} + \Gamma^\alpha{}_{\mu\nu}\dfrac{dx^\mu}{d\tau}\dfrac{dx^\nu}{d\tau} = 0$	$(i\gamma^\mu(\partial_\mu + iqA_\mu) - m)\Psi = 0$
共変微分の非可換性	曲率テンソル：$R^\mu{}_{\alpha\beta\gamma}$ (観測可能量)	電磁場テンソル：$F_{\mu\nu}$ (ゲージ不変量)

表 **3.1** 重力場と電磁場における，接続係数と相互作用の入り方の比較.

第 3 章の問題

[3.1] 半径 a の 2 次元球面

$$ds^2 = a^2d\theta^2 + a^2\sin^2\theta\,d\varphi^2 \tag{3.38}$$

に対して，$R_{\alpha\beta\gamma\delta}$ と R を求めよ.

[3.2] 半径 a の円筒

$$ds^2 = a^2d\theta^2 + dz^2 \tag{3.39}$$

の $R_{\alpha\beta\gamma\delta}$ と R を求めよ.

[3.3] 図 3.1 のように，2 次元トーラス面に対して座標 (θ, ϕ) を設定したとき，このトーラス面を記述する線素 (計量テンソル) を求め，対応するリーマンテンソルの独立な成分をすべて求めよ.

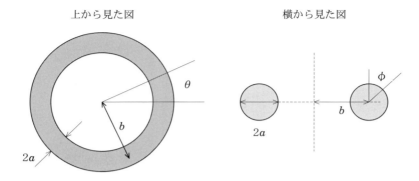

図 **3.1** 2次元トーラス面.

[3.4] 6.2 節で示すように，一様等方宇宙の計量はロバートソン-ウォーカー計量と呼ばれる

$$ds^2 = -d\tau^2 = -dt^2 + a^2(t)\gamma_{ij}\,dx^i dx^j \tag{3.40}$$

で与えられる．ここで γ_{ij} は時間座標 t には依存しない関数である．この時空における自由粒子の $u^0 \equiv \dfrac{dt}{d\tau}$ に対する測地線の方程式を書き下せ．

[3.5] 問題 [3.4] で得られた式を $f \equiv (u^0)^2 - 1$ に対して解き，質量 m の自由粒子に対してその運動量が $p \propto a^{-1}$ という比例関係を満たすことを示せ．

[3.6] 電磁場中を運動する質量 m，電荷 q の質点と電磁場の系に対する作用は次の式で与えられる．

$$I_{\text{tot}} = I_1 + I_2, \tag{3.41}$$

$$I_1 = \int \mathscr{I}_1\,d\tau = \int \left(\frac{m}{2}g_{\mu\nu}(z)\frac{dz^\mu}{d\tau}\frac{dz^\nu}{d\tau} + qA_\mu(z)\frac{dz^\mu}{d\tau}\right)d\tau, \tag{3.42}$$

$$I_2 = \int \mathscr{I}_2\sqrt{-g}\,d^4x = -\frac{1}{16\pi}\int g^{\alpha\gamma}g^{\beta\delta}F_{\alpha\beta}F_{\gamma\delta}\sqrt{-g}\,d^4x. \tag{3.43}$$

ここで，τ は質点の固有時，$z^\mu(\tau)$ は質点の座標，A_μ は電磁場の 4 元ポテンシャルである．また，電磁場テンソル $F_{\alpha\beta}$ は

$$F_{\alpha\beta} = A_{\beta;\alpha} - A_{\alpha;\beta} = A_{\beta,\alpha} - A_{\alpha,\beta} \tag{3.44}$$

で与えられる．(3.42) 式を z^μ に関して変分し，この質点の運動方程式を導け．

[3.7] 問題 [3.6] で得られた運動方程式は，弱い重力場のもとで運動する非相対論的質

点に対しては，

$$\frac{dv^i}{dt} = -\frac{\partial \varphi}{\partial z^i} + \frac{q}{m}\left(E^i + (\boldsymbol{v} \times \boldsymbol{B})^i\right) \quad (i = 1 \sim 3) \tag{3.45}$$

と近似できることを示せ．ただし，φ はニュートンポテンシャル，$\boldsymbol{E}$, $\boldsymbol{B}$ はそれぞれ電磁場テンソルの電場と磁場成分，$v^i = \dfrac{dz^i}{dt}$ である．

第4章

重力場の方程式

4.1　マッハの原理

　マッハの原理は，「物体の持つ慣性は，宇宙内にあるすべての物質の存在に起因する」と表現することができる．つまり，

$$時空の幾何学 \Longrightarrow (重力) \Longrightarrow (物質の運動) \Longrightarrow 物質分布$$

という流れと，それとは逆方向の

$$時空の幾何学 \Longleftarrow (重力) \Longleftarrow 物質分布$$

とのせめぎあいで互いに相手を規定する結果として，宇宙の物質分布とそれに対応した時空がともに落ち着くべきところに落ち着いている，というものである．この描像に基づくと，何らかのループが無限に回った結果として収束した解になるというイメージそのものの非線型現象であると捉えることもできるように思う．

　時空の幾何学を決めるのは計量 $g_{\mu\nu}$ (あるいは，それから導かれる $\Gamma^{\alpha}{}_{\beta\gamma}$ と $R^{\rho}{}_{\alpha\beta\gamma}$) であるから，抽象的な「物質分布」を具体的に表現する対応物としてテンソル $T_{\mu\nu}$ が存在し，これらの間に何らかの関係

$$\underbrace{g_{\mu\nu}}_{時空} \rightleftharpoons \underbrace{T_{\mu\nu}}_{物質} \tag{4.1}$$

がある，という主張がマッハの原理 (をもう少し推し進めたもの) であるということもできる．このような物質分布を特徴づける 2 階のテンソルは確かに定義することができて，エネルギー運動量テンソルと呼ばれる．

　たとえば，物質が存在しない状態 (真空) が $T_{\mu\nu} = 0$ であるとするならば，それに対応する $g_{\mu\nu}$ はミンコフスキー計量 $\eta_{\mu\nu}$，つまり時空は平坦であるはず (平坦であって

ほしいような気がする)[1]. このように，単に抽象的な (時空) = (物質) という思想にとどまらず，具体的に何か $T_{\mu\nu}$ を与えたときに $g_{\mu\nu}$ を計算して導くことができるような方程式は存在するのだろうか？　常識的には，そのような壮大なもくろみを実現するような方程式を書き下すことなど不可能であると思われる (そう思うべきである). しかし，奇跡的にもアインシュタインはそのような方程式を見つけてしまった. これが，重力場の方程式 (アインシュタイン方程式) である.

4.2　エネルギー運動量テンソル

時空を特徴づける計量テンソル $g_{\mu\nu}$ は，(2.14) 式で定義済みである. 一方，前節で述べたような抽象的な言い方だけでは，何を $T_{\mu\nu}$ として選べばよいかはまだピンと来ない. そこで，非相対論的流体力学で登場した応力テンソル (運動量流束テンソルと呼ばれることもある) を 4 次元化したものをエネルギー運動量テンソル $T^{\mu\nu}$ として採用しよう. 各成分の物理的な意味と次元は以下の通りである.

- T^{00} : エネルギー密度 [erg/cm^3],

- T^{i0} : 運動量密度の第 i 成分 [g·cm/s/cm^3],

- T^{0j} 単位時間に x^j 軸に垂直な単位面積を通って流れるエネルギー (エネルギーフラックスの第 j 成分) [erg/cm^2/s],

- T^{ij} : x^j 軸に垂直な単位面積を通って $\underbrace{\text{単位時間あたりに流れる運動量}}_{=力}$ の第 i 成分

  [g·cm/s/cm^2/s] = 非相対論的流体力学での応力テンソル.

もちろん，$c = 1$ という単位系の下では [質量] = [エネルギー] = [運動量] であるから，これらはすべて同じ次元を持つ.

さてこのとき，エネルギー運動量テンソルは対称：

$$T^{\mu\nu} = T^{\nu\mu} \tag{4.2}$$

であることを以下のようにして示すことができる. まず，時間-空間成分については

$$T^{0j} = (\text{エネルギーフラックス})^j$$

---

[1] もちろんこれは，全時空が真空である場合を想定しているのであって，他のどこかに物質が存在すればその影響で局所的に真空な場所であってもミンコフスキー時空にはならない. たとえば，5.2 節で述べるシュワルツシルト時空 ((5.6) 式) は，原点をのぞけばいたるところ真空 ($T_{\mu\nu} = 0$) である.

第 4 章 重力場の方程式

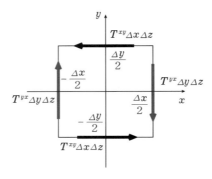

図 **4.1** 応力テンソルの対称性.

$$= (エネルギー密度) \times (エネルギー流束の平均速度)^j$$
$$= (質量密度) \times (質量流束の平均速度)^j = (運動量密度)^j = T^{j0}. \quad (4.3)$$

空間-空間成分に関しては，図 4.1 で示されるような無限小体積の直方体の周りの角運動量の保存則を考える．上の T^{ij} の定義より，たとえば z 方向のトルク τ^z は，

$$\tau^z = -(T^{yx}\Delta y \Delta z)\frac{\Delta x}{2} \times 2 + (T^{xy}\Delta x \Delta z)\frac{\Delta y}{2} \times 2$$
$$= (T^{xy} - T^{yx})\Delta x \Delta y \Delta z. \quad (4.4)$$

したがって，これが常につり合うためには $T^{xy} = T^{yx}$，同様にして一般に $T^{ij} = T^{ji}$ が成り立つことが示される．

エネルギー運動量テンソルに関するさまざまな議論は章末問題に譲ることにし，ここでは完全流体と電磁場に対する具体的な表式を紹介するだけに留めておこう．

(i) 完全流体： 流体の静止系に乗って観測したときに，圧力が等方的 (= 応力が対角化されており，対角成分は同じ値を持つ) で粘性や熱伝導がない場合が完全流体である．そのエネルギー運動量テンソルは，一般に次の形に書ける．

$$T^{\mu\nu} = (\rho + p)u^\mu u^\nu + pg^{\mu\nu}. \quad (4.5)$$

ここで，u^μ は流体の 4 元速度，ρ と p はそれぞれ流体の静止系で観測したときのエネルギー密度と圧力である．特に非相対論的完全流体に対しては $u^\mu \approx (1, v^i)$, $g_{\mu\nu} \approx \eta_{\mu\nu}$, $|v^i| \ll 1$, $p \ll \rho$ が成り立つから，近似的に

$$T^{\mu\nu} \approx \begin{pmatrix} \rho & \rho v_x & \rho v_y & \rho v_z \\ \rho v_x & p + \rho v_x^2 & \rho v_x v_y & \rho v_x v_z \\ \rho v_y & \rho v_x v_y & p + \rho v_y^2 & \rho v_y v_z \\ \rho v_z & \rho v_x v_z & \rho v_y v_z & p + \rho v_z^2 \end{pmatrix} \tag{4.6}$$

に帰着する．つまり，(4.5) 式は非相対論的流体力学における応力テンソル：

$$\pi^{ij} = \rho v^i v^j + p \delta^{ij} \tag{4.7}$$

の相対論的拡張となっている．

(ii) **電磁場：** 電磁場に対するエネルギー運動量テンソルは

$$T^{\mu\nu} = \frac{1}{4\pi} \left(F^{\mu\lambda} F^{\nu}{}_{\lambda} - \frac{1}{4} g^{\mu\nu} F_{\alpha\beta} F^{\alpha\beta} \right) \tag{4.8}$$

で与えられる．この意味を理解するために，特殊相対論 (ミンコフスキー空間) の場合
の表式：

$$F_{\alpha\beta} \equiv \begin{pmatrix} 0 & -E_x & -E_y & -E_z \\ E_x & 0 & B_z & -B_y \\ E_y & -B_z & 0 & B_x \\ E_z & B_y & -B_x & 0 \end{pmatrix}, \tag{4.9}$$

$$F^{\alpha\beta} = \begin{pmatrix} 0 & E_x & E_y & E_z \\ -E_x & 0 & B_z & -B_y \\ -E_y & -B_z & 0 & B_x \\ -E_z & B_y & -B_x & 0 \end{pmatrix} \tag{4.10}$$

を用いて (4.8) 式を具体的に書き下してみよう．

$$F_{\alpha\beta} F^{\alpha\beta} = 2 F_{0i} F^{0i} + F_{ij} F^{ij} = 2(-E^2 + B^2), \tag{4.11}$$

$$F^{0\lambda} F^0{}_{\lambda} = F^{0i} F^0{}_i = -F^{0i} F_{0i} = E^2, \tag{4.12}$$

$$F^{0\lambda} F^x{}_{\lambda} = F^{0i} F^x{}_i = F^{0i} F^{xi} = E_y B_z - E_z B_y = (\boldsymbol{E} \times \boldsymbol{B})_x, \tag{4.13}$$

$$F^{x\lambda} F^x{}_{\lambda} = F^{x0} F^x{}_0 + F^{xi} F^x{}_i = -F^{x0} F^{x0} + F^{xi} F^{xi}$$
$$= -E_x^2 + B_y^2 + B_z^2, \tag{4.14}$$

$$F^{x\lambda} F^y{}_{\lambda} = F^{x0} F^y{}_0 + F^{xi} F^y{}_i = -F^{x0} F^{y0} + F^{xi} F^{yi}$$
$$= -E_x E_y - B_y B_x \tag{4.15}$$

を用いると，次の形にまとめられる：

$$T^{\mu\nu} = \begin{pmatrix} W & S_x & S_y & S_z \\ S_x & \sigma_{xx} & \sigma_{xy} & \sigma_{xz} \\ S_y & \sigma_{yx} & \sigma_{yy} & \sigma_{yz} \\ S_z & \sigma_{zx} & \sigma_{zy} & \sigma_{zz} \end{pmatrix}. \tag{4.16}$$

ここで

$$W = \frac{\boldsymbol{E}^2 + \boldsymbol{B}^2}{8\pi} \quad : \text{電磁場のエネルギー密度}, \tag{4.17}$$

$$S_i = \frac{(\boldsymbol{E} \times \boldsymbol{B})_i}{4\pi} \quad : \text{ポインティングベクトル}, \tag{4.18}$$

$$\sigma_{ij} = \frac{1}{4\pi} \left(-E_i E_j - B_i B_j + \frac{1}{2}\delta_{ij}(E^2 + B^2) \right)$$
$$: \text{マクスウェルの応力テンソル} \tag{4.19}$$

である．

4.3　アインシュタイン方程式への道

では，いよいよ一般相対論の核心とも言うべき重力場の方程式を構築することを考えよう．物質分布 $T_{\mu\nu}$ を与えたときに，それと整合的な時空の計量 $g_{\mu\nu}$ を具体的に計算できるような微分方程式を

$$\text{時空}\,(g_{\mu\nu}) = \text{物質}\,(T_{\mu\nu}) \tag{4.20}$$

として，$g_{\mu\nu}$ に関する汎関数「時空 $(g_{\mu\nu})$」を見つけたいのである．その目的に向けて，以下に従って考察を進めていこう．

考察 1　$g_{\mu\nu}$ は 10 個の独立成分を持っているので，(4.20) 式もまた (少なくとも ?) 10 個の独立な式からできていてほしい．とすれば，もっとも経済的なのは，両辺がともに 2 階の対称テンソルの場合である．そこで，右辺は「物質 $(T_{\mu\nu})$」$= \kappa T_{\mu\nu}$ とおいてしまい (κ を定数とする)，それに対応して「時空 $(g_{\alpha\beta})$」$= G_{\mu\nu}(g_{\alpha\beta})$ と呼ぶにふさわしい幾何学的テンソル $G_{\mu\nu}$ を探す．

考察 2：　$G_{\mu\nu}$ は，$g_{\alpha\beta}$ に関して，できるだけ簡単な関数であってほしい．でないと，せっかくの方程式の解を求めることが不可能になってしまう．

考察 3 ： 物質がない場合 ($T_{\mu\nu} = 0$) には，$g_{\mu\nu} = \eta_{\mu\nu}$ を解として持っていてほしい．

(i) ただし，この場合，$g_{\mu\nu} = \eta_{\mu\nu}$ に限ると主張しているわけではない．時空が完全に平坦 (ミンコフスキー時空) であるためには 20 個の方程式 $R^{\mu}{}_{\alpha\beta\gamma} = 0$ が成り立っている必要があり，方程式の自由度が足りない．したがって，「物質がない場合に時空が平坦な場合を解として持ち得る」，ということが要請である．

(ii) この要請から，考えうるもっとも単純な可能性である $G_{\mu\nu} = g_{\mu\nu}$ は除外される．

(iii) さらに，$G_{\mu\nu}$ は $g_{\mu\nu}$ に関する 1 階微分だけからつくることもできない ($g_{\mu\nu,\alpha}$ もしくは $\Gamma^{\alpha}{}_{\beta\gamma}$ は 40 個の成分を持つが，これらは局所ローレンツ系ではすべて 0 とできる．したがってそれらだけからつくられたテンソルがあったとしても，あらゆる座標系で恒等的に 0 となってしまう)．

考察 4 ： 考察 3 から，$g_{\alpha\beta}$ に関しては 2 階微分の項を含まざるを得ないが，だとすれば考察 2 より，せめて $g_{\alpha\beta,\gamma\delta}$ の項に関しては線形であってほしい (この要請は，4.4 節で弱い重力場の場合ニュートン理論のポワソン方程式に帰着することを保証する上では重要である．ただし，高次の項だからニュートン理論では近似的に無視されているという立場に立てば，必ずしも必要とは言えないかもしれない)．

考察 5 ： $G_{\mu\nu}$ が本当に 10 個の独立成分を持っていたとすれば，(4.20) 式を解いて得られる $g_{\mu\nu}$ は一意的に決まってしまう．ところが，一般座標変換の 4 つの自由度に対応して，$g_{\mu\nu}(x) \longrightarrow g'_{\mu\nu}(x') = \left(\dfrac{\partial x^{\alpha}}{\partial x^{\mu'}}\right)\left(\dfrac{\partial x^{\beta}}{\partial x^{\nu'}}\right) g_{\alpha\beta}(x) \Bigg|_{x=x(x')}$ もまた解でなくてはならない．つまり，この座標変換の自由度分は確保しておく必要があり，$G_{\mu\nu}$ の本当の意味での独立な自由度は $10 - 4 = 6$ であるべきだ．したがって，$G_{\mu\nu}$ に対して 4 自由度分の，$g_{\mu\nu}$ の具体的な形には依存しない関係式 (恒等式) が必要である．

これらの考察を総合すると，重力場の方程式として

$$\underbrace{G_{\mu\nu}}_{g_{\alpha\beta}\text{からつくられる幾何学量}} = \underbrace{\kappa}_{\text{定数}} \underbrace{T_{\mu\nu}}_{\text{エネルギー運動量テンソル}} \tag{4.21}$$

を採択した場合，$G_{\mu\nu}$ は以下の要請を満たすことが期待される．

(A) ミンコフスキー時空 $g_{\mu\nu} = \eta_{\mu\nu}$ に対しては 0 となる．

(B) μ と ν の添字に対して対称なテンソル．

(C) $g_{\mu\nu}$, $g_{\mu\nu,\alpha}$, $g_{\mu\nu,\alpha\beta}$ だけから構築されるテンソル．

(D) 2 階微分 $g_{\mu\nu,\alpha\beta}$ に関しては線形．

(E) $G^{\mu\nu}{}_{;\nu} = 0$ を恒等的に満たす.

最後の (E) だけは唐突であるように思えるかも知れないが,これは,考察 5 に関連して,物質場のエネルギー運動量の保存則 $T^{\mu\nu}{}_{;\nu} = 0$ と無矛盾であるための重要な要請である.

(定数倍の自由度を除いて) これらの要請を満たすテンソルは,

$$G_{\mu\nu} = R_{\mu\nu} - \frac{1}{2}g_{\mu\nu}R \tag{4.22}$$

しかないことが証明できる.これをアインシュタインテンソルと呼ぶ[2].少なくとも逆に,これが (A) から (D) を満たすことはリーマンテンソルの定義式 (2.59) から自明である.また,ビアンキの恒等式 (2.66) :

$$R^{\mu}{}_{\nu\alpha\beta;\gamma} + R^{\mu}{}_{\nu\beta\gamma;\alpha} + R^{\mu}{}_{\nu\gamma\alpha;\beta} = 0 \tag{4.23}$$

において,ν を上添字にして γ と縮約し,さらに β を μ と縮約すると,

$$\underbrace{R^{\mu\gamma}{}_{\alpha\mu;\gamma}}_{=-R^{\gamma}{}_{\alpha;\gamma}} + \underbrace{R^{\mu\gamma}{}_{\mu\gamma;\alpha}}_{=R_{;\alpha}} + \underbrace{R^{\mu\gamma}{}_{\gamma\alpha;\mu}}_{=-R^{\mu}{}_{\alpha;\mu}} = 0 \quad \Rightarrow \quad \left(R^{\alpha\beta} - \frac{1}{2}g^{\alpha\beta}R \right)_{;\beta} = 0 \tag{4.24}$$

より (E) が示される.残っているのは κ の値であるが,これは非相対論的な場合にニュートン理論での重力場の方程式に帰着することを要請して決定する (4.4 節).

以上の構成法からわかるように,このアインシュタインテンソル (したがって,それを採用したアインシュタイン方程式) は,重力場を記述する上で一意的なものではない.むしろ考えうる可能性のなかでもっとも単純なものなのである.そもそも重力場を記述する微分方程式が具体的に書き下せること自身驚くべきことではあるが,そのなかのもっとも簡単なモデルが提唱以来一世紀以上にわたる観測的・実験的検証を見事に満たし,より複雑な変更を迫られなかったという事実もまた驚嘆すべきことといえよう.

4.4 ニュートン理論との対応

リーマンテンソルの定義式 (2.59) を用いると,(2.67) 式で定義されるリッチテンソルの成分表示は

---

[2] (A) から (E) はほとんどのすべての相対論の教科書において書かれている要請である.しかし実は,(B) と (D) の条件を課さずとも 4 次元時空ではこの要請からアインシュタインテンソルが一意的に導かれることが証明されているようだ (D. Lovelock, *Journal of Mathematical Physics*, **12** (1971) 498-501).ちなみに,この事実は講義を聴講していたある学部 3 年生 (!) から教えてもらったのだが,彼はその後優れた研究者として活躍している.

$$R_{\mu\nu} \equiv R^{\alpha}{}_{\mu\alpha\nu} = \Gamma^{\alpha}{}_{\mu\nu,\alpha} - \Gamma^{\alpha}{}_{\mu\alpha,\nu} + \Gamma^{\gamma}{}_{\mu\nu}\Gamma^{\alpha}{}_{\alpha\gamma} - \Gamma^{\gamma}{}_{\mu\alpha}\Gamma^{\alpha}{}_{\nu\gamma} \tag{4.25}$$

となる．特にその 00 成分は

$$R_{00} = \Gamma^{\alpha}{}_{00,\alpha} - \Gamma^{\alpha}{}_{0\alpha,0} + \Gamma^{\gamma}{}_{00}\Gamma^{\alpha}{}_{\alpha\gamma} - \Gamma^{\gamma}{}_{0\alpha}\Gamma^{\alpha}{}_{0\gamma}. \tag{4.26}$$

ここで，3.2 節と同じく弱い重力場の場合：

$$g_{\mu\nu} = \eta_{\mu\nu} + h_{\mu\nu}, \quad |h_{\mu\nu}| \ll 1 \tag{4.27}$$

を考えると，$\Gamma \sim O(h)$ なので，最低次では

$$R_{00} \approx \Gamma^{\alpha}{}_{00,\alpha} - \Gamma^{\alpha}{}_{0\alpha,0} \underset{\frac{\partial}{\partial x^0} \ll \frac{\partial}{\partial x^i}}{\approx} \Gamma^{i}{}_{00,i} \underset{(3.25)\ \text{式}}{\approx} \Delta\varphi. \tag{4.28}$$

つまり，R_{00} は，ニュートン理論における重力ポテンシャルのラプラシアンを与える項になっている．

これに対応する物質場を考えるために，まず (4.21) 式の両辺のトレースをとると

$$(\text{左辺}) = R - \frac{1}{2} \times 4R = -R = (\text{右辺}) = \kappa T. \tag{4.29}$$

したがって，

$$R_{\mu\nu} = \kappa T_{\mu\nu} + \frac{1}{2}g_{\mu\nu}R = \kappa\left(T_{\mu\nu} - \frac{1}{2}g_{\mu\nu}T\right)$$

$$\Downarrow$$

$$R_{00} = \kappa\left(T_{00} - \frac{1}{2}\underbrace{g_{00}}_{\approx -1}\Big(\underbrace{T^{0}{}_{0}}_{\approx -T_{00}} + T^{i}{}_{i}\Big)\right) \approx \frac{\kappa}{2}\left(T_{00} + \sum_{i=1}^{3} T_{ii}\right). \tag{4.30}$$

(4.6) 式を用いて，非相対論的完全流体 ($|v^i| \ll 1$ かつ $p \ll \rho$ が成り立つ) に対して (4.30) 式の右辺を具体的に計算すると

$$R_{00} \approx \frac{\kappa}{2}(\rho + \rho v^2 + 3p) \approx \frac{\kappa}{2}(\rho + 3p) \approx \frac{\kappa}{2}\rho \tag{4.31}$$

が得られる．そこで，(4.31) 式がニュートン理論での重力場の方程式 (ポアソン方程式)$\Delta\varphi = 4\pi G\rho$ (この場合 $\varphi < 0$ である) を再現するように要請すれば，κ の値は

$$\kappa = 8\pi G \tag{4.32}$$

と決まる．これで一般相対論における重力場の方程式：

$$G_{\mu\nu} = R_{\mu\nu} - \frac{1}{2}g_{\mu\nu}R = 8\pi G\,T_{\mu\nu} \tag{4.33}$$

が確定したことになる．ちなみに，ここでは $c = 1$ という単位系を用いている．念のため c を入れた場合の次元を考えておくと

$$[R_{\mu\nu}] = [g_{\mu\nu,\alpha\beta}] = [\text{cm}^{-2}],$$

$$[T_{\mu\nu}] = [\rho c^2] = [p] = [\text{g} \cdot \text{cm}^{-3} \cdot (\text{cm/s})^2] = [\text{g} \cdot \text{cm}^{-1} \cdot \text{s}^{-2}],$$

$$[G] = [Rv^2/M] = [\text{cm/g} \cdot (\text{cm/s})^2] = [\text{cm}^3 \cdot \text{g}^{-1} \cdot \text{s}^{-2}]$$

$$\Rightarrow \quad [GT_{\mu\nu}/R_{\mu\nu}] = [\text{cm}^4 \cdot \text{s}^{-4}] = [c^4] \tag{4.34}$$

より，

$$G_{\mu\nu} = R_{\mu\nu} - \frac{1}{2}g_{\mu\nu}R = \frac{8\pi G}{c^4}\,T_{\mu\nu}. \tag{4.35}$$

これが通常アインシュタイン方程式と呼ばれている重力場の方程式である．

ところで，(4.31) 式をみると，相対論的には質量密度 ρ だけではなく，運動エネルギーや圧力もまた重力源になっていることがわかる．左辺をニュートンポテンシャル φ で記述するのは厳密には正しくないが，定性的には

$$\Delta\varphi = 4\pi G(\rho + 3p) \tag{4.36}$$

となることが予想される．特に，輻射に対する状態方程式は $p = \frac{\rho}{3}$ なので，この場合相対論的には，重力の強さは圧力の寄与のために実効的に 2 倍となってしまう．この議論のままでは厳密さを欠いているようであるが，実は相対論的一様等方宇宙モデルでは，まさに (4.36) 式に対応する式を厳密に導出できる (6.3 節参照).

4.5　宇宙定数

前節で得たアインシュタイン方程式 (4.35) は，それ自体すっきりしたものであるが，実はこれは現在宇宙論で通常用いられているものとは少しだけ違っている．その違いは宇宙定数と呼ばれるものに関係しており，「宇宙，あるいは，空間は何によって満たされているのか」という，根元的な問いかけに密接に結び付いている．宇宙定数の存在は単に思弁的なものにとどまらず，宇宙の進化において実際に観測可能な影響を与えている．

アインシュタイン方程式は，時空間の幾何学的性質とそのなかに存在する物質場とが独立ではなく互いに相手を規定しているという「マッハの原理」を具体的に表すべくつくられたものであることを強調してきた．その左辺は，時空の計量テンソル $g_{\mu\nu}$ だけで計算できるという意味で，時空の幾何学を定量化する．一方，右辺は，物質の存在形態を定量化するエネルギー運動量テンソルである．したがって，(4.35) 式は抽象的には

$$(時空の幾何学) = (物質分布) \tag{4.37}$$

という図式を表現しているし，少し誤解を与えやすい言い方ではあるが，

$$(\text{物理法則}) = (\text{境界条件}) \tag{4.38}$$

と解釈してもよい.

また，アインシュタイン方程式は重力場に対する方程式ではあるが，宇宙そのものの力学を記述するという意味で運動方程式と呼ぶこともできる. つまり，右辺の $T_{\mu\nu}$ の形を決めてやれば，(原理的には) どのような幾何学に従う時空が許されるかが，その時間発展をも含めた解として得られるはずである. アインシュタインは，空間的に一様な物質分布の場合を考えると，得られる解は動的なものしか許されないことに気づいた. つまり，大きさが変化しない「静的」な宇宙は解として存在しないのである.

もちろんこれは一般相対論が抱える原理的な「困難」ではなく，大発見というべき「予言」あるいは「帰結」と呼ぶにふさわしい. しかし，今でこそ，「宇宙は膨張している」，「宇宙は進化する」などという文句を当たり前のように受け止めることができるが，当時それをそのまま認めることの困難さはよく理解すべきである. 「アインシュタインですら西洋的な哲学的呪縛から逃れるのは難しかった」というような形容がしばしばされることがあるが，そのように単純に言ってのけることができるような軽い内容のものとは思えない.

いずれにせよ，この考察を経て，アインシュタインは (4.35) 式に変更を加えることにする. 彼は，左辺をいじることにした. この場合，エネルギー運動量保存に対応する $T_{\mu\nu}{}^{;\nu} = 0$ に矛盾することなく与えられる自由度は，$g_{\mu\nu}$ の定数倍しか許されない. そこで，

$$R_{\mu\nu} - \frac{1}{2} g_{\mu\nu} R + \Lambda g_{\mu\nu} = 8\pi G T_{\mu\nu} \tag{4.39}$$

のように，左辺に定数 Λ の自由度を導入した. これはアインシュタインの宇宙項 (cosmological term)，あるいは最近では宇宙定数 (cosmological constant) と呼ばれている.

しかし，この方程式をそのまま認めると少し気持ち悪いことが起こる. つまり，$T_{\mu\nu} = 0$ を「真空」であるとすれば，$\Lambda \neq 0$ の場合，ミンコフスキー時空 $g_{\mu\nu} = \eta_{\mu\nu}$ が (4.39) 式の真空解でなくなるのである. つまり，4.3 節の考察 3 を破ることになる. このこと自身は別に深刻な論理的矛盾を引き起こすわけではないが，あまりよい気持ちはしない. しかし一方では，この自由度のおかげで「静的」宇宙解が存在することになる (ただしこれはパラメータの値の微調整が必要となる上に不安定な解であるため，単に歴史的な意味しかないものと考えられている). また，(4.34) 式と (4.39) 式からわかるように Λ

は $[長さ]^{-2}$ という次元を持つので，その値を

$$\Lambda \approx \frac{1}{(宇宙の大きさ)^2} \approx \frac{1}{(光速度・宇宙年齢)^2}$$

$$\approx \frac{1}{(3 \times 10^{10}\,\text{cm/s} \cdot 100\,\text{億年})^2} \approx \frac{1}{(10^{28}\,\text{cm})^2} \approx \frac{1}{(3000\,\text{Mpc})^2} \tag{4.40}$$

程度に選ぶ限り，(宇宙論を除く) 通常の物理現象では

$$\frac{\Lambda}{R} \approx \left(\frac{対象と考えている物理系の大きさ}{宇宙の大きさ}\right)^2 \ll 1 \tag{4.41}$$

となり，その存在は事実上まったく無視できる．

一方，もう少し異なる他の逃げ道として，Λ を時空の持つ幾何学的な自由度ではなく，物質場の自由度であると解釈する立場もある．つまり，(4.39) 式を

$$R_{\mu\nu} - \frac{1}{2}g_{\mu\nu}\,R = 8\pi G\,\tilde{T}_{\mu\nu} \equiv 8\pi G(T_{\mu\nu} + T_{\mu\nu}{}^{(\text{vac})})$$

$$\equiv 8\pi G\left(T_{\mu\nu} - \frac{\Lambda}{8\pi G}\,g_{\mu\nu}\right) \tag{4.42}$$

と書き直し，$\tilde{T}_{\mu\nu}$ を本当の物質場であると再解釈するわけである．Λ の値を物質場 (あるいは真空の性質) に責任転嫁させようという考え方といってもよい．もちろん，この場合，真空を $\tilde{T}_{\mu\nu} = 0$ と再定義してやれば，めでたくミンコフスキー時空は解となる．

この (4.39) 式と (4.42) 式の関係は単なる "移項" にしか過ぎないが，その背後には「真空とは何か」という大きな命題が控えている．左辺ならば，物理法則として組み入れることになるし，右辺ならば (初期) 条件として任意に与えうるものとなる．"真空" はエネルギー密度を持たないのか？ 粒子に付随しないようなエネルギー密度のゼロレベルがあり得るのか？ さらにいったんこのように右辺に取り込んでしまえば，もはや必ずしも定数でなくてもよく，$\Lambda(t)$ であっても差し支えない．というわけで，最近では，宇宙にあまねく存在すると考えられているダークマター (dark matter) に対応させて，時間的に定数である場合に限らないより広い概念として，ダークエネルギー (dark energy) と呼ばれたりすることも多い．

ところで，(4.5) 式にならって，真空のエネルギー密度 (= 宇宙定数) に対応するエネルギー運動量テンソルを完全流体の場合と比べれば

$$T_{\mu\nu}{}^{(\text{vac})} = -\frac{\Lambda}{8\pi G}\,g_{\mu\nu} \equiv (\rho^{(\text{vac})} + p^{(\text{vac})})u^\mu u^\nu + p^{(\text{vac})}g^{\mu\nu}$$

$$\Rightarrow \quad \rho^{(\text{vac})} = \frac{\Lambda}{8\pi G}, \quad p^{(\text{vac})} = -\frac{\Lambda}{8\pi G} \tag{4.43}$$

となる．つまり，真空は，負の圧力を持つ奇妙な状態方程式 $p^{(\mathrm{vac})} = -\rho^{(\mathrm{vac})}$ に従うことになる．その結果，(4.36) 式を考えると $\Delta\varphi = -8\pi G\rho^{(\mathrm{vac})} < 0$ となり，実効的に負の重力源，言い換えると万有斥力として働く．ここまでくれば，いい加減愛想をつかしたくなるのがまともな人間であろうが，驚くべきことに最近の宇宙論的観測はこの項の存在を (アインシュタイン方程式の右辺であるか左辺であるか，という実体の解釈は別として) 強く示唆しているのである (6.6 節)．

4.6 変分原理による定式化

前節ではアインシュタイン方程式に至る物理的考察を長々と述べてきた．本節ではもっと機械的に (エレガントに，と言ってもよいかもしれないが) 変分原理から導く方法を紹介してみよう．

まず，通常の 4 次元体積要素：

$$d\Omega \equiv dx^0 dx^1 dx^2 dx^3 \equiv d^4 x \tag{4.44}$$

は，一般座標変換に対して

$$d\Omega = \det\left|\frac{\partial x}{\partial x'}\right| d\Omega' \tag{4.45}$$

と変換するため不変量ではない．このヤコビアンの部分は

$$g_{\alpha'\beta'}(x') = \left(\frac{\partial x^\mu}{\partial x^{\alpha'}}\right)\left(\frac{\partial x^\nu}{\partial x^{\beta'}}\right) g_{\mu\nu}(x) \tag{4.46}$$

の両辺の行列式をとることで

$$g' = \left(\det\left|\frac{\partial x}{\partial x'}\right|\right)^2 g \quad \Rightarrow \quad \det\left|\frac{\partial x}{\partial x'}\right| = \sqrt{\frac{-g'}{-g}} \tag{4.47}$$

のように書き直せる．ただし，g は，計量テンソルの行列式：

$$g \equiv \det(g_{\mu\nu}) = \begin{vmatrix} g_{00} & g_{01} & g_{02} & g_{03} \\ g_{10} & g_{11} & g_{12} & g_{13} \\ g_{20} & g_{21} & g_{22} & g_{23} \\ g_{30} & g_{31} & g_{32} & g_{33} \end{vmatrix} \tag{4.48}$$

で，負の値をとる (問題 [2.6])．これを用いると，不変 4 次元体積要素は

$$\sqrt{-g}\, d\Omega = \sqrt{-g}\, dx^0 dx^1 dx^2 dx^3 = \sqrt{-g}\, d^4 x \tag{4.49}$$

である．以下，作用

$$S = S_{\mathrm{g}} + S_{\mathrm{m}} = \int \mathscr{L}_{\mathrm{g}} \sqrt{-g}\, d\Omega + \int \mathscr{L}_{\mathrm{m}} \sqrt{-g}\, d\Omega \tag{4.50}$$

が，$g_{\mu\nu} \longrightarrow \tilde{g}_{\mu\nu} = g_{\mu\nu} + \delta g_{\mu\nu}$ という変分に対して停留値をとるという条件がアインシュタイン方程式 (4.39) と一致するようなラグランジアン密度 $\mathscr{L}_{\mathrm{g}}$ と $\mathscr{L}_{\mathrm{m}}$ を探すことにしよう．

4.6.1 　重力場：アインシュタイン-ヒルベルト作用

重力場，言い換えれば時空の幾何学を特徴づけるテンソルとして考えられるのは，計量テンソルとリーマンテンソルである．これらを組み合わせてできるスカラー量から，重力場に対するラグランジアン $\mathscr{L}_{\mathrm{g}}$ を構成すると

$$\mathscr{L}_{\mathrm{g}} = a + bR + c_1 R^2 + c_2 R^{\mu\nu} R_{\mu\nu} + c_3 R^{\alpha\beta\gamma\delta} R_{\alpha\beta\gamma\delta} + c_4 R^3 + \cdots \tag{4.51}$$

のように，どんどん高次の項まで考えることができる．しかし，4.3 節と同じく，できるだけ単純なモデルを探すという原則に従って，まず

$$\mathscr{L}_{\mathrm{g}} = a + bR \tag{4.52}$$

まででとめておき，$g_{\mu\nu}$ に関して変分してみる [3]．

$$\delta S_{\mathrm{g}} = \delta \int \mathscr{L}_{\mathrm{g}} \sqrt{-g} \, d\Omega = a \int \delta(\sqrt{-g}) \, d\Omega + b \int \delta(R\sqrt{-g}) \, d\Omega. \tag{4.53}$$

(i) $\delta(\sqrt{-g})$ ：g が満たす次の式 (問題 [2.7] 参照)

$$\frac{\partial}{\partial x^{\alpha}} \ln(-g) = \frac{1}{-g} \frac{\partial(-g)}{\partial x^{\alpha}} = g^{\mu\nu} \frac{\partial g_{\mu\nu}}{\partial x^{\alpha}} \tag{4.54}$$

を使えば，g の変分は

$$\delta g = g g^{\mu\nu} \, \delta g_{\mu\nu}. \tag{4.55}$$

さらに

$$\delta(g^{\alpha\beta} g_{\alpha\beta}) = \delta(\delta^{\alpha}{}_{\alpha}) = 0 = \delta g^{\alpha\beta} \, g_{\alpha\beta} + g^{\alpha\beta} \, \delta g_{\alpha\beta} \tag{4.56}$$

という関係から

$$\delta g = g g^{\mu\nu} \delta g_{\mu\nu} = -g g_{\mu\nu} \, \delta g^{\mu\nu} \tag{4.57}$$

とも書ける．結局

$$\delta(\sqrt{-g}) = -\frac{1}{2\sqrt{-g}} \, \delta g = \frac{1}{2\sqrt{-g}} g g_{\mu\nu} \, \delta g^{\mu\nu} = -\frac{1}{2} \sqrt{-g} \, g_{\mu\nu} \, \delta g^{\mu\nu} \tag{4.58}$$

となる．

---

[3] ここでは，重力場の方程式がどのようなものかを知らない場合の考え方の指針を述べた．すでにアインシュタイン方程式を知っているとしてそれに対応する作用を探す，という立場であれば，$g_{\mu\nu}$ に関して変分した結果が $g_{\mu\nu,\alpha\beta}$ に関する線形性を持つためには R の 1 次まででなければ困る，という推測もできる．

(ii) $\delta(R\sqrt{-g})$：　まず (4.58) 式を用いると，

$$\delta(R\sqrt{-g}) = (\delta R)\sqrt{-g} + R\delta(\sqrt{-g})$$

$$= \sqrt{-g}\,\delta(g^{\mu\nu}R_{\mu\nu}) - \frac{R}{2}\sqrt{-g}\,g_{\mu\nu}\delta g^{\mu\nu}$$

$$= \left(R_{\mu\nu} - \frac{1}{2}Rg_{\mu\nu}\right)\sqrt{-g}\,\delta g^{\mu\nu} + \sqrt{-g}\,g^{\mu\nu}\delta R_{\mu\nu}. \tag{4.59}$$

また，(4.25) 式に従って $R_{\mu\nu}$ を変分すると

$$\delta R_{\mu\nu} = \delta\Gamma^{\alpha}{}_{\mu\nu,\alpha} - \delta\Gamma^{\alpha}{}_{\mu\alpha,\nu} + \delta\Gamma^{\gamma}{}_{\mu\nu}\,\Gamma^{\alpha}{}_{\alpha\gamma} + \Gamma^{\gamma}{}_{\mu\nu}\delta\Gamma^{\alpha}{}_{\alpha\gamma}$$

$$- \delta\Gamma^{\gamma}{}_{\mu\alpha}\,\Gamma^{\alpha}{}_{\nu\gamma} - \Gamma^{\gamma}{}_{\mu\alpha}\delta\Gamma^{\alpha}{}_{\nu\gamma}. \tag{4.60}$$

ここで，$g_{\mu\nu} \longrightarrow \tilde{g}_{\mu\nu} = g_{\mu\nu} + \delta g_{\mu\nu}$ に対応したクリストッフェル記号の変分を

$$\Gamma^{\alpha}{}_{\beta\gamma} \longrightarrow \tilde{\Gamma}^{\alpha}{}_{\beta\gamma} = \Gamma^{\alpha}{}_{\beta\gamma} + \delta\Gamma^{\alpha}{}_{\beta\gamma} \tag{4.61}$$

と書くことにしよう．$\Gamma^{\alpha}{}_{\beta\gamma},\ \tilde{\Gamma}^{\alpha}{}_{\beta\gamma}$ の座標変換に対する変換則は (2.46) 式：

$$\Gamma^{\mu'}{}_{\alpha'\beta'} = \frac{\partial x^{\mu'}}{\partial x^{\rho}}\frac{\partial x^{\lambda}}{\partial x^{\alpha'}}\frac{\partial x^{\sigma}}{\partial x^{\beta'}}\Gamma^{\rho}{}_{\lambda\sigma} + \frac{\partial x^{\mu'}}{\partial x^{\gamma}}\frac{\partial^{2}x^{\gamma}}{\partial x^{\alpha'}\partial x^{\beta'}} \tag{4.62}$$

で与えられる．したがって，それらの差 $\delta\Gamma^{\alpha}{}_{\beta\gamma}$ に対しては第 2 項は相殺され，テンソルの変換則に帰着する．そこで $\delta\Gamma^{\alpha}{}_{\mu\nu}$ をテンソルと見なして共変微分すれば

$$(\delta\Gamma^{\alpha}{}_{\mu\nu})_{;\alpha} = (\delta\Gamma^{\alpha}{}_{\mu\nu})_{,\alpha} + \Gamma^{\alpha}{}_{\gamma\alpha}\delta\Gamma^{\gamma}{}_{\mu\nu} - \Gamma^{\gamma}{}_{\mu\alpha}\delta\Gamma^{\alpha}{}_{\gamma\nu} - \Gamma^{\gamma}{}_{\nu\alpha}\delta\Gamma^{\alpha}{}_{\mu\gamma}, \tag{4.63}$$

$$(\delta\Gamma^{\alpha}{}_{\mu\alpha})_{;\nu} = (\delta\Gamma^{\alpha}{}_{\mu\alpha})_{,\nu} + \Gamma^{\alpha}{}_{\gamma\nu}\delta\Gamma^{\gamma}{}_{\mu\alpha} - \Gamma^{\gamma}{}_{\mu\nu}\delta\Gamma^{\alpha}{}_{\gamma\alpha} - \Gamma^{\gamma}{}_{\alpha\nu}\delta\Gamma^{\alpha}{}_{\mu\gamma}. \tag{4.64}$$

この差をとると

$$\delta R_{\mu\nu} = (\delta\Gamma^{\alpha}{}_{\mu\nu})_{;\alpha} - (\delta\Gamma^{\alpha}{}_{\mu\alpha})_{;\nu}. \tag{4.65}$$

$g^{\mu\nu}$ は共変微分に対して定数だから，上式は

$$g^{\mu\nu}\delta R_{\mu\nu} = (g^{\mu\nu}\delta\Gamma^{\alpha}{}_{\mu\nu} - g^{\mu\alpha}\delta\Gamma^{\gamma}{}_{\mu\gamma})_{;\alpha} \equiv W^{\alpha}{}_{;\alpha} \tag{4.66}$$

の形に書ける．ところで，一般に成り立つ関係式：

$$W^{\alpha}{}_{;\alpha} = \frac{1}{\sqrt{-g}}\frac{\partial}{\partial x^{\alpha}}(\sqrt{-g}\,W^{\alpha}) \tag{4.67}$$

(問題 [2.7] 参照) を利用すれば，

$$\int \sqrt{-g}\,g^{\mu\nu}\,\delta R_{\mu\nu}\,d\Omega = \int \frac{\partial(\sqrt{-g}\,W^{\alpha})}{\partial x^{\alpha}}\,d\Omega \underbrace{=}_{\text{ガウスの定理}} \int (\sqrt{-g}\,W^{\alpha})\,dS_{\alpha}$$

$$= \int \sqrt{-g}(g^{\mu\nu}\delta\Gamma^{\alpha}{}_{\mu\nu} - g^{\mu\alpha}\delta\Gamma^{\gamma}{}_{\mu\gamma})\,dS_{\alpha} \tag{4.68}$$

と表面積分に変形できる. 変分の境界では $\delta\Gamma^{\alpha}{}_{\beta\gamma} = 0$ となるから, この表面積分は 0 となる.

(iii) δS_{g} : 以上をまとめると, 重力場に対する作用 S_{g} の変分は

$$\delta S_{\mathrm{g}} = \delta \int (a + bR)\sqrt{-g}\,d\Omega$$

$$= \int \left(-\frac{a}{2}g_{\mu\nu} + b\left(R_{\mu\nu} - \frac{1}{2}Rg_{\mu\nu}\right)\right)\sqrt{-g}\,\delta g^{\mu\nu}\,d\Omega. \tag{4.69}$$

これが, アインシュタイン方程式 (4.39) の左辺と (定数倍を除いて) 一致するためには,

$$a = -2\Lambda b \tag{4.70}$$

と選んでおけばよい. また, 全体の比例係数は $b = \dfrac{1}{16\pi G}$ と選ぶのが普通である. まとめると,

$$\delta S_{\mathrm{g}} = \frac{1}{16\pi G}\,\delta \int (R - 2\Lambda)\sqrt{-g}\,d\Omega$$

$$= \frac{1}{16\pi G} \int \left(R_{\mu\nu} - \frac{1}{2}Rg_{\mu\nu} + \Lambda g_{\mu\nu}\right)\delta g^{\mu\nu}\sqrt{-g}\,d\Omega \tag{4.71}$$

が最終的な結果である. これは, アインシュタイン-ヒルベルト作用と呼ばれている.

4.6.2 物質場 : エネルギー運動量テンソル

次に物質場のほうを考えてみる. $\mathscr{L}_{\mathrm{m}}$ は, 物質場を表す変数 q_{m} とその微分 (と $g_{\mu\nu}$) から成り立っているので, $g_{\mu\nu}$ を固定したまま $q_{\mathrm{m}} \longrightarrow \tilde{q}_{\mathrm{m}} = q_{\mathrm{m}} + \delta q_{\mathrm{m}}$ に対する変分をとると

$$\delta S_{\mathrm{m}}\bigg|_{q_{\mathrm{m}} \longrightarrow \tilde{q}_{\mathrm{m}} = q_{\mathrm{m}} + \delta q_{\mathrm{m}}} = 0 \quad \longleftrightarrow \quad 物質場の運動方程式 \tag{4.72}$$

が得られる. ここでは反対に, q_{m} を固定して $g_{\mu\nu}$ に関する変分のみを考えることにすると, まず

$$\delta S_{\mathrm{m}} = \delta \int \mathscr{L}_{\mathrm{m}}\sqrt{-g}\,d\Omega$$

$$= \int \left(\frac{\partial(\mathscr{L}_{\mathrm{m}}\sqrt{-g})}{\partial g^{\mu\nu}}\delta g^{\mu\nu} + \frac{\partial(\mathscr{L}_{\mathrm{m}}\sqrt{-g})}{\partial g^{\mu\nu}{}_{,\alpha}}\underbrace{\delta(g^{\mu\nu}{}_{,\alpha})}_{=(\delta g^{\mu\nu})_{,\alpha}}\right)d\Omega$$

$\Big\Downarrow$ 第 2 項を部分積分

$$= \int \left(\frac{\partial(\mathscr{L}_{\mathrm{m}}\sqrt{-g})}{\partial g^{\mu\nu}} - \frac{\partial}{\partial x^\alpha} \frac{\partial(\mathscr{L}_{\mathrm{m}}\sqrt{-g})}{\partial g^{\mu\nu}{}_{,\alpha}} \right) \delta g^{\mu\nu} \, d\Omega. \tag{4.73}$$

この変分の結果は，(4.71) 式と組み合わせることでアインシュタイン方程式 (4.39) の右辺と一致する必要があるので，

$$\delta S_{\mathrm{m}} \equiv -\frac{1}{2} \int T_{\mu\nu} \delta g^{\mu\nu} \sqrt{-g} \, d\Omega \tag{4.74}$$

となるべきである．このことから，エネルギー運動量テンソルと物質場のラグランジアン密度とを結びつける重要な関係式が得られる：

$$T_{\mu\nu} = \frac{2}{\sqrt{-g}} \left(\frac{\partial}{\partial x^\alpha} \frac{\partial(\mathscr{L}_{\mathrm{m}}\sqrt{-g})}{\partial g^{\mu\nu}{}_{,\alpha}} - \frac{\partial(\mathscr{L}_{\mathrm{m}}\sqrt{-g})}{\partial g^{\mu\nu}} \right). \tag{4.75}$$

この公式は，$\mathscr{L}_{\mathrm{m}}$ が $g^{\mu\nu}$ で書かれている場合を想定しているが，$g_{\mu\nu}$ で書かれている場合にも，(4.57) 式を用いて変形できる．すなわち

$$T_{\mu\nu} \delta g^{\mu\nu} = T_{\mu\nu}(-g^{\mu\alpha}g^{\nu\beta}\delta g_{\alpha\beta}) = -T^{\alpha\beta}\delta g_{\alpha\beta} \tag{4.76}$$

より，負の符号がつくことに注意すれば

$$T^{\mu\nu} = -\frac{2}{\sqrt{-g}} \left(\frac{\partial}{\partial x^\alpha} \frac{\partial(\mathscr{L}_{\mathrm{m}}\sqrt{-g})}{\partial g_{\mu\nu}{}_{,\alpha}} - \frac{\partial(\mathscr{L}_{\mathrm{m}}\sqrt{-g})}{\partial g_{\mu\nu}} \right). \tag{4.77}$$

以上で S_{g} と S_{m} の変分結果を組み合わせると，アインシュタイン方程式を変分原理を用いて定式化できることが示された．

第 4 章の問題

[4.1] 非相対論的完全流体は連続の式：

$$\frac{\partial \rho}{\partial t} + \nabla \cdot (\rho \boldsymbol{v}) = 0 \tag{4.78}$$

と，オイラー方程式：

$$\frac{\partial \boldsymbol{v}}{\partial t} + (\boldsymbol{v} \cdot \nabla)\boldsymbol{v} = -\frac{1}{\rho}\nabla p \tag{4.79}$$

を満たす．ここで，$\rho, p, \boldsymbol{v}$ は，それぞれ流体の静止系での密度，圧力，速度である．(4.78) 式と (4.79) 式を変形することで，運動量保存則が

$$\frac{\partial(\rho v^i)}{\partial t} + \pi^{ij}{}_{,j} = 0 \tag{4.80}$$

74 第 4 章 重力場の方程式

と書けることを示せ．ただし，π^{ij} は非相対論的完全流体の応力テンソル：

$$\pi^{ij} = \rho v^i v^j + p\delta^{ij} \tag{4.81}$$

である．

[4.2] 流体の静止系 $\{x^{\hat{\alpha}}\}$ において，エネルギー運動量テンソルが

$$T^{\hat{\mu}\hat{\nu}} = \begin{pmatrix} \rho & 0 & 0 & 0 \\ 0 & p & 0 & 0 \\ 0 & 0 & p & 0 \\ 0 & 0 & 0 & p \end{pmatrix} \tag{4.82}$$

の形で与えられるものを完全流体と呼ぶ．ρ はエネルギー密度，p は圧力である．(4.82) 式を一般化して 4 元速度 u^μ で動いている完全流体に対する $T^{\mu\nu}$ の表式を求めたい．この場合，一般共変性を保証する組み合わせは，a と b を定数として

$$T^{\mu\nu} = au^\mu u^\nu + bg^{\mu\nu} \tag{4.83}$$

以外にはあり得ない．これを用いて，$a = \rho + p,\, b = p$ であることを示せ．

[4.3] (4.82) 式で与えられる流体の静止系でのエネルギー運動量テンソルを，流体が 4 元速度 u^μ で運動しているように観測される系へローレンツ変換せよ．ここで，このローレンツ変換は，問題 [1.3] から，具体的に

$$dx^\mu = \Lambda^\mu{}_{\hat{\alpha}} dx^{\hat{\alpha}}, \tag{4.84}$$

$$\Lambda^\mu{}_{\hat{0}} = \Lambda^0{}_{\hat{\mu}} = u^\mu, \quad \Lambda^i{}_{\hat{j}} = \delta_{ij} + u^i u^j \frac{1}{u^0 + 1} \tag{4.85}$$

と書ける．この特殊相対論における結果を一般相対論に対応させることで，問題 [4.2] の結果を導け．

[4.4] 共変形式で書いたエネルギー運動量の保存則

$$T^{\mu\nu}{}_{;\nu} = 0 \tag{4.86}$$

は，重力場を生み出す源となる物質場に対する運動方程式を与える．この意味で，アインシュタイン方程式は重力場に対する式であるだけでなく，物質場の方程式をも含むという著しい性質を持つ．

　問題 [4.2] および問題 [4.3] で得られた完全流体の場合に (4.86) 式から，流体の一般相対論的運動方程式を導きたい．そのために具体的に，$u_\mu T^{\mu\nu}{}_{;\nu} = 0,\, P^\alpha{}_\mu T^{\mu\nu}{}_{;\nu} = 0$ を計算してみよ．ここで，$P^{\alpha\beta} = g^{\alpha\beta} + u^\alpha u^\beta$ は u^μ に垂直な空間方向への射影操作に対応するテンソルである．

[4.5] 対称エネルギー運動量テンソルは，物質場のラグランジアン $\mathscr{L}_{\mathrm{m}}$ より

$$T_{\mu\nu} = \frac{2}{\sqrt{-g}} \left(\frac{\partial}{\partial x^\alpha} \frac{\partial(\mathscr{L}_{\mathrm{m}}\sqrt{-g})}{\partial g^{\mu\nu}_{,\alpha}} - \frac{\partial(\mathscr{L}_{\mathrm{m}}\sqrt{-g})}{\partial g^{\mu\nu}} \right) \tag{4.87}$$

として求められる (4.6.2 節)．例として電磁場のラグランジアン

$$\mathscr{L}_{\mathrm{em}} = -\frac{1}{16\pi} g^{\alpha\gamma} g^{\beta\delta} F_{\alpha\beta} F_{\gamma\delta}, \tag{4.88}$$

$$F_{\mu\nu} = A_{\nu;\mu} - A_{\mu;\nu} \tag{4.89}$$

を上式に代入して，電磁場のエネルギー運動量テンソルの具体的な表式を導け．

[4.6] 問題 [4.5] で求めた電磁場のエネルギー運動量テンソルを，エネルギー運動量の保存則である (4.86) 式に代入すると，真空中のマクスウェル方程式が得られることを示せ．

[4.7] 任意の 2 階反変テンソル $P^{\mu\nu}$ に関して以下の式が成り立つことを示せ．

$$P^{\mu\nu}_{\ \ ;\nu} = \frac{1}{\sqrt{-g}} \frac{\partial}{\partial x^\nu} \left(\sqrt{-g} P^{\mu\nu} \right) + \Gamma^\mu_{\ \alpha\beta} P^{\alpha\beta}. \tag{4.90}$$

[4.8] 問題 [3.6] で与えられた (3.42) 式は，4 次元のデルタ関数を用いて体積積分の形：

$$I_1 \equiv \int \tilde{\mathscr{I}}_1 \, d^4x$$

$$\equiv \iint \left(\frac{m}{2} g_{\mu\nu}(x) \frac{dz^\mu}{d\tau} \frac{dz^\nu}{d\tau} + q A_\mu(x) \frac{dz^\mu}{d\tau} \right) \delta_D^{(4)} (x - z(\tau)) \, d\tau d^4x \tag{4.91}$$

に書き直すことができる．この表式と (3.43) 式を A_μ で変分し，荷電粒子が存在する場合のマクスウェル方程式を導け．その際，必要であれば，次の式で定義される 4 元電流密度 j^μ を用いよ．

$$j^\mu \equiv q \int \frac{dz^\mu}{d\tau} \frac{\delta_D^{(4)} (x - z(\tau))}{\sqrt{-g(x)}} d\tau. \tag{4.92}$$

[4.9] (4.91) 式から，この質点に対するエネルギー運動量テンソル $T_1^{\mu\nu}$ を求めよ．

[4.10] 問題 [4.6] から [4.9] の結果を組み合わせて，問題 [3.6] で考えた (3.41) 式に対応する全系のエネルギー運動量テンソル $T_{\mathrm{tot}}^{\mu\nu}$ が，保存則

$$T_{\mathrm{tot};\nu}^{\mu\nu} = 0 \tag{4.93}$$

を満たすことを示せ．必要であれば，デルタ関数の以下の性質

$$\frac{dz^\mu}{d\tau} \frac{\partial \delta_D^{(4)} (x - z(\tau))}{\partial x^\mu} = -\frac{d\delta_D^{(4)} (x - z(\tau))}{d\tau} \tag{4.94}$$

を用いよ．

第5章

シュワルツシルト時空とブラックホール

一般相対論がおよぼす強い重力の効果は，シュワルツシルト (Schwarzschild) 時空 [1] と呼ばれる球対称真空ブラックホール解をその典型的な例として理解することができる．本章ではニュートン力学と一般相対論の違いを端的に示す例として，シュワルツシルト時空について考察してみよう．

5.1 球対称重力場の計量

まず初めに，球対称性を持つ時空の計量の一般的な形を導いておこう．球座標 (r, θ, φ) を用いたとき，球対称であるという要請から計量が

$$ds^2 = -A(r,t)\,dt^2 + B(r,t)\,dtdr + C(r,t)\,dr^2$$
$$+ D(r,t)\,(d\theta^2 + \sin^2\theta\,d\varphi^2) \tag{5.1}$$

という角度座標に依存しない形になることはすぐわかる．さらに，r と t に関する座標変換の自由度が 2 つあることを用いれば

$$\begin{cases} r = f_1(r', t') \\ t = f_2(r', t') \end{cases} \iff \begin{cases} D(r,t) = r'^2 \\ B(r,t) = 0 \end{cases} \tag{5.2}$$

という 2 つの条件を満たすように新たな座標 r' と t' を選ぶことができるはずである．その上で，

---

[1] Schwarzschild のカタカナ表記は，シュワルツシルト，シュヴァルツシルト，シュバルツシルト，シュワルツシルドなど乱立しておりどれが正しいのかわからない．初版では "シュワルツシルド" としていたが，日本では "シュワルツシルト" が広く用いられているようなので，今回はそれに統一する．知り合いのドイツ人に直接確認したところ "シュヴァルツシルド" が一番近いらしいのだが，きりがないので気になる人は原綴の Schwarzschild を使うのがよいだろう．

$$A(r,t) \equiv e^{\nu(r',t')}, \quad C(r,t) \equiv e^{\lambda(r',t')} \tag{5.3}$$

とおいて，あらためて (r',t') を (r,t) と再定義すれば

$$ds^2 = -e^{\nu(r,t)}dt^2 + e^{\lambda(r,t)}dr^2 + r^2\left(d\theta^2 + \sin^2\theta\, d\varphi^2\right) \tag{5.4}$$

となる．つまり，球対称時空は一般性を失うことなく (5.4) 式の線素によって記述される．

5.2 シュワルツシルト解導出の概略

通常，アインシュタイン方程式を具体的に解く場合には，高い対称性を持つ時空を考えることが多い (でないと，結局解けない)．そのような場合には，面倒な計算をしたあげくクリストッフェル記号やリーマンテンソルのほとんどの成分が最終的には 0 になってしまうことが多い．したがって，0 となる成分は最初から登場しないようなやり方で計算することがミスを防ぐ最善の方法である．あるいは，いっそ手計算をあきらめてパソコン上の解析的計算プログラムに頼るのも有効である．一昔前であれば，そのような方法を用いると先生にお叱りを受けたことであろうが，今やそのようなツールを使いこなせるスキルは，研究者として必須となっている．

とはいっても，一応もっとも確実・着実な方法は

$$g_{\mu\nu} \xrightarrow[\substack{\text{線素を変分して得られる}\\\text{測地線方程式から}\\\text{読み取る}}]{} \Gamma^{\alpha}{}_{\beta\gamma} \xrightarrow[\text{(4.25) 式}]{} R_{\mu\nu} \text{ および } R \xrightarrow[\text{(4.22) 式}]{} G_{\mu\nu} \tag{5.5}$$

であろう．

さて，(5.4) 式の線素で表される球対称時空が真空中にある場合の解を求めるべく，上述の方針に従ってアインシュタイン方程式を計算すると，独立な式が 4 つ得られる．実は，そのうちの 2 つを用いると，$\nu = \nu(r,t)$ と $\lambda = \lambda(r,t)$ が時間 t に依存しないように再定義できることがわかる．これは，「球対称な重力場では，物質が時間に依存した (動径方向の) 運動をしていても，物質の存在しない領域の $g_{\mu\nu}$ は時間に依存しない形に選べる」というバーコフ (Birkoff) の定理として知られている．

残りの 2 つから $\nu = \nu(r)$ と $\lambda = \lambda(r)$ の形が決まる．その式に現れる定数は，(3.25) 式でも示した重力場が弱い場合にニュートン理論に帰着するという要請より，$r = 0$ に置かれた質点の質量 M と同一視される．このようにして得られた解は

$$ds^2 = -\left(1 - \frac{2GM}{r}\right)dt^2 + \frac{dr^2}{1 - 2GM/r} + r^2\left(d\theta^2 + \sin^2\theta\, d\varphi^2\right) \tag{5.6}$$

となり，シュワルツシルト解と呼ばれる (以上の具体的な計算は問題 [5.1]〜[5.4] を参照のこと)．確かに，この解はニュートン極限での重力ポテンシャル ϕ_N を用いて

$$g_{00} = -1 + \frac{2GM}{r} \approx -1 - 2\phi_\mathrm{N} \tag{5.7}$$

と書ける．ところで (5.6) 式は r が

$$r_\mathrm{s} \equiv 2GM = \frac{2GM}{c^2} \approx 3\,\mathrm{km}\left(\frac{M}{M_\odot}\right) \tag{5.8}$$

の値をとる場所で，$g_{00} = 0$, $g_{rr} = \infty$ となってしまう．この値をシュワルツシルト半径と呼ぶ．しかし後述のように，これは座標系の取り方に起因する見かけの特異面とよぶべきものであって，物理的に意味のある量が発散するといった意味での真の特異点ではない．一方，$r = 0$ は無限遠の観測者にとって質量 M の質点が存在すると解釈される特別な点で，真の特異点となっている．

太陽 (質量は $M_\odot \approx 2 \times 10^{33}\,\mathrm{g}$) は，そのシュワルツシルト半径 $3\,\mathrm{km}$ に比べてずっと大きな領域半径 $R_\odot \approx 70$ 万 km まで広がったガス分布を持っており，$r < R_\odot$ ではそもそもこのような真空解は適用できない．逆に言えば，この解が $r \approx r_\mathrm{s}$ 程度まで物理的に意味を持つような天体は，その質量に比してとてつもなく小さいサイズを持つ場合に限る．そのような極限的な状況が現実に存在するとは思いがたい．しかし驚くべきことに，現代の天文学では，そのような高密度コンパクト天体は毎日ごく普通の観測ターゲットとなっていると言ってもよいほど多数が，すでに知られている．

さて，このシュワルツシルト解は原点以外は真空であることを仮定して導かれたものである．しかし通常の星，たとえば太陽に対しても，その半径より大きな領域 ($r > R_\odot$) に対しては同じく用いることができることを注意しておこう (そもそもそうでないと，シュワルツシルト解は現実的にはほとんど役に立たない解であることになる)．これは，ニュートン力学の場合にも似た状況がある．つまり，球対称な物体の場合，その物体の半径の外での重力は，物体の密度分布とは無関係に，原点に全質量が集中した質点を考えた場合と同じである．上述のバーコフの定理の帰結として，一般相対論においても球対称が成り立つ限り，有限の大きさをもった天体であってもその外側の時空に厳密にシュワルツシルト解で表されるのである．

5.3　シュワルツシルト半径と事象の地平線

シュワルツシルト時空：

$$ds^2 = -\left(1 - \frac{r_{\rm s}}{r}\right) dt^2 + \frac{dr^2}{1 - r_{\rm s}/r} + r^2 \left(d\theta^2 + \sin^2\theta\, d\varphi^2\right) \tag{5.9}$$

を眺めてみると，$r_{\rm s}$ に関して

(i) $r \gg r_{\rm s}$：漸近的にミンコフスキー時空に近づく，

(ii) $r < r_{\rm s}$：$g_{tt} > 0,\ g_{rr} < 0$ となり，t が時間の役目を果たさなくなる，

(iii) $r = r_{\rm s}$：$g_{rr} = \infty$ となる，

という特徴がある．このようにシュワルツシルト半径の内外で，(5.9) 式で記述される線素の性質は大きく変わってしまう．そこで $r_{\rm s}$ の持つ物理的な意味をもう少し詳しくみてみよう．

5.3.1 等方座標系

まず，$r = r_{\rm s}$ が見かけ上の特異面であることを示すために，$r \geq r_{\rm s}$ で

$$\frac{dr^2}{1 - r_{\rm s}/r} + r^2 \left(d\theta^2 + \sin^2\theta\, d\varphi^2\right) = f(\chi)\left(d\chi^2 + \chi^2 \left(d\theta^2 + \sin^2\theta\, d\varphi^2\right)\right) \tag{5.10}$$

となるような $f(\chi)$ と χ をさがしてみる．満たすべき関係は

$$\begin{cases} f(\chi)\chi^2 = r^2 \\[2mm] f(\chi)d\chi^2 = \dfrac{dr^2}{1 - r_{\rm s}/r} \end{cases} \quad\Rightarrow\quad \frac{d\chi}{\chi} = \frac{dr}{\sqrt{r^2 - r_{\rm s}r}}. \tag{5.11}$$

ここで積分公式：

$$\int \frac{dx}{\sqrt{ax^2 + bx + c}} = \frac{1}{\sqrt{a}} \ln\left|2ax + b + 2\sqrt{a(ax^2 + bx + c)}\right| \quad (a > 0) \tag{5.12}$$

を用いれば

$$\int \frac{dr}{\sqrt{r^2 - r_{\rm s}r}} = \ln\left(2r - r_{\rm s} + 2\sqrt{r^2 - r_{\rm s}r}\right). \tag{5.13}$$

したがって，(5.11) 式と組み合わせると $\chi \propto 2r - r_{\rm s} + 2\sqrt{r^2 - r_{\rm s}r}$．さらに $r \longrightarrow \infty$ で $\chi = r$ となるように比例係数を選べば

$$2\chi = r - \frac{r_{\rm s}}{2} + \sqrt{r^2 - r_{\rm s}r}$$

$$\Rightarrow\quad r - \frac{r_{\rm s}}{2} - \sqrt{r^2 - r_{\rm s}r} = \frac{(r - r_{\rm s}/2)^2 - (r^2 - r_{\rm s}r)}{2\chi} = \frac{r_{\rm s}^2}{8\chi}. \tag{5.14}$$

これらを逆に r について解くと，

$$2r - r_{\rm s} = 2\chi + \frac{r_{\rm s}^2}{8\chi} \quad\Rightarrow\quad r = \chi + \frac{r_{\rm s}^2}{16\chi} + \frac{r_{\rm s}}{2} = \chi\left(1 + \frac{r_{\rm s}}{4\chi}\right)^2. \tag{5.15}$$

まとめると

$$\chi = \frac{1}{2}\left(r - \frac{r_{\mathrm{s}}}{2} + \sqrt{r^2 - r_{\mathrm{s}}r}\right), \quad r = \chi\left(1 + \frac{r_{\mathrm{s}}}{4\chi}\right)^2. \tag{5.16}$$

したがって，(5.9) 式は

$$ds^2 = -\left(\frac{1 - r_{\mathrm{s}}/4\chi}{1 + r_{\mathrm{s}}/4\chi}\right)^2 dt^2 + \left(1 + \frac{r_{\mathrm{s}}}{4\chi}\right)^4 \left(d\chi^2 + \chi^2\left(d\theta^2 + \sin^2\theta\, d\varphi^2\right)\right) \tag{5.17}$$

と書き直すことができる．この線素の空間部分をみると，全体的な係数 $\left(1 + \dfrac{r_{\mathrm{s}}}{4\chi}\right)^4$ を除けば 3 次元ユークリッド空間の計量と一致している．このため，このように選んだ座標系は等方座標と呼ばれる．

(5.9) 式で g_{rr} が発散していた $r = r_{\mathrm{s}}$ は，この座標では $\chi = \dfrac{r_{\mathrm{s}}}{4}$ に対応するが，そこで計量は発散しない．またあらゆる場所で $g_{tt} \leq 0$ かつ $g_{rr} > 0$ となっている．したがって，$r = r_{\mathrm{s}}$ は座標系の選び方に起因する見かけ上の特異点 (面) であることが示されたことになる．

5.3.2 動径方向に進む光

$r = r_{\mathrm{s}}$ という面の性質を調べるために，動径方向 $(d\theta = d\varphi = 0)$ に進む光の振る舞いを考えてみよう．

まず，(5.9) 式の計量を用いて考える．この場合，動径方向の光の経路の方程式は

$$ds^2 = 0 \quad \Rightarrow \quad \frac{dr}{dt} = \pm\left(1 - \frac{r_{\mathrm{s}}}{r}\right) \quad (r > r_{\mathrm{s}}). \tag{5.18}$$

これを用いて，光が $r = r_2\,(> r_{\mathrm{s}})$ から中心方向にある $r = r_1\,(< r_2)$ に到達するためにかかる時間を計算すると，

$$\Delta t_{12} = -\int_{r_2}^{r_1} \frac{dr}{1 - r_{\mathrm{s}}/r} = \int_{r_1}^{r_2}\left(1 + \frac{r_{\mathrm{s}}/r}{1 - r_{\mathrm{s}}/r}\right) dr$$

$$= r_2 - r_1 + r_{\mathrm{s}}\ln\frac{r_2 - r_{\mathrm{s}}}{r_1 - r_{\mathrm{s}}} \tag{5.19}$$

となる．したがって，(i) $r_2\,(> r_{\mathrm{s}})$ から発せられた光が r_{s} に到達するまでの時間，および (ii) r_{s} から発せられた光が $r_2\,(> r_{\mathrm{s}})$ に到達するまでの時間，はともに無限大になることがわかる．

このように，$r = r_{\mathrm{s}}$ は計量が発散するという意味での物理的な特異面ではないが，外部の観測者にとっては観測可能な領域を分断する境界面となっている．これは，(5.9) 式の座標系だけの問題ではなく (5.17) 式の計量を用いても同じであった．この事実か

ら，$r = r_{\mathrm{s}}$ を事象の地平線 (event horizon) と呼ぶ．さらに，光が $r = r_{\mathrm{s}}$ から無限大の時間かかって外部の観測者に到達したとしても，その波長は無限大となり，何も見えない．この意味で，$r \leq r_{\mathrm{s}}$ の領域を (シュワルツシルト) ブラックホールと呼ぶ．ところで，少なくともここで求めた解は，$r = 0$ (にある質点) 以外はいたるところ真空という条件から導き出されたことを注意しておこう．つまり，ブラックホールはそのシュワルツシルト半径が何か固い境界となっていてそれ以内には物質がつまっている，といったイメージのものでは決してない．

この $r = r_{\mathrm{s}}$ という境界を持つブラックホールの存在は，ニュートン力学においても，その脱出速度が光速度を超えないという条件：

$$\frac{GmM}{r} = \frac{1}{2}mv_{\mathrm{esc}}^2 < \frac{1}{2}mc^2 \quad \Rightarrow \quad r > \frac{2GM}{c^2} = r_{\mathrm{s}} \tag{5.20}$$

から，係数も含めて偶然正しい答えが得られることは興味深い (むろん厳密にはこの導出は間違っている)．

無限遠にいる観測者にとってブラックホールの外側から $r = r_{\mathrm{s}}$ まで光が到達する時間が無限大であるのは事実であるが，より現実的には，$r = r_{\mathrm{s}}$ のごく近傍まではすぐに到達できることを注意しておく．(5.19) 式で，$r_2 \gg r_1$ の場合を考えよう．$M = 0$ ならば光が $r = 0$ まで到達する時間は $r_2 \left(= \dfrac{r_2}{c} \right)$ であるから，$M \neq 0$ の場合にその 2 倍の時間かけて到達できる距離 r_1 は

$$r_2 \approx r_{\mathrm{s}} \ln \frac{r_2}{r_1 - r_{\mathrm{s}}} \longrightarrow r_1 - r_{\mathrm{s}} \approx r_2 e^{-r_2/r_{\mathrm{s}}}. \tag{5.21}$$

具体的に，太陽を質点としたときに地球から観測する場合を考えれば $r_2 = 1.5$ 億 km (1 天文単位)，$r_{\mathrm{s}} = 3\,\mathrm{km}$ (太陽のシュワルツシルト半径) として，$r_1 - r_{\mathrm{s}} = 1.5 \times 10^8 e^{-0.5 \times 10^8} \approx 1.5 \times 10^8 \times 10^{-0.2 \times 10^8}\,\mathrm{km}$．つまりおよそ考えられる限りの精度で $r_1 \approx r_{\mathrm{s}}$ である．その意味では，実質的にはほとんど有限の時間で $r = r_{\mathrm{s}}$ まで到達すると見なしてもよいのである．同じことを別の言い方にすれば，たとえば $r_1 = r_{\mathrm{s}} + 1\text{Å}$ の地点まで到達するためにかかる時間のうち (5.19) 式の第 2 項の寄与は，

$$\frac{r_{\mathrm{s}}}{c} \ln \frac{r_2}{r_1 - r_{\mathrm{s}}} = \frac{3 \times 10^5\,\mathrm{cm}}{3 \times 10^{10}\,\mathrm{cm/s}} \ln \frac{1.5 \times 10^8 \times 10^5\,\mathrm{cm}}{1 \times 10^{-8}\,\mathrm{cm}} < 1\ \text{ミリ秒} \tag{5.22}$$

でしかない．つまり，対数発散であるから原理的に $r = r_{\mathrm{s}}$ まで到達できないという数学的な言明と，現実的な感覚とはかなり違うことを理解しておくべきである．相対論の講義で $r = r_{\mathrm{s}}$ まで物質は到達できないと言っておきながら，ブラックホールに物質が降り積もることでその質量は増大する，といった言い方をするのはこのためである．

第5章 シュワルツシルト時空とブラックホール

5.4 シュワルツシルトブラックホールのまわりの質点の運動

5.4.1 シュワルツシルト時空における粒子の運動方程式

シュワルツシルト時空の原点のまわりを 1 個の質点が運動する場合を考える．もちろんクリストッフェル記号を計算し，測地線の方程式を用いれば良いのだが，作用に立ち返って変分する方がむしろすっきりとする．今の場合，対称性より一般性を失うことなく，粒子の軌道面を $\theta = \pi/2$ と選ぶことができるので，次の作用：

$$S = \int \mathscr{L} \, d\tau \equiv \int \left(-\left(1 - \frac{r_{\mathrm{s}}}{r}\right)\dot{t}^2 + \frac{\dot{r}^2}{1 - r_{\mathrm{s}}/r} + r^2\dot{\varphi}^2 \right) d\tau \tag{5.23}$$

を変分すればよい．ここで，$r_{\mathrm{s}} = 2GM$ はシュワルツシルト半径，また $\cdot \equiv d/d\tau$ とする．以下同様．

まず，作用の中の被変分関数 $\mathscr{L}$ は t と φ をあらわには含まないので，オイラー-ラグランジュ方程式より

$$\frac{\partial \mathscr{L}}{\partial \dot{t}} = -2\left(1 - \frac{r_{\mathrm{s}}}{r}\right)\dot{t}, \quad \frac{\partial \mathscr{L}}{\partial \dot{\varphi}} = 2r^2\dot{\varphi} \tag{5.24}$$

はともに運動の定数となる．そこで

$$\left(1 - \frac{r_{\mathrm{s}}}{r}\right)\dot{t} = \varepsilon \quad (= 定数), \tag{5.25}$$

$$r^2\dot{\varphi} = j \quad (= 定数) \tag{5.26}$$

とおく．

その上で，S を r について変分すれば運動方程式が得られるのだが，その代わりに

$$d\tau^2 = \left(1 - \frac{r_{\mathrm{s}}}{r}\right)dt^2 - \frac{dr^2}{1 - r_{\mathrm{s}}/r} - r^2 d\varphi^2 \tag{5.27}$$

に (5.25) 式と (5.26) 式を代入して得られる

$$1 - \frac{r_{\mathrm{s}}}{r} = \varepsilon^2 - \left(\frac{dr}{d\tau}\right)^2 - \left(1 - \frac{r_{\mathrm{s}}}{r}\right)\frac{j^2}{r^2}$$

$$\Rightarrow \quad \left(\frac{dr}{d\tau}\right)^2 = \varepsilon^2 - 1 + \frac{r_{\mathrm{s}}}{r} + \frac{r_{\mathrm{s}}j^2}{r^3} - \frac{j^2}{r^2} \tag{5.28}$$

を用いることにする．ここで

$$\begin{cases} E \equiv \dfrac{\varepsilon^2 - 1}{2}, \quad U = U_0 + \delta U, \\[2mm] U_0 \equiv -\dfrac{r_{\mathrm{s}}}{2r} = -\dfrac{GM}{r}, \quad \delta U \equiv -\dfrac{r_{\mathrm{s}}j^2}{2r^3} = -\dfrac{GMj^2}{r^3} \end{cases} \tag{5.29}$$

とおけば，(5.28) 式はニュートン力学の結果と類似した

に変形できる．これからも分かるように，E は単位質量あたりの粒子のエネルギー，j は単位質量あたりの粒子の角運動量に対応する．

$$\left(\frac{dr}{d\tau}\right)^2 = 2(E - U) - \frac{j^2}{r^2} \tag{5.30}$$

に変形できる．これからも分かるように，E は単位質量あたりの粒子のエネルギー，j は単位質量あたりの粒子の角運動量に対応する．

さらに，(5.26) 式を (5.28) 式の平方根で辺々割り算すれば，軌跡の方程式：

$$\frac{d\varphi}{dr} = \pm \frac{j/r^2}{\sqrt{2(E - U) - j^2/r^2}} \tag{5.31}$$

が得られる．以下では，$E < 0$ の束縛軌道だけを考える．

5.4.2　角運動量を持たない場合

(5.25) 式と (5.28) 式より，角運動量を持たず $(j = 0)$ 動径方向に $(d\theta = d\varphi = 0)$ 運動する $\theta = \pi/2$ 面上での質点の運動は，

$$\frac{dr}{d\tau} = \pm\sqrt{\varepsilon^2 - 1 + \frac{r_{\mathrm{s}}}{r}}, \tag{5.32}$$

$$\frac{dr}{dt} = \pm\frac{1}{\varepsilon}\left(1 - \frac{r_{\mathrm{s}}}{r}\right)\sqrt{\varepsilon^2 - 1 + \frac{r_{\mathrm{s}}}{r}} \tag{5.33}$$

で記述される．座標時で $t = t_i$，粒子の固有時で $\tau = \tau_i$ のときに $r = r_i \ (> r_{\mathrm{s}})$ の位置で質点が静止していたとすれば

$$\varepsilon = \sqrt{1 - \frac{r_{\mathrm{s}}}{r_i}}. \tag{5.34}$$

そこで，(5.32) 式を用いて，粒子が $r = r_f$ に到達するまでの時間を計算すれば (内向きなので，マイナス符号の解を選ぶ)

$$\Delta\tau = -\int_{r_i}^{r_f} \frac{dr}{\sqrt{\dfrac{r_{\mathrm{s}}}{r} - \dfrac{r_{\mathrm{s}}}{r_i}}} = \sqrt{\frac{r_i}{r_{\mathrm{s}}}} \int_{r_f}^{r_i} \sqrt{\frac{r}{r_i - r}}\, dr$$

$$\underbrace{=}_{r = r_i\cos^2\theta} 2r_i\sqrt{\frac{r_i}{r_{\mathrm{s}}}} \int_0^{\theta_f} \cos^2\theta\, d\theta \underbrace{=}_{\theta_f = \cos^{-1}\sqrt{r_f/r_i}} 2r_i\sqrt{\frac{r_i}{r_{\mathrm{s}}}}\left(\frac{\theta}{2} + \frac{1}{4}\sin 2\theta\right)_0^{\theta_f}$$

$$= r_i\sqrt{\frac{r_i}{r_{\mathrm{s}}}}\left(\theta_f + \sin\theta_f\cos\theta_f\right)$$

$$= r_i\left(\sqrt{\frac{r_i}{r_{\mathrm{s}}}}\cos^{-1}\sqrt{\frac{r_f}{r_i}} + \sqrt{\frac{r_f}{r_{\mathrm{s}}}\left(1 - \frac{r_f}{r_i}\right)}\right) \tag{5.35}$$

となる．この式より

$$\Delta\tau(r_i \longrightarrow r_f = r_{\mathrm{s}}) = r_i \left(\sqrt{\frac{r_i}{r_{\mathrm{s}}}} \cos^{-1} \sqrt{\frac{r_{\mathrm{s}}}{r_i}} + \sqrt{1 - \frac{r_{\mathrm{s}}}{r_i}} \right), \tag{5.36}$$

$$\Delta\tau(r_i \longrightarrow r_f = 0) = \frac{\pi}{2} r_i \sqrt{\frac{r_i}{r_{\mathrm{s}}}}. \tag{5.37}$$

つまり，粒子は有限の時間で $r = r_{\mathrm{s}}$ はおろか，$r = 0$ までも到達できることがわかる．この結果は光に対する (5.19) 式の結果と矛盾するように思えるが，その違いは埓間座標の選び方によるものである．

実際，(5.33) 式を用いて，座標時間 (無限遠で静止している観測者の固有時間と言い換えてもよい) に対して同じ計算をしてみると

$$\Delta t = -\int_{r_i}^{r_f} \frac{\sqrt{1 - \dfrac{r_{\mathrm{s}}}{r_i}}}{1 - \dfrac{r_{\mathrm{s}}}{r}} \frac{dr}{\sqrt{\dfrac{r_{\mathrm{s}}}{r} - \dfrac{r_{\mathrm{s}}}{r_i}}}$$

$$= -\sqrt{1 - \frac{r_{\mathrm{s}}}{r_i}} \sqrt{\frac{r_i}{r_{\mathrm{s}}}} \int_{r_i}^{r_f} \frac{r^{3/2}}{(r - r_{\mathrm{s}})\sqrt{r_i - r}} \, dr$$

$$= 2r_i \sqrt{\frac{r_i}{r_{\mathrm{s}}}} \sqrt{1 - \frac{r_{\mathrm{s}}}{r_i}} \int_0^{\theta_f} \frac{\cos^4\theta}{\cos^2\theta - r_{\mathrm{s}}/r_i} \, d\theta$$

$$= 2r_i \sqrt{\frac{r_i}{r_{\mathrm{s}}}} \sqrt{1 - \frac{r_{\mathrm{s}}}{r_i}} \int_0^{\theta_f} \left(\cos^2\theta + \frac{r_{\mathrm{s}}}{r_i} + \left(\frac{r_{\mathrm{s}}}{r_i}\right)^2 \frac{1}{\cos^2\theta - r_{\mathrm{s}}/r_i} \right) d\vartheta$$

$$= \sqrt{1 - \frac{r_{\mathrm{s}}}{r_i}} \Delta\tau + 2r_{\mathrm{s}} \sqrt{\frac{r_i}{r_{\mathrm{s}}} - 1} \, \theta_f$$

$$+ 2r_i \left(\frac{r_{\mathrm{s}}}{r_i}\right)^{3/2} \sqrt{1 - \frac{r_{\mathrm{s}}}{r_i}} \int_0^{\theta_f} \frac{d\theta}{\cos^2\theta - r_{\mathrm{s}}/r_i}. \tag{5.38}$$

最後の積分は，公式：

$$\int \frac{dx}{\cos^2 x - a} = \frac{1}{2\sqrt{a - a^2}} \ln \left| \frac{\sqrt{a - a^2} \tan x + 1 - a}{\sqrt{a - a^2} \tan x - (1 - a)} \right| \quad (a < 1) \tag{5.39}$$

を使って計算できて，$a = \dfrac{r_{\mathrm{s}}}{r_i}$ を代入すれば

$$r_{\mathrm{s}} \ln \left| \frac{\tan\theta_f + \sqrt{1/a - 1}}{\tan\theta_f - \sqrt{1/a - 1}} \right| = r_{\mathrm{s}} \ln \frac{\sqrt{\dfrac{r_i}{r_{\mathrm{s}}} - 1} + \sqrt{\dfrac{r_i}{r_f} - 1}}{\sqrt{\dfrac{r_i}{r_{\mathrm{s}}} - 1} - \sqrt{\dfrac{r_i}{r_f} - 1}} \tag{5.40}$$

となる．以上まとめると

$$\Delta t = \sqrt{1 - \frac{r_{\mathrm{s}}}{r_i}} \, \Delta \tau + 2 r_{\mathrm{s}} \sqrt{\frac{r_i}{r_{\mathrm{s}}} - 1} \cos^{-1} \sqrt{\frac{r_f}{r_i}}$$

$$+ r_{\mathrm{s}} \ln \frac{\sqrt{\dfrac{r_i}{r_{\mathrm{s}}} - 1} + \sqrt{\dfrac{r_i}{r_f} - 1}}{\sqrt{\dfrac{r_i}{r_{\mathrm{s}}} - 1} - \sqrt{\dfrac{r_i}{r_f} - 1}}. \tag{5.41}$$

この第 3 項は，$r_f \longrightarrow r_{\mathrm{s}}$ で確かに発散する．つまり，座標時間で測る限り粒子も光と同じく，有限の時間内に $r = r_{\mathrm{s}}$ に到達することはできない．といっても，やはり対数発散であり，事実上ほとんど $r = r_{\mathrm{s}}$ と見なせる場所までには有限時間で到達できる，といったほうが適切であることは，すでに論じた通りである．

5.4.3 角運動量を持つ場合

$j \neq 0$ の場合の粒子の運動方程式 ($\theta = \pi/2$) は，(5.28) 式：

$$\left(\frac{dr}{d\tau} \right)^2 = \underbrace{\varepsilon^2 - 1}_{\equiv 2E} + \underbrace{\frac{r_{\mathrm{s}}}{r} - \frac{j^2}{r^2} + r_{\mathrm{s}} \frac{j^2}{r^3}}_{\equiv -2U_{\mathrm{eff}}} \equiv 2 \Big(E - U_{\mathrm{eff}}(r) \Big) \tag{5.42}$$

を τ で微分して

$$\frac{d^2 r}{d\tau^2} = -\frac{dU_{\mathrm{eff}}}{dr} = -\frac{r_{\mathrm{s}}}{2r^2} + \frac{j^2}{r^3} - \frac{3r_{\mathrm{s}} j^2}{2r^4}. \tag{5.43}$$

したがって，有効ポテンシャル $U_{\mathrm{eff}}(r) = U(r) + j^2/(2r^2)$ の振る舞いを考察すると，粒子の運動が定性的に理解できる (図 5.1)．

(5.43) 式より，動径方向の力が釣り合った円軌道が存在するためには

$$\frac{dU_{\mathrm{eff}}}{dr} = \frac{r_{\mathrm{s}}}{2r^4} \left(r^2 - \frac{2j^2}{r_{\mathrm{s}}} r + 3j^2 \right) = 0 \tag{5.44}$$

が実数解を持つ必要がある．しかし，$j < \sqrt{3} r_{\mathrm{s}}$ の場合，(5.44) 式は実数解を持たないので，安定軌道は存在しない．物理的には，そのような粒子は常に中心に落下することを意味する．一方，$j > \sqrt{3} r_{\mathrm{s}}$ であれば (5.44) 式は 2 つの零点：

$$r_{\mathrm{max, min}} = \frac{j^2}{r_{\mathrm{s}}} \left(1 \pm \sqrt{1 - \frac{3r_{\mathrm{s}}^2}{j^2}} \right) = \frac{3r_{\mathrm{s}}}{1 \mp \sqrt{1 - 3r_{\mathrm{s}}^2/j^2}} \tag{5.45}$$

を持つ．ただし，図 5.1 からも明らかなように，内側の r_{min} は，微小な摂動に対して不安定でありやがて中心に落下してしまう．これに対して，外側の r_{max} は安定な円軌道が可能である．その境界である $j = \sqrt{3} r_{\mathrm{s}}$ の場合には，$r_{\mathrm{max}} = r_{\mathrm{min}} = 3r_{\mathrm{s}}$ の円軌道になる．これは最近接安定軌道 (inner-most stable orbit) と呼ばれている．

角運動量	中心への落下	束縛軌道	非束縛軌道
$j \geq 2r_\mathrm{s}$	$E > U_\mathrm{eff}(r_\mathrm{min})$	$U_\mathrm{eff}(r_\mathrm{max}) < E < 0$	$0 < E < U_\mathrm{eff}(r_\mathrm{min})$
$2r_\mathrm{s} > j \geq \sqrt{3}r_\mathrm{s}$	$E > U_\mathrm{eff}(r_\mathrm{min})$	$U_\mathrm{eff}(r_\mathrm{max}) < E < U_\mathrm{eff}(r_\mathrm{min})$	存在しない
$j < \sqrt{3}r_\mathrm{s}$	すべて	存在しない	存在しない

表 **5.1** シュワルツシルトブラックホール近傍での質点軌道の分類.

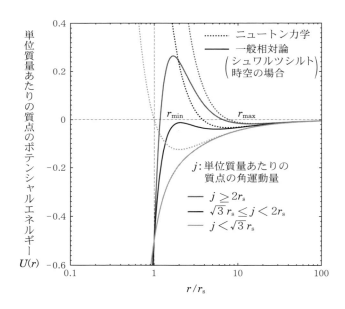

図 **5.1** シュワルツシルトブラックホール近傍での質点の運動.

この結果をまとめたのが，図 5.1 と表 5.1 である．ニュートン力学の場合，$E < 0$ であれば，粒子は (5.55) 式で定義される動径座標の上限 r_+ と下限 r_- の間を周期的に運動する [2]．これが楕円運動の遠日点距離と近日点距離に対応する．ニュートン力学では，遠心力ポテンシャル障壁のために内側でも安定な軌道が存在しうるが，一般相対論では $r = r_\mathrm{s}$ に近づくにつれて重力のほうがはるかに打ち勝ってしまうため，すべてのものが中心に落下してしまうのである．その結果，シュワルツシルトブラックホー

---

[2] これらはここで定義した r_max と r_min ではないことに注意.

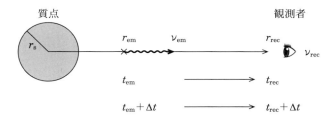

図 5.2 シュワルツシルト時空における重力赤方偏移.

ルの場合，その中心から半径 $3r_s$ 以内の領域には粒子の安定な束縛軌道は存在しない．

5.5 一般相対論の古典的検証

歴史的には，重力赤方偏移，水星の近日点移動，および光線の湾曲の 3 つの観測事実が，一般相対論の正しさを示すものとされてきた．さらに現在では，2015 年に直接検出された重力波が一般相対論の最も直接的な検証であると考えられている．ここではまず，最初の 3 つの要点をまとめて紹介するにとどめ，水星の近日点移動と光線の湾曲の具体的な計算はそれぞれ 5.6 節と 5.7 節，さらに章末問題で行うこととする．また，重力波に関しては第 7 章で詳しく論ずる．

(1) 重力赤方偏移 図 5.2 のように，十分遠方の観測者に対する時間 (座標時間) にして，$t = t_{em}$ に $r = r_{em}$ を出発した光が，動径方向に進んで $r = r_{rec}(> r_{em})$ に到着した時刻を $t = t_{rec}$ とする．$r = r_{em}$ で，t_{em} から $t_{em} + \Delta t$ の間光を発し続けるとすると，最後の光が $r = r_{rec}$ に到着するのは $t = t_{rec} + \Delta t$ となる．

この時間間隔は，$r = r_{em}$ および $r = r_{rec}$ に静止している観測者が測定する固有時間では，

$$\begin{cases} \Delta\tau_{em} = \sqrt{-g_{tt}(r_{em})}\,\Delta t, \\ \Delta\tau_{rec} = \sqrt{-g_{tt}(r_{rec})}\,\Delta t \end{cases} \tag{5.46}$$

となるので，$r = r_{em}$ で発せられた周波数 ν_{em} の光を $r = r_{rec}$ で観測したときの周波数 ν_{rec} は

$$\frac{\nu_{rec}}{\nu_{em}} = \frac{\Delta\tau_{em}}{\Delta\tau_{rec}} = \sqrt{\frac{-g_{tt}(r_{em})}{-g_{tt}(r_{rec})}} \underset{(5.6)\text{式}}{=} \sqrt{\frac{1 - r_s/r_{em}}{1 - r_s/r_{rec}}} < 1 \tag{5.47}$$

となり，$r_{rec} > r_{em}$ であれば必ず赤方偏移 ("波長" が赤い側へずれる) を起こす．こ

れは重力赤方偏移 と呼ばれ，実際に観測されている．

(5.47) 式は，(5.7) 式で示したニュートンの重力ポテンシャル ϕ_N との関係を用いて

$$\nu_{\mathrm{rec}}(1 + \phi_{\mathrm{N.rec}}) = \nu_{\mathrm{em}}(1 + \phi_{\mathrm{N.em}}) \tag{5.48}$$

と書き直すこともできる．さらに通常は $|\phi_N| \ll 1$ と考えてよいので，(5.48) 式の両辺にプランク定数を乗ずれば

$$h\nu_{\mathrm{rec}} \approx h\nu_{\mathrm{em}}(1 + \phi_{\mathrm{N.em}} - \phi_{\mathrm{N.rec}}) \equiv h\nu_{\mathrm{em}}(1 + \Delta\phi_{\mathrm{N.em-rec}}) \tag{5.49}$$

となる．

一様重力加速度 g のもとで，高さ H で静止した質量 m の全エネルギーは $mc^2 + mgH$ である．これと対応させるならば，(5.49) 式は，光子のエネルギー $h\nu$ を重力場のポテンシャルエネルギーをも含む "重力" 質量 $h\nu/c^2$ とみなした場合の，エネルギー保存則であると解釈できる．(5.49) 式は，パウンド-レブカ，および パウンド-スナイダーの実験によって確かめられているが[3]，厳密に言えば，一般相対論の検証というよりも，その基本原理であるエネルギー保存，あるいは等価原理の検証だと考えるべきかもしれない．

(2) 水星の近日点移動　ニュートン力学では，重力的 2 体運動の粒子の軌道は厳密な楕円となる (ケプラー運動)．しかし，一般相対論によれば，その軌道は完全に閉じた楕円にはならず，近日点が移動する．特に $r \gg r_s$ の場合，粒子が一周期運動した後に，その軌道の近日点が角度にして

$$\Delta\varphi \simeq \frac{3\pi}{2}\frac{r_s^2}{j^2} = \frac{6\pi GM}{a(1 - e^2)} \tag{5.50}$$

だけ移動する (j は単位質量あたりの粒子の角運動量，M は中心天体の質量，a と e は軌道の軌道長半径と離心率)．

太陽系内惑星でもっとも離心率の大きい水星の場合，軌道長半径は $a = 0.387\,\mathrm{AU}$，離心率は $e = 0.2056$，公転周期は 0.24 年である．これらを代入すると

$$\Delta\varphi \simeq \frac{6\pi GM_{\odot}/c^2}{a(1 - e^2)} \approx 5 \times 10^{-7}\ \mathrm{rad}/公転周期 \approx 43''/世紀 \tag{5.51}$$

が得られる．

一方，観測的には

---

[3] R.V. Pound & G.A. Rebka Jr., *Physical Review Letters*, **3** (1959) 439-441, 4 (1960) 337-341, R.V. Pound & J.L. Snider, *Physical Review Letters*, **13** (1964) 539-540.

地球から観測される水星の近日点移動	$5600''$	/世紀
－ 地球自身の歳差運動によるもの	$-5026''$	/世紀
－ 太陽系の他の惑星からの摂動	$-531''$	/世紀
	$43''$	/世紀

とされている [4]. アインシュタインの原論文によると, 当時ニュートン力学では説明できない水星近日点移動の残差として知られていた値は, $45'' \pm 5''$/世紀 であったらしい. (5.51) 式の予言値とこれらの観測値のすばらしい精度での一致が, 一般相対論の正しさを裏付ける強い証拠となったことはよく知られている. しかし, この事実をもってニュートン力学は正しくない, などという陳腐な表現をする前に, 観測値の 99% 以上がニュートン力学で説明されているという意味で, まずはニュートン力学の強力さに感動するべきであろう. その後にあらためて一般相対論の定量的な正しさを確認する, という 2 つのステップで, これらの結果を鑑賞してほしい.

(3) 光線の湾曲　一般相対論では光も時空の測地線に沿って進むため, 重力による時空の歪みの影響を受けてその経路が直線ではなくなる. 質点に対してインパクトパラメータ b で入射する光の曲がり角は

$$\Delta\theta \approx \frac{2r_s}{b} \tag{5.52}$$

で与えられる. 一方, 光を質点であると考えてニュートン理論で計算し, 単位質量あたりのエネルギーが $c^2/2$ となる極限をとると, 曲がり角としてこの値の $1/2$ が得られる (5.7.3 節).

このニュートン理論の予言との違いを利用して一般相対論を検証するには, 皆既日食の際に (通常は見えない) 太陽のごく近くにある星の位置を観測し, 半年後太陽が逆側にあるときのその星の位置と比較すればよい. 具体的に太陽の表面すれすれを通る場合 ($r_s = 2GM_\odot$, $b = R_\odot$), 一般相対論とニュートン力学の予言する光線の曲がり角は,

$$\begin{cases} \Delta\theta_{\odot,\mathrm{GR}} = 4GM_\odot/R_\odot = 6/(70 \times 10^4) \approx 1.''85, \\ \Delta\theta_{\odot,\mathrm{N}} = 2GM_\odot/R_\odot \approx 0.''92 \end{cases} \tag{5.53}$$

となる.

この検証のため, エディントンは 1919 年 5 月 29 日の日食観測隊を指揮し, 最終的に表 5.2 の結果を発表し, 一般相対論に軍配を挙げた. その結果, 一般相対論は一躍世

---

[4] Misner, Thorne & Wheeler (文献 1), p.1113.

観測地点	観測した星の数	$\Delta\theta_\odot$
ソブラル島 (ブラジル)	7	$1.98'' \pm 0.16''$
プリンシペ島 (ギニア)	5	$1.61'' \pm 0.40''$

表 5.2 1919 年の日食観測による曲がり角．F.W. Dyson, A.S. Eddington & C. Davidson, *Phil. Trans. Roy. Soc.*, **220A** (1920) 291.

間の脚光を浴び，アインシュタインは世界で最も有名な物理学者となった．ただし，当日の天候やデータの信頼度に関連して，その解釈には当時から疑問が呈されていたのも事実である [5]．とはいえ，もちろん，現在のデータの精度は飛躍的に進歩しており，一般相対論の正しさは定量的にも十分証明されている．本節で紹介した 3 つの観測的検証はいずれも，$r \gg r_\mathrm{s}$ における弱い重力場の場合に限られている．したがって，ブラックホール近傍のような強い重力場における一般相対論の観測的検証もまた本質的に重要であり，それが第 7 章で述べる重力波の直接検出にほかならない．

5.6 水星の近日点移動の計算

5.6.1 ニュートン力学でのケプラー運動

ニュートン力学におけるケプラー運動の軌跡は楕円になる．復習も兼ねて，まず具体的に計算しておこう．(5.31) 式と (5.29) 式において，δU を無視して $U = U_0$ とおけば

$$\frac{d\varphi_\mathrm{N}}{dr} = \pm \frac{j/r^2}{\sqrt{2(E - U_0) - j^2/r^2}} = \pm \frac{j/r^2}{\sqrt{2\left(E + \dfrac{r_\mathrm{s}}{2r}\right) - \dfrac{j^2}{r^2}}}. \tag{5.54}$$

ここで，ニュートン力学を仮定した場合であることを示すために，角度を φ ではなく，φ_N で表すこととした．

全エネルギー E が負の場合には，粒子が周期的な束縛運動をすることは自明である．その動径座標の最大値と最小値を r_+ と r_- とすれば，それらは (5.54) 式の分母の零点に対応する．すなわち

$$2Er^2 + r_\mathrm{s}r - j^2 = 0 \quad \Rightarrow \quad r_\pm = -\frac{r_\mathrm{s}}{4E}\left(1 \pm \sqrt{1 + 8\frac{Ej^2}{r_\mathrm{s}^2}}\right) \equiv a(1 \pm e). \tag{5.55}$$

---

[5] たとえば，須藤靖 『情けは宇宙のためならず』 (毎日新聞出版，2018) 内の「アインシュタイン，エディントン，マンドル」参照．

ここで

$$a = \frac{r_{\rm s}}{4|E|} = \frac{GM}{2|E|}, \quad E = -\frac{r_{\rm s}}{4a} = -\frac{GM}{2a}, \tag{5.56}$$

$$e = \sqrt{1 - 8\frac{|E|j^2}{r_{\rm s}^2}} = \sqrt{1 - \frac{2j^2}{ar_{\rm s}}} = \sqrt{1 - \frac{j^2}{aGM}}, \tag{5.57}$$

$$j = \sqrt{\frac{ar_{\rm s}(1-e^2)}{2}} = \sqrt{GMa(1-e^2)}. \tag{5.58}$$

これらを用いれば

$$2\left(E + \frac{r_{\rm s}}{2r}\right) - \frac{j^2}{r^2} = \frac{j^2}{r^2}\frac{1}{r_- r_+}(r_+ - r)(r - r_-) \tag{5.59}$$

と変形されるので，(5.54) 式は

$$\varphi_{\rm N} = \int \frac{\sqrt{r_- r_+}}{r}\frac{dr}{\sqrt{(r_+ - r)(r - r_-)}} \tag{5.60}$$

となる.

(5.60) 式は解析的に積分できて

$$\int \frac{\sqrt{r_+ r_-}}{r}\frac{dr}{\sqrt{(r_+ - r)(r - r_-)}} \underset{u=1/r}{=} -\int \frac{\sqrt{r_+ r_-}}{u}\frac{du}{\sqrt{(r_+ - 1/u)(1/u - r_-)}}$$

$$= -\int \frac{du}{\sqrt{(1/r_- - u)(u - 1/r_+)}} = \cos^{-1}\frac{2u - 1/r_- - 1/r_+}{1/r_- - 1/r_+} \tag{5.61}$$

となるから，

$$\left(\frac{1}{r_-} - \frac{1}{r_+}\right)\cos(\varphi_{\rm N} - \varphi_0) = \frac{2}{r} - \left(\frac{1}{r_-} + \frac{1}{r_+}\right)$$

$$\Rightarrow \quad \frac{2e}{a(1-e^2)}\cos(\varphi_{\rm N} - \varphi_0) = \frac{2}{r} - \frac{2}{a(1-e^2)}. \tag{5.62}$$

これをまとめて，$\varphi_0 = 0$ (近日点を角度の原点に選ぶことに対応) とすれば，最終的に次の楕円軌道:

$$r = \frac{a(1-e^2)}{1 + e\cos\varphi_{\rm N}} \tag{5.63}$$

に帰着する. これから，a と e はそれぞれ，楕円の軌道長半径と離心率であることがわかる.

5.6.2 一般相対論的補正項

ニュートン力学におけるケプラー運動の軌道が閉じた楕円軌道になるという事実は，粒子が周期運動をする際に，その動径方向の周期と角度方向の周期が一致しており，角度が 2π 進んで一周期した際に，動径座標が元の値に戻ることに対応している．ところが，微小な一般相対論的補正のために，動径方向の周期と角度方向の周期がずれてしまうと，楕円軌道が閉じなくなってしまう．その軌跡は，楕円がその軸 (あるいは近日点の位置) を少しずつ回転させたものと近似的に解釈できる．そのために，この一般相対論的効果は近日点移動と呼ばれている．

実はこの近日点移動の値の計算は，それなりに厄介であり，場合によっては微妙な問題を含む．それらについては，章末問題で具体的に論ずることにして，ここにはもっとも直感的で簡単なやり方を紹介しておく．動径方向の運動の振動数と角度方向の運動の振動数を独立に計算しその違いを評価するのがその方針である．

5.4.3 節で示したように，シュワルツシルト時空では，(5.45) 式の

$$r_{\max} = \frac{j^2}{r_{\mathrm{s}}} \left(1 + \sqrt{1 - \frac{3r_{\mathrm{s}}^2}{j^2}} \right) \tag{5.64}$$

を半径とする円軌道が存在する．この円軌道は動径方向の摂動に対して安定である．その動径方向の微小振動に対応する周波数は，(5.42) 式で導入した動径方向の有効ポテンシャル：

$$U_{\mathrm{eff}} = -\frac{r_{\mathrm{s}}}{2r} + \frac{j^2}{2r^2} - r_{\mathrm{s}}\frac{j^2}{2r^3} \tag{5.65}$$

の $r_{\max}$ における 2 階微係数より

$$
\begin{aligned}
w_r^2(r = r_{\max}) &= \left. \frac{d^2 U_{\mathrm{eff}}}{dr^2} \right|_{r_{\max}} \\
&= -\frac{r_{\mathrm{s}}}{r_{\max}^3} + 3\frac{j^2}{r_{\max}^4} - 6\frac{r_{\mathrm{s}}j^2}{r_{\max}^5} = \frac{r_{\mathrm{s}}}{r_{\max}^5} \left(-r_{\max}^2 + 3\frac{j^2}{r_{\mathrm{s}}}r_{\max} - 6j^2 \right) \\
&\underset{(5.44)\ \text{式より}}{=} \frac{r_{\mathrm{s}}}{r_{\max}^5} \left(-r_{\max}^2 + 3\frac{j^2}{r_{\mathrm{s}}}r_{\max} + 2r_{\max}^2 - 4\frac{j^2}{r_{\mathrm{s}}}r_{\max} \right) \\
&= \frac{r_{\mathrm{s}}}{r_{\max}^4} \left(r_{\max} - \frac{j^2}{r_{\mathrm{s}}} \right) = \frac{j^2}{r_{\max}^4} \sqrt{1 - \frac{3r_{\mathrm{s}}^2}{j^2}}
\end{aligned}
\tag{5.66}
$$

と計算できる．

一方，(5.26) 式より角度方向の周波数は

$$w_\varphi(r = r_{\max}) \equiv \dot{\varphi}(r = r_{\max}) = \frac{j}{r_{\max}^2} \tag{5.67}$$

なので，(5.66) 式と比べると両者は

$$w_\varphi(r = r_{\max}) = w_r(r = r_{\max}) \left(1 - \frac{3r_{\mathrm{s}}^2}{j^2}\right)^{-1/4}$$

$$\approx w_r(r = r_{\max}) \left(1 + \frac{3r_{\mathrm{s}}^2}{4j^2}\right) \tag{5.68}$$

という関係にある．したがって，動径座標が元の値に戻るまでに，角度は 2π に加えて，

$$\Delta\varphi = \frac{2\pi}{w_r(r = r_{\max})} \left[w_\varphi(r = r_{\max}) - w_r(r = r_{\max})\right]$$

$$\approx 2\pi \frac{3r_{\mathrm{s}}^2}{4j^2} \underset{(5.58)\ \text{式より}}{\approx} \frac{6\pi GM}{a(1 - e^2)} \tag{5.69}$$

だけ余分に進む．これが，一般相対論による近似的な近日点移動の表式 (5.50) を与える．

5.6.3[#]　ラグランジュの惑星方程式を用いた近日点移動の計算

ケプラー軌道要素

前節の方法以外にも，一般相対論的近日点移動の近似表式は，さまざまな導出方法がある (章末問題参照)．しかし，それらはいずれも技巧的な印象が残る．一方，一般的な天体力学の摂動論的定式化を用いれば，技巧は不要であるし，得られた結果の信頼性も高いように思える．そこで，以下，その具体的な計算を紹介してみたい．

ニュートン力学における重力 2 体問題の束縛軌道 (ケプラー運動) は，軌道長半径 a と離心率 e で特徴づけられる楕円となる．一般に，観測者の視線方向は惑星の軌道面とは独立なので，さらに軌道面の向きを決める自由度がある．具体的にそれは，観測者の座標系 XYZ と惑星の軌道面を xy 平面とする座標系とを結ぶ，3 つのオイラー角にほかならない．天体力学では，図 5.3 に示すように，昇交点経度 (longitude of the ascending node) Ω，軌道傾斜角 (orbital inclination) I，近点引数 (argument of periapsis) ω と呼ばれている．この 3 つに軌道長半径と離心率を加えた計 5 つのパラメータで，ケプラー運動の軌道は確定する．

その軌道上で運動する天体の位置を指定するにはさらにもう 1 つのパラメータが必要で，たとえば近日点を通過するときの時刻を選べば良い．以上の 6 パラメータが，ケプラー運動を決める初期時刻での惑星の位置と速度の 6 成分の自由度に対応している．

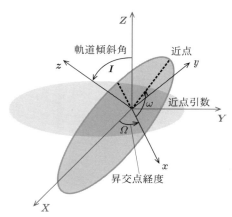

図 5.3 XY 平面を基準面としたときの，ケプラー軌道を特徴付ける軌道要素．Ω: 昇交点経度 (longitude of the ascending node), I: 軌道傾斜角 (orbital inclination), ω: 近点引数 (argument of periapsis).

ラグランジュの惑星方程式

さて，天体力学では，重力 2 体問題のハミルトニアン $\mathscr{H}_{\text{Kep}}$ に摂動を与えるポテンシャル $-R$ が加わった場合：

$$\mathscr{H} = \mathscr{H}_{\text{Kep}} - R \tag{5.70}$$

を考える．この R は通常，摂動関数と呼ばれている．摂動が加わると，その運動の各瞬間で定義されたケプラー軌道要素 (osculating elements) はもはや運動の定数ではなくなる．この摂動のもとで，ケプラー軌道要素は以下のラグランジュの惑星方程式：

$$\dot{a} = \frac{2}{na}\frac{\partial R}{\partial \ell}, \tag{5.71}$$

$$\dot{e} = -\frac{\sqrt{1-e^2}}{na^2 e}\frac{\partial R}{\partial \omega} + \frac{1-e^2}{na^2 e}\frac{\partial R}{\partial \ell}, \tag{5.72}$$

$$\dot{I} = -\frac{1}{na^2 \sin I \sqrt{1-e^2}}\frac{\partial R}{\partial \Omega} + \frac{\cos I}{na^2 \sin I \sqrt{1-e^2}}\frac{\partial R}{\partial \omega}, \tag{5.73}$$

$$\dot{\ell} = n - \frac{2}{na}\frac{\partial R}{\partial a} - \frac{1-e^2}{na^2 e}\frac{\partial R}{\partial e}, \tag{5.74}$$

$$\dot{\omega} = \frac{\sqrt{1-e^2}}{na^2 e}\frac{\partial R}{\partial e} - \frac{\cos I}{na^2 \sin I \sqrt{1-e^2}}\frac{\partial R}{\partial I}, \tag{5.75}$$

$$\dot{\Omega} = \frac{1}{na^2 \sin I \sqrt{1-e^2}} \frac{\partial R}{\partial I} \tag{5.76}$$

に従う [6]. ここで, n は

$$n = \sqrt{\frac{GM}{a^3}} \tag{5.77}$$

で定義される公転角振動数であるが, 天体力学では平均運動と呼ばれる.

一般相対論的補正に対応するこの摂動関数 R を求めることができれば, (5.75) 式:

$$\dot{\omega} = \frac{\sqrt{1-e^2}}{na^2 e} \frac{\partial R}{\partial e} - \frac{\cos I}{na^2 \sin I \sqrt{1-e^2}} \frac{\partial R}{\partial I} \tag{5.78}$$

より, 直ちに近日点移動が具体的に計算できる.

ニュートン力学のラグランジアンに対する一般相対論的補正

ニュートン力学において, 質点 M の周りを運動する粒子の単位質量あたりのラグランジアンは

$$L_{\mathrm{N}} = \frac{1}{2} \left(\dot{r}^2 + r^2 \dot{\varphi}^2 \right) + \frac{GM}{r} \tag{5.79}$$

である. ただし, 本節に限り, $\dot{}$ は τ ではなく t に関する微分を示すものとする.

(5.79) 式に対応する一般相対論的ラグランジアンを求めるために, まず作用 S:

$$S = \int \sqrt{-g_{\alpha\beta} \frac{dx^\alpha}{d\tau} \frac{dx^\beta}{d\tau}} \, d\tau = \int \sqrt{-g_{\alpha\beta} \frac{dx^\alpha}{dt} \frac{dx^\beta}{dt}} \, dt \equiv -\int L_{\mathrm{GR}} \, dt \tag{5.80}$$

を考える. すでに 5.4.1 節で行ったように, 相対論の問題を考えるときには, 固有時間 τ によって定義される $\mathscr{L}$ を用いるのが普通である. しかし, ニュートン力学との違いを見たい場合には座標時間 t で定義される L_{GR} を用いるべきである [7].

(5.80) 式にシュワルツシルト計量 (5.9) を代入すれば

$$L_{\mathrm{GR}} = -\sqrt{-g_{\alpha\beta} \frac{dx^\alpha}{dt} \frac{dx^\beta}{dt}} = -\sqrt{1 - \frac{r_{\mathrm{s}}}{r} - \frac{\dot{r}^2}{1 - r_{\mathrm{s}}/r} - r^2 \dot{\varphi}^2}$$

$$\approx -\sqrt{1 - \frac{r_{\mathrm{s}}}{r} - \dot{r}^2 - r^2 \dot{\varphi}^2 - \frac{r_{\mathrm{s}}}{r} \dot{r}^2}$$

$$\approx -1 + \frac{1}{2} \left(\frac{r_{\mathrm{s}}}{r} + \dot{r}^2 + r^2 \dot{\varphi}^2 \right) + \frac{1}{2} \frac{r_{\mathrm{s}}}{r} \dot{r}^2 + \frac{1}{8} \left(\frac{r_{\mathrm{s}}}{r} + \dot{r}^2 + r^2 \dot{\varphi}^2 \right)^2 \tag{5.81}$$

---

[6] ラグランジュの惑星方程式の導出は, 須藤靖: 『解析力学・量子論 第 2 版』(東京大学出版会, 2019 年), 第 6 章を参照のこと.

[7] (5.80) 式の係数は, L_{GR} が L_{N} にうまく対応するように決めた.

が得られる.

(5.81) 式の第 1 項は定数なので無視できる. 第 2 項は (5.79) 式そのものである. したがって, 第 3 項と第 4 項がニュートンポテンシャルに対する一般相対論的補正の主要項

$$-\delta U_{\mathrm{GR}} = \frac{1}{2}\frac{r_{\mathrm{s}}}{r}\dot{r}^2 + \frac{1}{8}\left(\frac{r_{\mathrm{s}}}{r} + \dot{r}^2 + r^2\dot{\varphi}^2\right)^2 \tag{5.82}$$

を与える. ここで, ニュートン力学におけるケプラー運動の解である (5.56) 式, (5.57) 式, (5.58) 式, (5.63) 式より

$$r^2\dot{\varphi} = j = \sqrt{\frac{ar_{\mathrm{s}}(1-e^2)}{2}}, \quad \frac{1}{2}\left(\dot{r}^2 + r^2\dot{\varphi}^2\right) - \frac{r_{\mathrm{s}}}{2r} = E = -\frac{r_{\mathrm{s}}}{4a} \tag{5.83}$$

なので,

$$\dot{r}^2 + r^2\dot{\varphi}^2 = \frac{r_{\mathrm{s}}}{r} - \frac{r_{\mathrm{s}}}{2a}, \quad \dot{r}^2 = \frac{r_{\mathrm{s}}}{r} - \frac{r_{\mathrm{s}}}{2a} - \frac{ar_{\mathrm{s}}(1-e^2)}{2r^2}. \tag{5.84}$$

これらを (5.82) 式に代入すれば $O(r_{\mathrm{s}}^2)$ の摂動的補正項として

$$\begin{aligned}
-\delta U_{\mathrm{GR}} &= \frac{1}{2}\frac{r_{\mathrm{s}}}{r}\left(\frac{r_{\mathrm{s}}}{r} - \frac{r_{\mathrm{s}}}{2a} - \frac{ar_{\mathrm{s}}(1-e^2)}{2r^2}\right) + \frac{1}{8}\left(\frac{2r_{\mathrm{s}}}{r} - \frac{r_{\mathrm{s}}}{2a}\right)^2 \\
&= \frac{r_{\mathrm{s}}^2}{r^2} - \frac{r_{\mathrm{s}}^2}{2ar} + \frac{r_{\mathrm{s}}^2}{32a^2} - \frac{ar_{\mathrm{s}}^2(1-e^2)}{4r^3}
\end{aligned} \tag{5.85}$$

となる.

軌道平均

さて, 通常興味があるのは惑星の公転周期よりも十分長い時間スケールでの軌道の変化である. そこで, (5.75) 式に登場する摂動関数 R を, 惑星の公転周期で時間平均したものに置き換えることにする.

まず, 図 5.4 のように, ケプラー運動の軌道を

$$r = \frac{a(1-e^2)}{1+e\cos f} \tag{5.86}$$

とする. ここで, a は軌道長半径, e は離心率, f は焦点からみて近日点となす角度で真近点角 (true anomaly) と呼ばれる. これに対して図の u は, 離心近点角 (eccentric anomaly) と呼ばれる.

軌道要素の関数 F を時間の関数とみなし, 公転周期 T で時間平均した

$$\langle F \rangle \equiv \frac{1}{T}\int_0^T dt\, F(t) \tag{5.87}$$

を F の軌道平均と定義する. ここで,

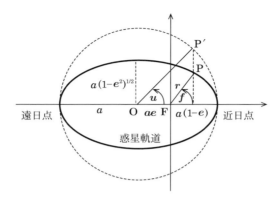

図 5.4 ケプラー軌道. a: 軌道長半径, e: 離心率, f: 真近点角, u: 離心近点角.

$$\frac{1}{T} = \frac{n}{2\pi} = \frac{1}{2\pi}\sqrt{\frac{r_\mathrm{s}}{2a^3}} = \frac{1}{2\pi a^2}\frac{j}{\sqrt{1-e^2}} \tag{5.88}$$

である. さらに

$$j = r^2 \frac{df}{dt} = \frac{a^2(1-e^2)^2}{(1+e\cos f)^2}\frac{df}{dt} \tag{5.89}$$

を用いて,時間平均を真近点角に関する平均に直すと (5.87) 式は

$$\begin{aligned}\langle F \rangle &= \frac{a^2(1-e^2)^2}{Tj}\int_0^{2\pi}\frac{F(f)}{(1+e\cos f)^2}\,df \\ &= \frac{(1-e^2)^{3/2}}{2\pi}\int_0^{2\pi}\frac{F(f)}{(1+e\cos f)^2}\,df\end{aligned} \tag{5.90}$$

となる.

そこで,軌道平均した摂動関数をあらためて R とすれば

$$R = -\langle \delta U_\mathrm{GR}\rangle = r_\mathrm{s}^2\left(\frac{1}{32a^2} - \frac{1}{2a}\left\langle\frac{1}{r}\right\rangle + \left\langle\frac{1}{r^2}\right\rangle - \frac{a(1-e^2)}{4}\left\langle\frac{1}{r^3}\right\rangle\right) \tag{5.91}$$

となり,(5.90) 式を用いると,次の結果が得られる [8].

---

[8] (5.92) 式を積分するには,離心近点角 u を用いるほうが便利なのだが,公式:

$$\int\frac{dx}{e\cos x + 1} = \frac{1}{\sqrt{1-e^2}}\sin^{-1}\frac{\sqrt{1-e^2}\sin x}{e\cos x + 1}\quad (0 < e < 1)$$

を用いても,

$$\int_0^{2\pi}\frac{dx}{e\cos x + 1} = \frac{1}{\sqrt{1-e^2}}\left(\sin^{-1}\left(\frac{\sqrt{1-e^2}\sin 2\pi}{1+e}\right) - \sin^{-1}\left(\frac{\sqrt{1-e^2}\sin 0}{1+e}\right)\right)$$

$$\left\langle \frac{1}{r} \right\rangle = \frac{(1-e^2)^{3/2}}{2\pi} \times \frac{1}{a(1-e^2)} \int_0^{2\pi} \frac{df}{1+e\cos f} = \frac{1}{a}, \tag{5.92}$$

$$\left\langle \frac{1}{r^2} \right\rangle = \frac{(1-e^2)^{3/2}}{2\pi} \times \frac{1}{a^2(1-e^2)^2} \int_0^{2\pi} df = \frac{1}{a^2(1-e^2)^{1/2}}, \tag{5.93}$$

$$\left\langle \frac{1}{r^3} \right\rangle = \frac{(1-e^2)^{3/2}}{2\pi} \times \frac{1}{a^3(1-e^2)^3} \int_0^{2\pi} (1+e\cos f)\, df = \frac{1}{a^3(1-e^2)^{3/2}}. \tag{5.94}$$

したがって (5.91) 式は

$$R = r_{\rm s}^2 \left(\frac{1}{32a^2} - \frac{1}{2a} \times \frac{1}{a} + \frac{1}{a^2\sqrt{1-e^2}} - \frac{a(1-e^2)}{4} \times \frac{1}{a^3(1-e^2)^{3/2}} \right)$$

$$= r_{\rm s}^2 \left(-\frac{15}{32a^2} + \frac{3}{4a^2\sqrt{1-e^2}} \right). \tag{5.95}$$

これを (5.75) 式に代入すれば

$$\dot{\omega} = \frac{\sqrt{1-e^2}}{na^2 e} \frac{\partial R}{\partial e} = \frac{\sqrt{1-e^2}}{na^2 e} \times \frac{3r_{\rm s}^2}{4a^2} \frac{e}{(1-e^2)^{3/2}} = \frac{3r_{\rm s}^2}{4na^4(1-e^2)} \tag{5.96}$$

となる．これは，一公転周期 $2\pi/n$ あたり

$$\Delta\omega = \dot{\omega}\frac{2\pi}{n} = \frac{6\pi G^2 M^2}{n^2 a^4(1-e^2)} = \frac{3\pi r_{\rm s}^2}{2n^2 a^4(1-e^2)} = \frac{6\pi GM}{a(1-e^2)} \tag{5.97}$$

になり，(5.69) 式と一致する．

ちなみに，(5.29) 式で定義された δU を軌道平均すると

$$R' = -\langle \delta U \rangle = \left\langle \frac{r_{\rm s} j^2}{2r^3} \right\rangle = \left\langle \frac{r_{\rm s}^2 a(1-e^2)}{4r^3} \right\rangle$$

$$= \frac{r_{\rm s}^2 a(1-e^2)}{4a^3(1-e^2)^{3/2}} = \frac{r_{\rm s}^2}{4a^2(1-e^2)^{1/2}} \tag{5.98}$$

となり，(5.91) 式の 1/3 になってしまう．これは，(5.29) 式で定義された δU は，固有時間で定義されたラグランジアンに対する相対論的補正に対応するのであり，ニュートン力学で得られるラグランジアンに対する補正ではないからである．

5.6.4[†]　太陽の四重極モーメントによる水星の近日点移動

ところで，太陽は回転しているために完全に球ではない．その四重極モーメントのために，ニュートン力学の範囲でも (5.31) 式の補正項と同じ形のポテンシャルのずれが

$$= \frac{2\pi}{\sqrt{1-e^2}}$$

と計算できる．ただし，$e=1$ のときにはこの値が 2π になることに注意して，$\sin^{-1} 0$ の値を適切に選ぶ必要がある．

導かれる．それは水星の近日点移動にも影響を与えるため，観測値と一般相対論の予言値との驚くべき一致がくずれてしまうかもしれない．

太陽の非球対称性に起因する重力ポテンシャルの補正項

太陽の中心を原点として，その内部の点 $\boldsymbol{x}'$ における質量密度を $\rho(\boldsymbol{x}')$ とすると，外部の点 $\boldsymbol{x}$ における (単位質量あたりの) 重力ポテンシャルは

$$\phi(\boldsymbol{x}) = -G \int \frac{\rho(\boldsymbol{x}')}{|\boldsymbol{x} - \boldsymbol{x}'|} \, d\boldsymbol{x}' \tag{5.99}$$

である．ここで積分は太陽の全体積にわたって行う．$r \equiv |\boldsymbol{x}| \gg |\boldsymbol{x}'|$ として，この被積分関数を展開すると

$$\frac{1}{|\boldsymbol{x} - \boldsymbol{x}'|} = \frac{1}{r} - x'^j \frac{\partial}{\partial x^j}\left(\frac{1}{r}\right) + \frac{1}{2} x'^j x'^k \frac{\partial^2}{\partial x^j \partial x^k}\left(\frac{1}{r}\right) + \cdots$$

$$= \frac{1}{r} + x'^j \frac{x_j}{r^3} + \frac{1}{2} x'^j x'^k \frac{3 x_j x_k - \delta_{jk} r^2}{r^5} + \cdots . \tag{5.100}$$

したがって，(5.99) 式は

$$\phi(\boldsymbol{x}) = -\frac{G}{r} \int \rho(\boldsymbol{x}') \, d\boldsymbol{x}' - \frac{G x^j}{r^3} \int \rho(\boldsymbol{x}') x'_j \, d\boldsymbol{x}'$$

$$- \frac{3G}{2r^5} \int \rho(\boldsymbol{x}') x'_j x'_k \left(x^j x^k - \frac{1}{3} \delta^{jk} r^2 \right) d\boldsymbol{x}' + \cdots . \tag{5.101}$$

この右辺第 1 項の積分は太陽の全質量 M を与える．第 2 項の積分は太陽の質量分布の二重極モーメントに対応するが，原点を重心にとれば (今の場合，太陽の中心が重心と一致するということ) この項は常に 0 となる．最後に第 3 項の積分は

$$\int \rho(\boldsymbol{x}') x'_j x'_k \left(x^j x^k - \frac{1}{3} \delta^{jk} r^2 \right) d\boldsymbol{x}'$$

$$= x^j x^k \int \rho(\boldsymbol{x}') \left(x'_j x'_k - \frac{1}{3} \delta_{jk} r'^2 \right) d\boldsymbol{x}' \equiv x^j x^k \mathcal{Q}_{jk} \tag{5.102}$$

と変形される．ここで，$\mathcal{Q}_{jk}$ は太陽の質量分布の換算 (reduced) 四重極モーメント

$$\mathcal{Q}_{jk} = \int \rho(\boldsymbol{x}') \left(x'_j x'_k - \frac{1}{3} \delta_{jk} r'^2 \right) d\boldsymbol{x}' \tag{5.103}$$

である．

以上をまとめれば，(5.101) 式は

$$\phi(\boldsymbol{x}) = -\frac{GM}{r} - \frac{3G}{2r^3} n^j n^k \mathcal{Q}_{jk} + \cdots \tag{5.104}$$

と展開できる．ここで $\boldsymbol{x}$ の単位ベクトルを $\boldsymbol{n} \equiv \boldsymbol{x}/r$ と定義した．このように，非球

対称性が小さい場合には，$-GM/r$ への補正項は $\propto 1/r^3$ から始まる.

特に，今回の問題において，太陽の自転軸を z 軸とし質量分布がそれに対して軸対称だとすれば，(5.103) 式より

$$Q_{xx} = Q_{yy}, \quad Q_{xx} + Q_{yy} + Q_{zz} = 0$$

$$\Rightarrow \quad Q_{zz} \equiv Q, \quad Q_{xx} = Q_{yy} = -Q/2, \tag{5.105}$$

それ以外の成分は 0 となる.

通常の極座標を用いると，(5.104) 式は

$$\phi(\boldsymbol{x}) \approx -\frac{GM}{r} - \frac{3G}{2r^3}(\sin^2\theta\cos^2\phi\, Q_{xx} + \sin^2\theta\sin^2\phi\, Q_{yy} + \cos^2\theta\, Q_{zz})$$

$$= -\frac{GM}{r} - \frac{3GQ}{2r^3}\left(\cos^2\theta - \frac{\sin^2\theta}{2}\right)$$

$$= -\frac{GM}{r} - \frac{3GQ}{2r^3}\frac{3\cos^2\theta - 1}{2}. \tag{5.106}$$

ここで，四重極モーメントの大きさを表す無次元量：

$$J_2 \equiv \frac{(Q_{xx} + Q_{yy})/2 - Q_{zz}}{MR^2} = -\frac{3Q}{2MR^2} \tag{5.107}$$

を定義すると，(5.106) 式は

$$\phi(\boldsymbol{x}) \approx -\frac{GM}{r} - J_2\frac{GMR^2}{r^3}\frac{3\cos^2\theta - 1}{2} \tag{5.108}$$

と書ける.

惑星の軌道面を xy 平面 ($\theta = \pi/2$) とすると (5.108) 式は

$$\phi(\boldsymbol{x}) = -\frac{GM}{r} - J_2\frac{GMR^2}{2r^3} \tag{5.109}$$

と簡単化される．したがって，$\delta U = -J_2 GMR^2/(2r^3)$ で与えられる.

太陽の非球対称性に起因する水星の近日点移動

前節の計算から，太陽の四重極 Q に起因する重力ポテンシャルの補正項は $\delta U = \gamma/r^3$，ただし $\gamma = -J_2 GMR^2/2$ で与えられることがわかった．そこでやや唐突ではあるが

$$\frac{\partial}{\partial j}\int_{r_{\min}}^{r_{\max}} dr\sqrt{2(E-U) - \frac{j^2}{r^2}}$$

$$= \frac{\partial r_{\max}}{\partial j}\left.\sqrt{2(E-U) - \frac{j^2}{r^2}}\right|_{r_{\max}} - \frac{\partial r_{\min}}{\partial j}\left.\sqrt{2(E-U) - \frac{j^2}{r^2}}\right|_{r_{\min}}$$

$$-\int_{r_{\min}}^{r_{\max}} dr \frac{j/r^2}{\sqrt{2(E-U)-j^2/r^2}}$$

$$= -\int_{r_{\min}}^{r_{\max}} dr \frac{j/r^2}{\sqrt{2(E-U)-j^2/r^2}} \tag{5.110}$$

という関係を用いると，より一般の U に対する (5.54) 式は

$$\Delta\varphi = 2\int_{r_{\min}}^{r_{\max}} dr \frac{j/r^2}{\sqrt{2(E-U)-j^2/r^2}}$$

$$= -2\frac{\partial}{\partial j}\int_{r_{\min}}^{r_{\max}} dr \sqrt{2(E-U)-\frac{j^2}{r^2}} \tag{5.111}$$

と変形できる．

ここで $U = -GM/r + \delta U$ として，δU の最低次まで展開すると

$$\sqrt{2\left(E+\frac{GM}{r}\right)-\frac{j^2}{r^2}-2\delta U}$$

$$\approx \sqrt{2\left(E+\frac{GM}{r}\right)-\frac{j^2}{r^2}} + \frac{1}{2}\frac{-2\delta U}{\sqrt{2\left(E+\frac{GM}{r}\right)-\frac{j^2}{r^2}}} + \cdots. \tag{5.112}$$

これを (5.111) 式に代入すれば

$$\Delta\varphi \approx -2\frac{\partial}{\partial j}\int_{r_{\min}}^{r_{\max}} dr \sqrt{2\left(E+\frac{GM}{r}\right)-\frac{j^2}{r^2}}$$

$$+ \frac{\partial}{\partial j}\int_{r_{\min}}^{r_{\max}} \frac{2\delta U\,dr}{\sqrt{2\left(E+\frac{GM}{r}\right)-\frac{j^2}{r^2}}}. \tag{5.113}$$

むろん，上式の第 1 項は $\varphi_0 = 2\pi$ を与える．したがって，正味の近日点移動は

$$\delta\varphi \approx \frac{\partial}{\partial j}\int_{r_{\min}}^{r_{\max}} \frac{2\delta U\,dr}{\sqrt{2\left(E+\frac{GM}{r}\right)-\frac{j^2}{r^2}}}. \tag{5.114}$$

この (5.114) 式に (5.54) 式を用いれば

$$\int_{r_{\min}}^{r_{\max}} \frac{2\delta U\,dr}{\sqrt{2\left(E+\frac{GM}{r}\right)-\frac{j^2}{r^2}}} = \int_{r_{\min}}^{r_{\max}} \frac{2\delta U\,dr}{j/r^2}\frac{d\varphi}{dr} \tag{5.115}$$

と変形できる．

さらに $\delta U = \gamma/r^3$ と，軌道：

$$r = \frac{j^2}{GM} \frac{1}{1 + e \cos\varphi} = \frac{a(1 - e^2)}{1 + e \cos\varphi} \tag{5.116}$$

を代入すると，上式は

$$\frac{2}{j} \int_0^\pi r^2 \delta U \, d\varphi = \frac{2\gamma}{j} \int_0^\pi \frac{d\varphi}{r} = \frac{2GM\gamma}{j^3} \int_0^\pi (1 + e \cos\varphi) \, d\varphi = \frac{2\pi GM\gamma}{j^3}. \tag{5.117}$$

したがって，

$$\delta\varphi = \frac{\partial}{\partial j} \left(\frac{2\pi GM\gamma}{j^3} \right) = -\frac{6\pi GM\gamma}{j^4}. \tag{5.118}$$

角運動量 j と軌道長半径 a は $j^2 = GMa(1 - e^2)$ の関係にあるから，上式は

$$\delta\varphi = -\frac{6\pi\gamma}{GMa^2(1 - e^2)^2} = +\frac{3\pi J_2 R^2}{a^2(1 - e^2)^2} \tag{5.119}$$

と書き直すこともできる.

　実際，Dicke & Goldenberg (1967)[9] は可視光で観測した太陽の扁平度から $J_2 \sim 3 \times 10^{-5}$ と推定した．この値を (5.119) 式に代入すると

$$\delta\varphi = 3\pi \times 3 \times 10^{-5} \times \left(\frac{7 \times 10^5}{0.387 \times 1.5 \times 10^8} \right)^2 \frac{1}{(1 - 0.2056^2)^2}$$

$$\approx 4.5 \times 10^{-8} \ \text{rad/公転} \ (0.24\,\text{yr}) \sim 3.9''/\text{世紀} \tag{5.120}$$

はニュートン力学で説明されるべきだということになる．言い換えれば，一般相対論の予言する値と，水星の近日点移動の観測値とは $4''/$ 世紀だけずれることになる．しかし，その後の観測結果では $J_2 \sim 10^{-7}$ だとされており，上述の効果は 1 桁以上小さく無視できる．結局，現時点では一般相対論を修正する観測的必然性は存在しない．

5.7　光線の曲がり角の計算

5.7.1　光線の軌跡の方程式

　次に，シュワルツシルト時空の原点付近の光線の軌道を計算する．5.4.1 節と同様にして，光線の軌道面を $\theta = \pi/2$ と選び，次の作用：

$$S = \int \mathscr{L} \, d\lambda \equiv \int \left[-\left(1 - \frac{r_s}{r}\right) \dot{t}^2 + \frac{\dot{r}^2}{1 - r_s/r} + r^2 \dot{\varphi}^2 \right] d\lambda \tag{5.121}$$

を変分すれば，光の測地線の方程式が得られる．ただし，ここでは固有時間ではなくアフィンパラメータによる微分を $\cdot \equiv d/d\lambda$ とする.

---

[9] R.H. Dicke and H.M. Goldenberg, *Physical Review Letters*, **18** (1967) 313-316.

まず 2 つの運動の定数は

$$\left(1 - \frac{r_{\mathrm{s}}}{r}\right)\dot{t} = \varepsilon \quad (= 定数), \tag{5.122}$$

$$r^2\dot{\varphi} = j \quad (= 定数). \tag{5.123}$$

さらに，光の測地線はヌルであるので，

$$\left(\frac{d\tau}{d\lambda}\right)^2 = 0 = \left(1 - \frac{r_{\mathrm{s}}}{r}\right)\dot{t}^2 - \frac{\dot{r}^2}{1 - r_{\mathrm{s}}/r} - r^2\dot{\varphi}^2 \tag{5.124}$$

より，

$$\frac{d\varphi}{dr} = \pm\frac{j/r^2}{\sqrt{\varepsilon^2 + j^2 r_{\mathrm{s}}/r^3 - j^2/r^2}} \tag{5.125}$$

を得る．この式は，粒子に対する (5.42) 式，あるいは (5.31) 式において，ニュートンポテンシャル U_0 の項がない場合に対応する．まさに光は重力ポテンシャルは感じていない．しかし，空間自体の曲がりのために，δU の項が入っているわけである．

(5.125) 式において，δU の項を無視すれば

$$\frac{d\varphi}{dr} = \pm\frac{j/r^2}{\sqrt{\varepsilon^2 - j^2/r^2}} \tag{5.126}$$

となり，その解は

$$r = \frac{j}{\varepsilon\cos\varphi} \tag{5.127}$$

となる．これはこの式を直接代入して確かめることもできる．つまり，ニュートン力学的に $\delta U = 0$ の場合は，光はインパクトパラメータ $b \equiv j/\varepsilon$ だけ離れた位置をそのまま平行に進むことが確認できた．

5.7.2　一般相対論的補正項

次に (5.125) 式を用いて，一般相対論によるポテンシャルの補正項 δU を考慮した場合の光線の曲がり角を摂動的に計算しよう．ただし，(5.125) 式をそのまま積分しようとすると問題 [5.7] で説明したのと同じ発散に遭遇する．そこで，問題 [5.8] で用いた技巧的変形を参考にした計算法を紹介する．

まず (5.125) 式を以下の形に変形する．

$$\frac{d\varphi}{dr} = \pm\frac{1}{\sqrt{1 - r_{\mathrm{s}}/r}}\frac{j/r^2}{\sqrt{\varepsilon^2/(1 - r_{\mathrm{s}}/r) - j^2/r^2}}$$

$$\approx \pm\frac{1}{\sqrt{1 - r_{\mathrm{s}}/r}}\frac{j/r^2}{\sqrt{\varepsilon^2(1 + r_{\mathrm{s}}/r) - j^2/r^2}} \equiv \frac{1}{\sqrt{1 - r_{\mathrm{s}}/r}}\frac{d\phi}{dr}. \tag{5.128}$$

その上でまず，φ ではなく ϕ をパラメータとする軌道の方程式：

$$\frac{d\phi}{dr} \equiv \pm \frac{j/r^2}{\sqrt{\varepsilon^2(1+r_{\mathrm{s}}/r)-j^2/r^2}} = \pm \frac{b}{r\sqrt{r^2+r_{\mathrm{s}}r-b^2}} \tag{5.129}$$

を解くことを考える（$b \equiv j/\varepsilon$ はインパクトパラメータ）．

(5.129) 式の分母の根号の中身は $1/r$ に関する二次式なので，5.6.1 節と同様の方法で以下のように積分できる．分母の零点は

$$r^2 + r_{\mathrm{s}}r - b^2 = 0 \quad \Rightarrow \quad r_{\pm} \equiv \frac{r_{\mathrm{s}}}{2}\left(\pm\sqrt{1+\frac{4b^2}{r_{\mathrm{s}}^2}}-1\right) \equiv a(\pm e - 1). \tag{5.130}$$

ここで，$a = r_{\mathrm{s}}/2$, $e = \sqrt{1+4b^2/r_{\mathrm{s}}^2}$ と定義した．したがって，(5.129) 式は

$$\phi = \int \frac{\sqrt{-r_+r_-}\,dr}{r\sqrt{(r-r_+)(r-r_-)}} \tag{5.131}$$

となり，(5.61) 式と同様にして積分できるので，

$$\left(\frac{1}{r_-}-\frac{1}{r_+}\right)\cos(\phi-\phi_0) = \frac{2}{r}-\left(\frac{1}{r_-}+\frac{1}{r_+}\right)$$

$$\Rightarrow \quad \frac{2e}{a(1-e^2)}\cos(\phi-\phi_0) = \frac{2}{r}+\frac{2}{a(1-e^2)}. \tag{5.132}$$

したがって，

$$r = \frac{a(e^2-1)}{1-e\cos(\phi-\phi_0)} = \frac{a(e^2-1)}{1+e\cos\phi} \tag{5.133}$$

となる（2 つ目の等号では $\phi_0 = \pi$ と選んだ）．これは双曲線である．

インパクトパラメータ b $(\gg r_{\mathrm{s}})$ で無限遠から質点（原点）へ近づいた光線が再び無限遠へ飛び去って行く際の曲がり角は $\alpha \equiv \Delta\varphi - \pi$ で与えられる．この $\Delta\varphi$ は，(5.133) 式を用いて変数変換すると

$$\Delta\varphi = 2\int_{a(e-1)}^{\infty} \frac{1}{\sqrt{1-r_{\mathrm{s}}/r}}\frac{d\phi}{dr}\,dr \approx 2\int_0^{\phi_+}\left(1+\frac{r_{\mathrm{s}}}{2r}\right)d\phi \tag{5.134}$$

と変形できる．ここで ϕ_+ は $1+e\cos\phi_+ = 0$ で定義される．この ϕ_+ は $\pi/2$ よりも少しだけ大きいと考えられるので $\phi_+ = \pi/2 + \delta$ とおけば

$$1+e\cos\phi_+ = 1-e\sin\delta = 0 \quad \Rightarrow \quad \delta \approx \sin\delta = 1/e. \tag{5.135}$$

したがって (5.134) 式は

$$\Delta\varphi \approx 2\int_0^{\phi_+}\left(1+\frac{r_{\mathrm{s}}(1+e\cos\phi)}{2a(e^2-1)}\right)d\phi \underset{a=r_{\mathrm{s}}/2}{=} 2\phi_+ + \frac{2}{e^2-1}\left(\phi_+ + e\sin\phi_-\right)$$

$$= \pi + 2\delta + \frac{2}{e^2 - 1}(\pi + 2\delta + e\cos\delta) = \pi + 2\delta + \frac{2}{e^2 - 1}(\pi + 2\delta + \sqrt{e^2 - 1})$$

$$\underset{e \gg 1}{\approx} \pi + 2\delta + \frac{2}{e} \underset{\delta = 1/e}{=} \pi + \frac{4}{e}. \tag{5.136}$$

したがって，光線の曲がり角は

$$\alpha = \Delta\varphi - \pi = \frac{4}{e} \approx \frac{2r_{\mathrm{s}}}{b} \tag{5.137}$$

となる．

5.7.3　ニュートン力学における "光" の軌道の曲がり角

5.7.1 節でも示した通り，ニュートン力学では光は質量を持たないので重力は感じず，質点の周りで光の軌道は直進し，曲がらないはずだ．しかし，無限遠で光速で運動する，したがって $E = c^2/2 = 1/2$ のエネルギーを持つ質点を考えて，(5.54) 式で与えられるニュートン力学における軌道：

$$\frac{d\varphi_{\mathrm{N}}}{dr} = \pm\frac{j/r^2}{\sqrt{2(E - U_0) - j^2/r^2}} \tag{5.138}$$

を考えれば，その軌道は曲がる．$E = c^2/2$ とするのは論外であるし，そのような粒子の極限が光であると解釈することも間違っている．にもかかわらず，ヨハン・フォン・ゾルトナーが 1801 年に初めて計算した結果は，歴史的に「ニュートン力学による光の曲がり」と呼ばれることが多い．以下，その曲がり角を計算してみよう．

(5.138) 式に，$E = 1/2, U_0 = -r_{\mathrm{s}}/(2r)$ を代入すれば，

$$\frac{d\varphi_{\mathrm{N}}}{dr} = \pm\frac{j/r^2}{\sqrt{1 + r_{\mathrm{s}}/r - j^2/r^2}} \tag{5.139}$$

となり，これは (5.129) 式で，$\varepsilon = 1$ とおいたものと完全に一致している．したがって，インパクトパラメータが $b = j$ となる以外は，そこで得られた結果がそのまま使えて，解は

$$r = \frac{a_{\mathrm{N}}(e_{\mathrm{N}}^2 - 1)}{1 + e_{\mathrm{N}}\cos\varphi_{\mathrm{N}}}, \tag{5.140}$$

$$a_{\mathrm{N}} = \frac{r_{\mathrm{s}}}{2}, \quad e_{\mathrm{N}} = \sqrt{\frac{4j^2}{r_{\mathrm{s}}^2} + 1}, \quad a_{\mathrm{N}}(e_{\mathrm{N}}^2 - 1) = \frac{2j^2}{r_{\mathrm{s}}} \tag{5.141}$$

で与えられる．

無限遠方に対応する角度 φ_+ は，(5.140) 式の分母が 0 となる値に対応する．それはほぼ $\pi/2$ なので，$\varphi_+ = \pi/2 + \delta_{\mathrm{N}}$ とおけば

$$1 + e_N \cos \varphi_+ = 1 - e_N \sin \delta_N = 0 \quad \Rightarrow \quad \delta_N \approx \sin \delta_N = 1/e_N. \tag{5.142}$$

ところで，無限遠から入射した光速の粒子が，反対側の無限遠まで飛び去るときの曲がり角は，

$$\alpha_N = 2\varphi_+ - \pi = 2\delta_N \approx 2/e_N \approx r_s/j = r_s/b. \tag{5.143}$$

すなわち，一般相対論を用いて得られた (5.137) 式の半分である．

5.8 ブラックホール天文学

5.8.1 天文学的ブラックホールの分類

ブラックホールの存在は理論的に予言されたものであるが，それが実在するかどうかは自明ではない．というか，おそらく当初はその存在を信じる研究者などほとんどいなかったのではあるまいか．

そもそも，まともな研究者はかなり保守的であることが多い．仮にある方程式が解を持った場合，その解が物理的に奇妙な性質を持っていたとすれば，それはあくまで数学的な解に過ぎず，現実にはその解が実現することはなかろう，と考えがちである．しかしながら，少なくとも天文学の歴史は，そのような保守的な態度をことごとく打ち壊してきた．

アインシュタイン方程式の膨張宇宙解やシュワルツシルト解，巨視的な天体が 1 つの原子核とも言える中性子星，太陽系とは異なる著しい楕円軌道や逆行軌道を持つ惑星などは，いずれも物理法則を満たす解として存在することは確かである．にもかかわらず，それを実際に生み出すような具体的なメカニズムがわからない (可能性がきわめて低い) との理由で，実際に観測されるまではほとんど信じられていなかったことは，教訓的である．とすれば，地球外生命・文明の存在もまた同様かもしれない．これは，「理論的に禁止される理由がない限り，方程式の解はかならずどこかで実在する」原理，と要約することができる．特に，宇宙は広大であるから，いくら可能性が低くとも期待値が 1 になることは十分あり得る．

現時点で考えられているブラックホールを分類すれば以下のようになる．

1) クエーサー　遠方宇宙にはクエーサーと呼ばれるきわめて明るい点状の天体が存在し，典型的には $L \sim 10^{12} L_\odot$ 程度の光度で輝いている．恒星と同じく広がりがわからないほど小さな天体であるため，当初は Quasi-Stellar Objects (準星) と名付けられたのだが，現在では QSO あるいは quasar と呼ばれるのが普通である．1962 年に

マルテン・シュミットが 3C273 と呼ばれる天体が，赤方偏移 $z = 0.158$ というきわめて遠方にある，とてつもなく明るい天体であることを示した[10]．銀河やクエーサーの広域探査観測プロジェクトである SDSS (Sloan Digital Sky Survey) によって，現在では 30 万個以上のクエーサーがカタログされている．その個数分布は，$z = 1 \sim 2$ にピークを持ち，その後現在になるほど急速に数密度が減少することが知られている．最遠方のものは，$z = 7$ 程度で，宇宙年齢にしてわずか 8 億年 (現在の宇宙年齢は 138 億年であるとされている) の時期のものに対応する．またクエーサーはきわめて明るいため，遠方にあっても観測可能である．そのため，初期宇宙に関する重要な観測的指標となっている．

2) 銀河中心の巨大ブラックホール　クエーサーは一般に活動銀河核 (AGN: Active Galactic Nuclei) と呼ばれる，銀河中心で高い活動度を示す天体の一種である．また近傍のほとんどの銀河は，その中心に $10^6 \sim 10^9 M_\odot$ 程度の質量を持つ巨大ブラックホールを持つことが知られている．そのため，銀河とその中心にある巨大ブラックホールは，独立ではなく互いに影響を与えながら進化していると考えられるようになっている．これを銀河とブラックホールの共進化と呼ぶ．その観測的証拠として，銀河のバルジ部の質量と銀河中心の巨大ブラックホールの質量の間には，マゴリアン関係と呼ばれる $\langle M_{BH}/M_{bulge} \rangle \approx (0.1 - 0.2)\%$ という相関関係が知られている．

3) 恒星とブラックホールの連星　通常の星と連星系をなしている天体の質量は，その星の公転速度を観測することで推定できる．相手の天体が光を発していないにもかかわらず，その質量が大きい場合，それがブラックホールである可能性が高い．その有名な例が白鳥座 X-1 で，青色超巨星 ($15M_\odot, 3 \times 10^5 L_\odot$) と，$15M_\odot$ 程度のブラックホールからなる連星であると考えられている．この種の連星は強い X 線を放射していることから，X 線天文学の重要な観測対象となっている．

4) ブラックホール連星　2015 年 9 月 14 日に，アメリカの重力波観測施設 LIGO が，初めての重力波イベント GW150914 の直接検出に成功した．驚くべきことに，この初発見は，赤方偏移 $z = 0.09^{+0.03}_{-0.04}$ (約 13 億光年先に対応) にある，質量 $36^{+5}_{-4} M_\odot$ と $29 \pm 4 M_\odot$ の 2 つのブラックホールからなる連星の合体に伴うものであった．これらは，電磁波の対応天体は知られておらず，宇宙には大量のブラックホール連星が満ちている可能性を示唆する (詳細は第 7 章で議論する)．

---

[10] 赤方偏移は (6.43) 式で定義され，宇宙年齢あるいは我々からの距離に対応するパラメータである．詳しくは第 6 章を参照．

108   第 5 章　シュワルツシルト時空とブラックホール

5) 原始ブラックホール　さらに，通常の星が進化した結果ではなく，ごく初期の宇宙で直接誕生するブラックホールの可能性も指摘されており，原始ブラックホールと呼ばれている．$M < 10^{14}\,\mathrm{g}$ の原始ブラックホールは，ホーキング輻射によって現在は蒸発していると考えられる．それより大質量のブラックホールが大量に残っている可能性は否定できず，それが宇宙のダークマター (の一部) を担っているかもしれない．

これらについて簡単に説明を加えておこう．

5.8.2　ブラックホールへの物質膠着

ブラックホールに限らず，半径 R，質量 M の球状の天体を考えてみる．無限遠に静止していた質量 m の質点がこの天体の表面に着地するまでに失うエネルギーは，

$$\Delta E = \frac{GMm}{R} \tag{5.144}$$

で，降着エネルギー (accretion energy) と呼ばれる．これを単位質量あたりのエネルギー発生率に換算すれば

$$\epsilon_{\mathrm{G}} = \frac{\Delta E}{mc^2} = \frac{GM}{Rc^2} \approx 2 \times 10^{-6} \left(\frac{M}{M_\odot}\right) \left(\frac{R_\odot}{R}\right) = 0.5 \left(\frac{r_{\mathrm{s}}}{R}\right). \tag{5.145}$$

ただしこれはあくまで理想的な場合であり，現実的にはシュワルツシルトブラックホールの場合 $\epsilon_{\mathrm{G}} \sim 0.1$ 程度の効率であると考えられている．一方，回転するカーブラックホールの場合，最大 $\epsilon_{\mathrm{G}} \sim 0.4$ 程度の効率が期待できる．

これに対して，石炭や石油を燃焼させる場合の効率を考えると

$$\epsilon_{\mathrm{Q}} \approx \frac{10^4\,\mathrm{kcal}}{1\,\mathrm{kg}\,c^2} \approx \frac{10^4 \times 10^3 \times 4.2 \times 10^7\,\mathrm{erg}}{10^3\,\mathrm{g} \times (3 \times 10^{10}\,\mathrm{cm/s})^2} \approx 5 \times 10^{-10}. \tag{5.146}$$

つまり，ちゃんと回収することさえできれば，石炭や石油のような貴重なものでなく，要らないものをただ単に太陽に投げ込むだけで 4 桁近く高いエネルギー変換効率が得られることになる．よく知られているように，高いエネルギー発生率を誇るのは，太陽自身の内部で起こっている水素燃焼 (核融合) であり，その反応は結果的に

$$4\mathrm{p} \longrightarrow {}^4\mathrm{He} + 2\mathrm{e}^+ + 2\nu_{\mathrm{e}} + Q \tag{5.147}$$

とまとめられる．ここで，Q はこの反応の左辺と右辺の質量差 $4m_{\mathrm{p}} - m_{\mathrm{He}}$ に対応した正味の生成エネルギーで，

$$Q = 4m_{\mathrm{p}} - m_{\mathrm{He}} = 4 \times (938.27\,\mathrm{MeV}) - 3726\,\mathrm{MeV} = 27\,\mathrm{MeV}. \tag{5.148}$$

これをエネルギー生成効率に直せば

$$\epsilon_{\mathrm{N}} = \frac{Q}{4m_{\mathrm{p}}c^2} = 0.7\% \tag{5.149}$$

となる．もちろん，(5.146) 式のように単にものを燃やす場合よりは圧倒的に効率がよいが，実は (5.145) 式で示されたブラックホールへ降着する場合の (理想的な) 効率 50% と比べると 2 桁の違いがある．つまり，コンパクトな天体への降着は，他の過程では決して得られないような莫大なエネルギーの解放をともなうことになる．

しかし，これはあくまで原理的な話であり，実際には天体からの輻射の圧力のために，降着する物質量には上限値があり，それに対応する最大光度 (エディントン限界) が存在する．

簡単化のために，光度 L で等方的に輻射を出す球対称天体に，中心から r 離れた場所にある陽子と電子からなる完全電離ガスが一体となって降着する場合を考えてみよう．電子は，天体からの輻射される光子と電子とのトムソン散乱による輻射圧を受ける．この輻射圧は陽子と電子との間のクーロン力のために，電離ガス全体への圧力として働き，それらの天体への降着を妨げる．r の位置における単位時間単位面積あたりの入射光子数 (フラックス) を $\dfrac{d^2 N_{\mathrm{photon}}}{dSdt}$，光子の (平均) エネルギーと運動量をそれぞれ $\varepsilon, p = \dfrac{\varepsilon}{c}$ とすれば 1 個の電子が受ける輻射圧による力は，

$$f_{\mathrm{r}} = \underbrace{\sigma_{\mathrm{T}}}_{\text{トムソン散乱の断面積}} \frac{d^2 N_{\mathrm{photon}}}{dSdt} \underbrace{p}_{\text{電子が受ける運動量}} = \sigma_{\mathrm{T}} \frac{L}{4\pi r^2 \varepsilon} p = \frac{\sigma_{\mathrm{T}} L}{4\pi r^2 c}. \qquad (5.150)$$

一方，天体から引き寄せられる重力は陽子の寄与が支配的で

$$f_{\mathrm{g}} = \frac{GM(m_{\mathrm{p}} + m_{\mathrm{e}})}{r^2} \approx \frac{GM m_{\mathrm{p}}}{r^2}. \qquad (5.151)$$

したがって，このガスが天体に降着できるためには

$$f_{\mathrm{g}} = \frac{GM m_{\mathrm{p}}}{r^2} > \frac{\sigma_{\mathrm{T}} L}{4\pi r^2 c} = f_{\mathrm{r}} \quad \Rightarrow \quad L < \frac{4\pi GM m_{\mathrm{p}} c}{\sigma_{\mathrm{T}}} \equiv L_{\mathrm{E}} \qquad (5.152)$$

という条件が必要となる．この右辺の限界光度をエディントン光度と呼び，具体的には以下の値となる．

$$L_{\mathrm{E}} \approx 1.3 \times 10^{38} \left(\frac{M}{M_{\odot}} \right) \ [\mathrm{erg/s}] \approx 3 \times 10^4 \left(\frac{M}{M_{\odot}} \right) L_{\odot}. \qquad (5.153)$$

一方，定常的に物質が降着している系を考えると，その質量降着率 $\dot{M}$ と光度 L とは，(5.144) 式より

$$L = \frac{dE}{dt} \approx \epsilon_{\mathrm{G}} \dot{M} c^2 \qquad (5.154)$$

となるので，これをエディントン光度と等置すれば

$$\dot{M}_{\mathrm{E}} = \frac{4\pi G M m_{\mathrm{p}} c}{\epsilon_{\mathrm{G}} \sigma_{\mathrm{T}} c^2} \tag{5.155}$$

となる.

この光度をエディントン限界と等値すると $M \approx 10^8 M_{\odot}$ となり，かつそのような大質量のものが広がりを持たない (点状の天体として観測されるという意味) という事からブラックホールが中心天体であると考えられている (もちろんこれだけではなく，それ以外にも多くの観測的根拠が存在する). つまり，ブラックホールは自分自身は輝かないにもかかわらず，まわりの物質が降着する結果として，宇宙でもっとも明るい天体となるのである.

たとえば，クエーサーの光は現在の我々に届くまでに，その途中の銀河間物質と相互作用するため，特定の元素に対応した吸収線を示すはずだ. しかし，観測的には $z < 7$ のクエーサーからの光は，中性の水素原子が示すはずの 1216 Å の吸収を受けていないことがわかっている. これは，いったん $z \approx 1000$ で中性化した宇宙が，その後何らかの理由でほぼ完全に電離しているという驚くべき事実を示している. これは，1965 年にカリフォルニア工科大学の大学院生であったジム・ガンとブルース・ピーターソンによって提案された方法に基づいており，ガン-ピーターソン効果と呼ばれている. それ以外にも，重力レンズによる多重像を観測することで，相対論の検証，ハッブル定数の測定，銀河団の質量決定など，多波長で広範な天文学的応用がされている重要な天体種族である. 一方，$z = 7$ という時期に巨大ブラックホールをどのように成長させるかは未だ解かれていない難問として残っている.

5.8.3 ブラックホールシャドウ

2019 年 4 月 10 日に，EHT (Event Horizon Telescope：事象地平線望遠鏡) 共同研究グループが，楕円銀河 M87 の中心にある巨大ブラックホールの撮影に成功したことを発表した. これは世界の 8 つの電波望遠鏡で M87 を同時に観測することで，実効的に地球サイズの 1 つの望遠鏡としたものである. 図 5.5 の中心の暗い部分 (シャドウ) が，大まかにブラックホールの領域に対応する. それを囲むリング上の明るい部分は，いわばブラックホールにまとわりついている光である.

より正確なシャドウの大きさは，5.7.1 節の結果を用いて計算できる. (5.122) 式と (5.123) 式を (5.124) 式に代入すれば，

$$\left(\frac{dr}{d\lambda}\right)^2 = \varepsilon^2 - \frac{j^2}{r^2}\left(1 - \frac{r_{\mathrm{s}}}{r}\right). \tag{5.156}$$

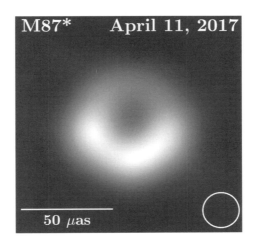

図 5.5 EHT による M87 の中心のブラックホールシャドウ．右下の白丸が観測の角度分解能の大きさを示す．The Event Horizon Telescope Collaboration, *The Astrophysical Journal Letters*, **875** (2019) L1.

この両辺を再度 λ で微分すれば，
$$\frac{d^2r}{d\lambda^2} = \frac{2j^2}{r^3}\left(1 - \frac{r_\text{s}}{r}\right) - \frac{j^2 r_\text{s}}{r^4} = \frac{j^2}{r^4}(2r - 3r_\text{s}). \tag{5.157}$$
したがって，
$$\frac{d^2r}{d\lambda^2} < 0 \iff r < r_* \equiv \frac{3}{2}r_\text{s} \tag{5.158}$$
であり，$r < r_*$ まで接近した光は外側には出られなくなる．このため，$r_* = 3r_\text{s}/2$ は，光の捕獲半径と呼ばれる．このブラックホールの十分背後から平行光線をあてた場合，観測者がみるシャドウの面積は πr_*^2 になるように思えるが，以下に示す通り実際にはそれよりも大きくなる．

$r = \infty$ ではミンコフスキー時空となるから，光の経路上での保存量 ε と j は，それぞれ光のエネルギー (すなわち運動量) と角運動量に対応する．したがって，入射光のインパクトパラメータ b は，その定義より
$$b = \frac{j}{\varepsilon} \tag{5.159}$$
で与えられる．この b を持つ光がブラックホールに最接近したときの距離 r_min は，(5.156) 式より

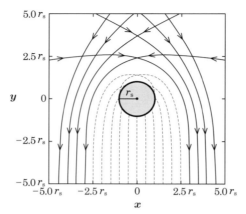

図 5.6 シュワルツシルトブラックホール近傍の光の経路．破線はシュワルツシルト面から飛び出す光の経路に対応するため，実際には観測されない．K. Asada *et al.*, White Paper on East Asian Vision for mm/submm VLBI: Toward Black Hole Astrophysics down to Angular Resolution of $1R_s$, arXiv:1705.04776 の図 1 を元に改変．

$$\left(\frac{dr}{d\lambda}\right)^2 = 0 \quad \Rightarrow \quad b = \frac{j}{\varepsilon} = \frac{r_{\min}}{\sqrt{1-r_{\rm s}/r_{\min}}} \tag{5.160}$$

で与えられる．光が曲がる効果が $1/\sqrt{1-r_{\rm s}/r_{\min}}$ である．$r_{\min} = r_*$ に対応するインパクトパラメータは，

$$b_* = \frac{r_*}{\sqrt{1-r_{\rm s}/r_*}} = \frac{3\sqrt{3}}{2}r_{\rm s} \approx 2.6 r_{\rm s} \tag{5.161}$$

となる．したがって，図 5.5 の中心部の穴の半径は，$r_{\rm s}$ ではなく，b_* に対応している．

実際に，シュワルツシルトブラックホール近傍の光の経路を計算した例が図 5.6 である．これは図 5.5 の赤道面を上から眺めた場合に対応しており，図のずっと下の方にいる観測者に届く光が，本来はどこからやって来たのかがわかる．観測者にとって，$-b_* < x < b_*$ の範囲に来るはずの光の経路 (破線) をたどるとブラックホールのシュヴァルツシルト面にたどり着くため，そこから放射される光は存在し得ない．これが図 5.5 の中心部のシャドウに対応する．さらに図 5.6 から，そのシャドウのすぐ外側の縁に見える光は，元々はそこから大きくずれた方向から入射されたものであることもわかる．

さて，M87 までの距離 D は $16.8 \pm 0.8\,{\rm Mpc}$，またシャドウの角直径は

$$\theta_* = \frac{2b_*}{D} = 42 \pm 3 \, \mu\text{sec} \tag{5.162}$$

である．したがって，M87 の中心のブラックホールの質量 M_{BH} は，

$$\theta_* = \frac{3\sqrt{3}GM_{\text{BH}}}{c^2 D} \quad \Rightarrow \quad M_{\text{BH}} = \frac{c^2 \theta_* D}{3\sqrt{3}G} \approx (6.5 \pm 0.7) \times 10^9 M_\odot \tag{5.163}$$

となる．

この EHT の観測以前には，$M_{\text{BH}} \approx 3 \times 10^9 M_\odot$ と $6 \times 10^9 M_\odot$ の 2 つの異なる推定値が存在していたが，今回の結果は後者に軍配を上げた．とはいえ，ブラックホールとは光すら出てこられない天体であることを，誰もがわかるように示した点が，今回の最大の意義である．その意味において，図 5.5 は科学が生み出したある種の芸術作品であると形容しても良かろう．

5.8.4 ブラックホールの蒸発

シュワルツシルト半径とそのコンプトン波長が等しくなるような粒子の質量は

$$\frac{2Gm}{c^2} = \frac{\hbar}{mc} \quad \Rightarrow \quad m_{\text{pl}} \equiv \sqrt{\frac{\hbar c}{G}} \approx 2 \times 10^{-5} \, \text{g} \approx 10^{19} \, \text{GeV} \tag{5.164}$$

となる．この値は一般相対論と量子論がともに重要となるスケールに対応しており，プランク質量として知られている (数係数は本質的ではないので無視する．問題 [6.16] 参照)．また，質量 m のブラックホールのシュワルツシルト半径 r_{s} を波長とする光子のエネルギーを考えると

$$\hbar\omega = \frac{2\pi\hbar c}{r_{\text{s}}} = \frac{\pi\hbar c^3}{Gm} \tag{5.165}$$

となる．

(5.165) 式は単なる次元解析に過ぎず，このままではその物理的意味は不明であるが，スティーブン・ホーキングは，これがシュワルツシルトブラックホールの "温度" に対応していることを見抜き，より正確に数係数を含めて次式を得た．

$$k_{\text{B}}T_{\text{H}} = \frac{\hbar c^3}{8\pi Gm} = \frac{1}{8\pi}\frac{m_{\text{pl}}^2}{m}c^2 \approx 6 \times 10^{-8} \left(\frac{M_\odot}{m}\right) \text{K}. \tag{5.166}$$

これはホーキング温度と呼ばれており，シュワルツシルトブラックホールは実際にこの温度に対応する黒体輻射を出していると考えられている．古典的には光すら脱出できないはずのブラックホールは，量子論を考慮すればステファン-ボルツマンの法則に従ってエネルギーを失うことになる．その結果，その質量は

$$\frac{d(mc^2)}{dt} = -\sigma_{\text{SB}}T_{\text{H}}^4 4\pi r_{\text{s}}^2 = -\frac{\pi^2 k_{\text{B}}^4}{60\hbar^3 c^2}\left(\frac{m_{\text{pl}}^2 c^2}{8\pi k_{\text{B}} m}\right)^4 16\pi \left(\frac{Gm}{c^2}\right)^2$$

$$= -\frac{c^2}{30 \times 8^3 \pi} \frac{m_{\text{pl}}^3}{t_{\text{pl}} m^2} = -\frac{\hbar c^6}{15360 \pi G^2} \frac{1}{m^2} \tag{5.167}$$

に従って減少するはずである (ここで $t_{\text{pl}} \equiv \sqrt{\hbar G/c^5} \approx 5 \times 10^{-44}$ 秒はプランク時間).

(5.167) 式より,

$$\frac{dm}{dt} = -\frac{1}{15360 \pi} \frac{m_{\text{pl}}^3}{t_{\text{pl}} m^2} \quad \Rightarrow \quad m(t) = m_{\text{pl}} \left(\frac{t_{\text{f}} - t}{5120 \pi t_{\text{pl}}} \right)^{1/3}. \tag{5.168}$$

(5.168) 式は, $t = t_{\text{f}}$ で質量が 0 となり "蒸発" するブラックホールの, 時刻 t における質量 $m(t)$ を与える. したがって, このブラックホールが蒸発するまでの寿命は

$$\tau_{\text{H}} = t_{\text{f}} - t = 5120 \pi t_{\text{pl}} \left(\frac{m}{m_{\text{pl}}} \right)^3$$

$$\approx 10^{-25} \left(\frac{m}{1\,\text{g}} \right)^3 \text{秒} \approx 10^{17} \left(\frac{m}{10^{14}\,\text{g}} \right)^3 \text{秒}. \tag{5.169}$$

言い換えれば, 宇宙初期 ($t \approx 0$) に存在したかもしれない $m < 10^{14}\,\text{g}$ の原始ブラックホールは, 現在 ($t \approx 4 \times 10^{17}$ 秒) までに蒸発して残っていないものと考えられる.

一方, 熱力学の第 1 法則 $dU = TdS$ を単純にブラックホールに適用すれば

$$dS = \frac{dU}{T} = \frac{8\pi k_{\text{B}} G m}{\hbar c^3} d(mc^2) = \frac{4\pi k_{\text{B}} G}{\hbar c} d(m^2)$$

$$\Rightarrow \quad S = \frac{4\pi k_{\text{B}} G m^2}{\hbar c} = \frac{k_{\text{B}} c^3}{4G\hbar} A \quad \left(A = 4\pi r_{\text{s}}^2 = \frac{16\pi G^2 m^2}{c^4} \right) \tag{5.170}$$

となる. つまりブラックホールのエントロピーはその表面積に比例する. また, 通常の熱力学の第 2 法則であるエントロピー増大の法則は, 古典的にはブラックホールの質量 (したがって表面積) は決して減少しないことに対応することがわかる. ただし, 量子論的にブラックホールが蒸発することを認めるならば, より一般的に外界との相互作用も考慮したブラックホールの熱力学を構築する必要がある. 実際, このようなブラックホールをめぐる考察は, 一般相対論と量子論を統一する上で重要な示唆を与えるものと考えられている.

さて, ブラックホールに近づくとその潮汐力によってバラバラになってしまうという話を聞いたことがあるかも知れない. たとえば, 質量 m の天体から r だけ離れた場所に Δr のサイズの物体をおくと, その両端での重力の差は

$$\Delta f(r) = \frac{Gm}{r^2} - \frac{Gm}{(r + \Delta r)^2} \approx 2\frac{Gm}{r^2} \frac{\Delta r}{r} \tag{5.171}$$

となる. これは潮汐力と呼ばれている. この式がシュワルツシルト半径までそのまま成り立つとすれば,

$$\Delta f(r_{\rm s}) \approx 2\frac{Gm}{r_{\rm s}}\frac{\Delta r}{r_{\rm s}^2} = \frac{c^2\Delta r}{(3\,{\rm km})^2}\left(\frac{M_\odot}{m}\right)^2 \approx 10^{10}\,\text{秒}^{-2}\Delta r\left(\frac{M_\odot}{m}\right)^2 \tag{5.172}$$

となる．たとえば人の場合には $\Delta r = 1\,{\rm m}$ として，恒星質量ブラックホールならば $\Delta f(m = M_\odot) \sim 10^{10}\,{\rm m/sec}^2 = 10^9\,{\rm g}$ となり，シュワルツシルト半径までは決して耐えられない．一方，銀河中心の巨大ブラックホールの場合には $\Delta f(m = 10^6 M_\odot) \sim 10^{-3}\,{\rm g}$ 程度なのでまったく問題ない．つまり，ブラックホールは質量が大きいほど恐ろしいような印象があるが，それはまったくの誤解である（少なくとも，中心からそのシュワルツシルト半径だけ離れた場所においては）．

第 5 章の問題

[5.1] ν と λ をそれぞれ t と r の関数としたときの一般的な球対称線素の表式：

$$ds^2 = -e^\nu\,dt^2 + e^\lambda\,dr^2 + r^2\,d\theta^2 + r^2\sin^2\theta\,d\phi^2 \tag{5.173}$$

から出発して，シュワルツシルト解を以下の手続きで求めてみる．

次の作用

$$S \equiv \int \mathscr{S}\,d\tau, \tag{5.174}$$

$$\mathscr{S} \equiv -e^\nu\left(\frac{dt}{d\tau}\right)^2 + e^\lambda\left(\frac{dr}{d\tau}\right)^2 + r^2\left(\frac{d\theta}{d\tau}\right)^2 + r^2\sin^2\theta\,\left(\frac{d\phi}{d\tau}\right)^2 \tag{5.175}$$

を τ について変分することで $\Gamma^\alpha{}_{\beta\gamma}$ の 0 でない成分は以下で与えられることを示せ．

$$\begin{cases} \Gamma^t{}_{tt} = \dfrac{\dot\nu}{2}, \quad \Gamma^t{}_{tr} = \dfrac{\nu'}{2}, \quad \Gamma^t{}_{rr} = \dfrac{\dot\lambda}{2}e^{\lambda-\nu}, \\[2mm] \Gamma^r{}_{tt} = \dfrac{\nu'}{2}e^{\nu-\lambda}, \quad \Gamma^r{}_{tr} = \dfrac{\dot\lambda}{2}, \quad \Gamma^r{}_{rr} = \dfrac{\lambda'}{2}, \\[2mm] \Gamma^r{}_{\theta\theta} = -re^{-\lambda}, \quad \Gamma^r{}_{\phi\phi} = -r\sin^2\theta e^{-\lambda}, \quad \Gamma^\theta{}_{\theta r} = \dfrac{1}{r}, \\[2mm] \Gamma^\theta{}_{\phi\phi} = -\sin\theta\cos\theta, \quad \Gamma^\phi{}_{r\phi} = \dfrac{1}{r}, \quad \Gamma^\phi{}_{\theta\phi} = \cot\theta. \end{cases} \tag{5.176}$$

ただし，(5.176) 式において $\dot{}$ と $'$ はそれぞれ t と r に関する微分を表す．

[5.2] リッチテンソルとクリストッフェル記号の関係式：

$$R_{\mu\nu} = \Gamma^\alpha{}_{\mu\nu,\alpha} - \Gamma^\alpha{}_{\mu\alpha,\nu} + \Gamma^\alpha{}_{\mu\nu}\Gamma^\beta{}_{\alpha\beta} - \Gamma^\alpha{}_{\mu\beta}\Gamma^\beta{}_{\nu\alpha} \tag{5.177}$$

と問題 [5.1] の結果を用いて，R_{tt} および R_{tr} を具体的に計算せよ．

[5.3] 問題 [5.2] と同様にすべてのリッチテンソルとスカラー曲率を計算すれば，シュワルツシルト時空に対するアインシュタインテンソルが

$$
\begin{cases}
G^t{}_t = e^{-\lambda}\left(\dfrac{1}{r^2} - \dfrac{\lambda'}{r}\right) - \dfrac{1}{r^2}, \\[2mm]
G^r{}_r = e^{-\lambda}\left(\dfrac{1}{r^2} + \dfrac{\nu'}{r}\right) - \dfrac{1}{r^2}, \\[2mm]
G^\theta{}_\theta = G^\phi{}_\phi = e^{-\nu}\left(-\dfrac{\ddot{\lambda}}{2} - \dfrac{\dot{\lambda}^2}{4} + \dfrac{\dot{\lambda}\dot{\nu}}{4}\right) \\[2mm]
\qquad\qquad\quad + e^{-\lambda}\left(\dfrac{\nu''}{2} + \dfrac{\nu'^2}{4} - \dfrac{\nu'\lambda'}{4} + \dfrac{\nu' - \lambda'}{2r}\right), \\[2mm]
G^t{}_r = -e^{-\nu}\dfrac{\dot{\lambda}}{r}
\end{cases}
\tag{5.178}
$$

となることがわかる (これら具体的な導出は『もうひとつの一般相対論』例題 D を参照)．これらの表式から，球対称な重力場では，物質のない場所での計量は適切な座標変換を行うことで時間に依存しない形になることを示せ (バーコフの定理)．

[5.4] 問題 [5.3] を用いて，真空中のアインシュタイン方程式を解き，中心に質量 M の質点がある場合の線素が

$$
ds^2 = -\left(1 - \frac{2GM}{r}\right)dt^2 + \left(1 - \frac{2GM}{r}\right)^{-1}dr^2 + r^2(d\theta^2 + \sin^2\theta\, d\phi^2) \tag{5.179}
$$

と書けることを示せ．ただし，宇宙定数 Λ は 0 とする．

[5.5] (5.69) 式は，いくつか異なる方法で導くことができる．もっとも単純だと期待されるのは，(5.31) 式を積分して，動径座標が r_- から r_+ を経て再び r_- に戻ってくるまでの角度：

$$
\Delta\varphi \approx 2\int_{r_-}^{r_+} dr\, \frac{j/r^2}{\sqrt{2(E-U) - j^2/r^2}} \tag{5.180}
$$

を機械的に計算する方法である．そこでまず，(5.180) 式の被積分関数に $U = U_0 + \delta U$ を代入して展開し，δU の最低次までとると

$$
\begin{aligned}
\Delta\varphi \approx{}& 2\int_{r_-}^{r_+} dr\, \frac{j/r^2}{\sqrt{2(E-U_0) - j^2/r^2}} \\
&+ 2\int_{r_-}^{r_+} dr\, \frac{j\delta U/r^2}{(2(E-U_0) - j^2/r^2)^{3/2}}
\end{aligned}
\tag{5.181}
$$

と近似できることを示せ．

[5.6] (5.181) 式の右辺の第 1 項は，通常のケプラー運動の場合に対応している．その

値を求めよ.

[5.7] 一般相対論による補正項は (5.181) 式の右辺の第 2 項である. ここで技巧的ではあるが, 次の関係 :

$$\frac{j\delta U/r^2}{(2(E-U_0)-j^2/r^2)^{3/2}}\, dr = \delta U\frac{\partial}{\partial j}\left(\frac{1}{\sqrt{2(E-U_0)-j^2/r^2}}\right) \tag{5.182}$$

を用いて, 第 2 項が (5.69) 式と一致することを示せ.

[5.8] 一般相対論的近日点移動の補正値を, 問題 [5.5]〜[5.7] とは異なる展開を用いて計算してみよう. 再び

$$\frac{d\varphi}{dr} = \pm\frac{j/r^2}{\sqrt{2(E-U)-j^2/r^2}} \tag{5.183}$$

を考える. ここで, ニュートンポテンシャル U_0, および一般相対論的補正項 δU は

$$U = U_0 + \delta U \equiv -\frac{r_{\rm s}}{2r} - \frac{r_{\rm s}j^2}{2r^3} \tag{5.184}$$

であった. 当然, (5.183) 式の U を展開し, δU の最低次を取り出して計算するであろうが, 問題 [5.7] の解答で論じたように, その結果は (形式的に) 発散してしまう. そこで技巧的ではあるが, $r_{\rm s}/r \ll 1$ を仮定して, 以下の変形を行う.

$$\begin{aligned}
2\left(E+\frac{r_{\rm s}}{2r}+\frac{r_{\rm s}j^2}{2r^3}\right)-\frac{j^2}{r^2} &= \left(1-\frac{r_{\rm s}}{r}\right)\left(2\frac{E+r_{\rm s}/2r}{1-r_{\rm s}/r}-\frac{j^2}{r^2}\right) \\
&\approx \left(1-\frac{r_{\rm s}}{r}\right)\left[2\left(E+\frac{r_{\rm s}}{2r}\right)\left(1+\frac{r_{\rm s}}{r}\right)-\frac{j^2}{r^2}\right] \\
&= \left(1-\frac{r_{\rm s}}{r}\right)\left[2\left(E+\frac{1+2E}{2r}r_{\rm s}\right)-\frac{j^2-r_{\rm s}^2}{r^2}\right]. \quad (5.185)
\end{aligned}$$

次に, (5.185) 式を参考にして

$$\frac{d\tilde\varphi}{dr} = \pm\frac{\sqrt{j^2-r_{\rm s}^2}/r^2}{\sqrt{2\left(E+\frac{1+2E}{2r}r_{\rm s}\right)-\frac{j^2-r_{\rm s}^2}{r^2}}} \tag{5.186}$$

となる角度変数 $\tilde\varphi$ を導入すれば,

$$\frac{d\varphi}{dr} = \frac{j}{\sqrt{j^2-r_{\rm s}^2}}\frac{1}{\sqrt{1-r_{\rm s}/r}}\frac{d\tilde\varphi}{dr} \approx \left(1+\frac{r_{\rm s}^2}{2j^2}\right)\left(1+\frac{r_{\rm s}}{2r}\right)\frac{d\tilde\varphi}{dr} \tag{5.187}$$

となる. (5.186) 式を, ニュートン力学における (5.54) 式と比較することで, その解が

$$r = \frac{a'(1-e'^2)}{1+e'\cos\tilde\varphi}, \tag{5.188}$$

$$a' = \frac{1+2E}{4|E|}r_{\rm s}, \quad e' = \sqrt{1-\frac{8|E|(j^2-r_{\rm s}^2)}{(1+2E)^2r_{\rm s}^2}} \tag{5.189}$$

で与えられることを示せ.

[5.9] (5.187) 式と (5.188) 式を用いて, $\tilde{\varphi}$ が 0 から 2π まで変化する際の, φ の変化分 $\Delta\varphi$ を計算し, (5.69) 式を導け.

[5.10] 図 5.7 のように, 地球上から水星に電波を発射し, 反射された電波を再び地上で受け取ることを考える. 太陽の重力場をシュワルツシルト時空で近似し, 電波が往復するための所要時間に対する一般相対論的補正を以下に従って計算してみよう (レーダーエコー実験). シュワルツシルト時空における光の測地線は, 5.7.1 節で導いたように

$$\left(1 - \frac{r_{\mathrm{s}}}{r}\right)\frac{dt}{d\lambda} = \varepsilon, \tag{5.190}$$

$$r^2 \frac{d\phi}{d\lambda} = j, \tag{5.191}$$

$$\left(\frac{dr}{d\lambda}\right)^2 = \varepsilon^2 - \frac{j^2}{r^2}\left(1 - \frac{r_{\mathrm{s}}}{r}\right) \tag{5.192}$$

で与えられる. これから得られる軌跡の方程式は

$$\left(\frac{dr}{d\phi}\right)^2 = \left(\frac{\varepsilon}{j}\right)^2 r^4 - r^2\left(1 - \frac{r_{\mathrm{s}}}{r}\right) \tag{5.193}$$

であるから, 相対論的補正 (右辺の r_{s} に比例する項) を無視した場合には, 光線は

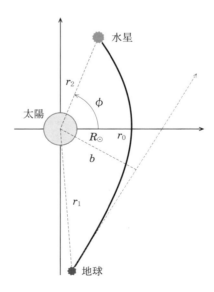

図 **5.7** 地球と水星間のレーダーエコー実験.

$$r = \frac{j/\varepsilon}{\cos\phi} \tag{5.194}$$

という軌跡を描く．しかし，(5.193) 式の相対論的補正項を考慮すると，この軌跡から定義される衝突パラメータ $b \equiv \dfrac{j}{\varepsilon}$ は，光線が $r = 0$ に最近接したときの距離 r_0 とは一致せず，(5.161) 式と同じく

$$b = \frac{r_0}{\sqrt{1 - r_{\mathrm{s}}/r_0}} \tag{5.195}$$

で与えられる．

以上の結果を用いて，光が $r_1 \, (> r_0)$ から r_0 まで進む間の座標時間間隔を

$$\Delta t(r_1, r_0) = \int_{r_0}^{r_1} f(r; r_0, r_{\mathrm{s}}) \, dr \tag{5.196}$$

と表したとき，$f(r; r_0, r_{\mathrm{s}})$ を求めよ．

[5.11] $r_1 > r_0 \gg r_{\mathrm{s}}$ の場合，$f(r; r_0, r_{\mathrm{s}})$ を $\dfrac{r_{\mathrm{s}}}{r}$ と $\dfrac{r_{\mathrm{s}}}{r_0}$ に関して展開し，それらの 1 次までの近似式を求めよ．

[5.12] 問題 [5.11] で得られた近似式を用いて (5.196) 式を積分せよ．必要ならば，積分公式：

$$\int \frac{dx}{\sqrt{x^2 - c}} = \ln|x + \sqrt{x^2 - c}|, \quad \int \frac{dx}{(x^2 + c)^{3/2}} = \frac{x}{c\sqrt{x^2 + c}} \tag{5.197}$$

を用いよ．

[5.13] 問題 [5.10]～[5.12] の結果から，地球と水星を電波が一往復する際の所要時間を座標時間で測定した場合の一般相対論的補正 (光線の湾曲を無視した場合とのずれ) の最大値を見積もってみよ．ただし，地球と水星の公転半径はそれぞれ $r_1 = 1.5 \times 10^8 \,\mathrm{km}$，$r_2 = 5.5 \times 10^7 \,\mathrm{km}$，また太陽の半径は $R_\odot = 7 \times 10^5 \,\mathrm{km}$ である．

第6章

相対論的宇宙モデル

6.1 宇宙原理と宇宙の一様等方性

現在の宇宙論が最大のよりどころとしている考え方は

宇宙原理： 宇宙のあらゆる点は特殊な位置にない

と呼ばれている．これは，現実の宇宙に存在する物質はかなり非一様な空間分布を示しているが，観測的に知られている大構造のスケール以上 ($\gtrsim 100h^{-1}$ Mpc) で平均したとき (「0 次近似」の宇宙) の物質分布が並進対称性 (一様) と回転対称性 (等方) を持つことを主張している．我々は決して宇宙の中心ではない (というか，逆にすべての点が宇宙の中心であるという言い方もできる) という意味で，宇宙論的なコペルニクス原理と呼ぶべきものである [1]．

---

[1] これをさらに極端に進めた (?) 面白い論文として，J.R. Gott: "Implications of the Copernican principle for our future prospects", *Nature*, **363** (1993) 315 を紹介しておこう．まず，あらゆる事象には始まり (時刻 t_i) と終わり (時刻 t_f) があると仮定しよう．現在，我々の存在する時刻 t_0 は決して特別ではあり得ないとすれば

$$r = \frac{t_0 - t_i}{t_f - t_i} \equiv \frac{t_{\text{past}}}{t_{\text{past}} + t_{\text{future}}}$$

は 0 から 1 の一様乱数となるはず．したがって，たとえば $0.025 < r < 0.975$ は 95% の確率で期待される区間に対応する．言いかえれば，95% の確率で $\dfrac{t_{\text{past}}}{39} < t_{\text{future}} < 39 t_{\text{past}}$ であることが 期待される．実はこのタイムスケールは人間の寿命よりずっと長いので正確に検証することは不可能というべきである．しかし，ゴット氏の個人的な経験によれば，初めてベルリンの壁を見たのは 1969 年，つまりベルリンの壁ができてから $t_{\text{past}} = 8$ 年後であった．同様に 1977 年に初めてソ連を訪問したが，これはソ連が建国されて以来 $t_{\text{past}} = 55$ 年経過していた．その当時ベルリンの壁とソ連のいずれも，すぐに崩壊すると予想していた人は少なかったものと思われる．いずれにせよこれらは，それぞれ 1989

この考え方にたてば，宇宙の計量を

$$ds^2 = g_{\mu\nu}\, dx^\mu dx^\nu$$

$\Downarrow$　宇宙原理に従って任意の点のまわりで球対称と考える

$$ds^2 = g_{tt}(t,r)\, dt^2 + g_{rr}(t,r)\, dr^2 + g_{\theta\theta}(t,r)\,(d\theta^2 + \sin^2\theta\, d\varphi^2) \tag{6.1}$$

と選ぶことができる．さらに一様等方性を要請すれば，この計量を

$$ds^2 = -dt^2 + a(t)^2\Big(W(x)\, dx^2 + x^2(d\theta^2 + \sin^2\theta\, d\varphi^2)\Big) \tag{6.2}$$

の形にできることもすぐわかる．計量が時間と空間の関数として変数分離した形でないと，時間が経つと場所ごとの計量の違いを生み出してしまうからである．

$g_{tt} = -1$ と選ぶことは，この座標系に対して相対的に静止している（共に動いているという意味で，共動系といわれる）観測者の固有時間を座標時間として選ぶことに対応している．実は，任意の時空に対して

$$ds^2 = -dt^2 + \gamma_{ij}\, dx^i dx^j \tag{6.3}$$

という形の計量を持つような座標系を設定することは常に可能である（同期化された座標系と呼ばれる）[2]．具体的には，ある空間的超曲面 S_1 を準備して，その面上の各点の法線を時間軸 t とする．その軸に沿って，Δt だけ進んだところを次の超曲面 S_2 とする $\cdots$，という作業を進めていけば座標系が構築できるはずである．しかし，この場合一般には法線がいずれ交わってしまい，座標の選び方に起因する見かけ上の（非物理的）特異点が生まれてしまう．空間が一様等方性を持つ場合にはこのようなことが起こらないので，この同期化された座標系を常に使い続けることができるわけだ．

(6.2) 式の計量に対して具体的にスカラー曲率を計算すると

$$R = 6\frac{\ddot{a}}{a} + 6\left(\frac{\dot{a}}{a}\right)^2 + \frac{1}{a^2}\left(\frac{2W'}{xW^2} + \frac{2}{x^2}\left(1 - \frac{1}{W}\right)\right) \tag{6.4}$$

年，1991 年に "崩壊" したので，$t_{\text{future}} = 20$ 年，および 14 年ということになる．確かに，いずれの場合も上述の 95% の確率で期待される関係，$\dfrac{t_{\text{past}}}{39} < t_{\text{future}} < 39\, t_{\text{past}}$ を満たしている．さらに彼はその後，ニューヨークのレストランに片っ端から電話をかけ，いつ創業したかを聞き，定期的にいつつぶれたかを再度調べることで，この関係式の妥当性を確認しているらしい．確かに，数年前にできたベンチャー企業と老舗企業を比べたときに，数年後やはり生き残っている確率は後者の方が高いであろうと直感的には思われる．私はこの論文を読んで以来，研究室で計算機システムを購入する際には，その業者がいつ設立された会社であるかを確認することにしている．

[2] たとえば，ランダウ–リフシッツ『場の古典論』§97 参照．

となることが導ける (問題 [6.1]〜[6.3] 参照). 一様等方という仮定のもとでは, 最後の項が場所の関数であっては困るので,

$$\frac{2W'}{xW^2} + \frac{2}{x^2}\left(1 - \frac{1}{W}\right) \equiv 6K \quad (K \text{ は定数}) \tag{6.5}$$

とおいて $W(x)$ を求めると,

$$W(x) = \frac{1}{1 - Kx^2} \tag{6.6}$$

となる (問題 [6.4]).

6.2 ロバートソン-ウォーカー計量の幾何学的性質

前節の結果をまとめると (詳しい計算は問題 [6.1]〜[6.4] を参照), 一様等方宇宙モデルは, ロバートソン-ウォーカー (Robertson-Walker) 計量 :

$$ds^2 = -dt^2 + a(t)^2 \left(\frac{dx^2}{1 - Kx^2} + x^2(d\theta^2 + \sin^2\theta\, d\varphi^2)\right) \tag{6.7}$$

で記述される. このモデルは,

- スケール因子 $a(t)$ (宇宙の長さの相似拡大縮小率の時間変化を表す),

- 空間曲率 K (空間の幾何学を決定する定数)

の 2 つの物理量だけで特徴づけられる. これらは, 宇宙原理によって空間座標 (x, θ, ϕ) には依存しない. また, 空間座標は

$$\begin{cases} \boldsymbol{x} : \text{共動座標 (comoving coordinate)}, \\ \boldsymbol{r} \equiv a(t)\boldsymbol{x} : \text{固有座標 (proper coordinate)} \end{cases} \tag{6.8}$$

と呼んで区別される. 図 6.1 に示したように, $\boldsymbol{r}$ が宇宙膨張 $a(t)$ に応じて変化する座標で, $\boldsymbol{x}$ は宇宙膨張とともに長さが変化する物差しを用いて測る座標に対応する [3].

(6.7) 式は, 新たな動径座標 χ を

$$\chi \equiv \int_0^x \frac{dx}{\sqrt{1 - Kx^2}}, \tag{6.9}$$

---

[3] ところで, (4.34) 式での議論から K は [長さ] $^{-2}$ の次元を持つ. これは x が [長さ] の次元であることを考えると (6.7) 式から自明であり, 通常宇宙論ではこのように選ぶ. 本書もこの慣用に従う. しかし, 相対論の教科書では, x の単位を選ぶことで, $K = 0$, $K = \pm 1$ の 3 つの場合のみを考えることが多い. これは同時に次元も変えたことになり, x が無次元となり, 代わりに $a(t)$ が [長さ] の次元を持つ. 混同しないように注意が必要である.

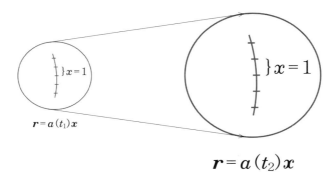

図 **6.1** 膨張宇宙における共動座標と固有座標の違い.

すなわち

$$x \equiv S_K(\chi) = \begin{cases} \dfrac{\sin(\sqrt{K}\chi)}{\sqrt{K}}, & 0 \leq \chi \leq \dfrac{\pi}{\sqrt{K}} \quad (K > 0), \\ \chi, & 0 \leq \chi < \infty \quad (K = 0), \\ \dfrac{\sinh(\sqrt{-K}\chi)}{\sqrt{-K}}, & 0 \leq \chi < \infty \quad (K < 0) \end{cases} \quad (6.10)$$

によって定義すれば，次の形にも書き直せる (問題 [6.17]).

$$ds^2 = -dt^2 + a(t)^2 \Big(d\chi^2 + S_K^2(\chi)(d\theta^2 + \sin^2\theta \, d\varphi^2)\Big). \quad (6.11)$$

(6.7) 式の空間部分は，K の符号によって以下の 3 つの異なる幾何学的性質を持つ.

(i) $K = 0$: **3 次元ユークリッド空間**　これは自明.

(ii) $K > 0$: **3 次元球面**　4 次元ユークリッド空間：

$$ds_{\mathrm{E}}^2 = (dx^1)^2 + (dx^2)^2 + (dx^3)^2 + (dx^4)^2 \quad (6.12)$$

の中の半径 $\dfrac{1}{\sqrt{K}}$ の球は

$$(x^1)^2 + (x^2)^2 + (x^3)^2 + (x^4)^2 = \dfrac{1}{K}. \quad (6.13)$$

そこで，$(x^1, x^2, x^3) = (x\sin\theta\cos\varphi, x\sin\theta\sin\varphi, x\cos\theta)$ とおけば，

$$(x^4)^2 = \dfrac{1}{K} - x^2 \quad \Rightarrow \quad (dx^4)^2 = \left(\dfrac{x}{x^4}\right)^2 (dx)^2 = \dfrac{Kx^2}{1 - Kx^2}(dx)^2. \quad (6.14)$$

したがって，(6.12) 式は，(6.7) 式の空間部分に帰着する．つまり，$K > 0$ のロバートソン-ウォーカー計量の空間部分は，4 次元ユークリッド空間内の 3 次元球面であることがわかった．

(iii) $K < 0$: **3 次元双曲面**　同様にして，$K < 0$ の場合，ロバートソン-ウォーカー計量の空間部分は，4 次元ミンコフスキー空間

$$ds_{\mathrm{M}}^2 = (dx^1)^2 + (dx^2)^2 + (dx^3)^2 - (dx^4)^2 \tag{6.15}$$

の中の 3 次元双曲面：

$$(x^4)^2 - (x^1)^2 - (x^2)^2 - (x^3)^2 = \frac{-1}{K} \tag{6.16}$$

であることがわかる．

ところで (ii) の場合，その空間部分の体積は

$$V_{(\mathrm{ii})} = \iiint d\chi \, (S_K(\chi))^2 \sin\theta \, d\theta d\varphi = 4\pi \int_0^{\pi/\sqrt{K}} \frac{\sin^2(\sqrt{K}\chi)}{K} \, d\chi$$

$$= 2\pi^2 \left(\frac{1}{\sqrt{K}}\right)^3 \tag{6.17}$$

という有限の値を持つ．一方，(i) と (iii) の空間部分の体積は無限である．このため，$K > 0$ を「閉じた宇宙」と呼び，$K < 0$ を「開いた宇宙」と呼ぶことがある．$K = 0$ はその境界であり，空間体積が無限であるという意味では開いた宇宙に含まれるはずだが，慣用では特に区別して，平坦な宇宙と呼ばれるのが普通である．

6.3　アインシュタイン方程式からフリードマン方程式へ

次に，(6.7) 式のなかで宇宙膨張を記述する $a(t)$ の時間発展方程式を求めてみよう．そのためには，アインシュタイン方程式の右辺，すなわち，物質場のエネルギー運動量テンソルを指定する必要がある．実は，空間の一様等方性の仮定のもとでは，それに対応して物質場のエネルギー運動量テンソル $T_{\mu\nu}$ は完全流体の形：

$$T_{\mu\nu} = (\rho + p)u_\mu u_\nu + p \, g_{\mu\nu} \tag{6.18}$$

しか許されないことを示すことができる (問題 [6.6])．ただしこのままでは，ρ と p は物質場を指定しない限り形式的な意味で物質の (平均) エネルギー密度と物質の (平均) 圧力に対応するもの，というに過ぎない．しかし，具体的に何を考えるかは後回しにしてとりあえず先に進むことにする．

(6.7) 式と (6.18) 式を具体的にアインシュタイン方程式 (4.39)：

$$R_{\mu\nu} - \frac{1}{2} R \, g_{\mu\nu} + \Lambda \, g_{\mu\nu} = 8\pi G \, T_{\mu\nu} \tag{6.19}$$

に代入すると，独立な式は次の 2 つである.

$$\left(\frac{\dot{a}}{a}\right)^2 = \frac{8\pi G}{3} \rho - \frac{K}{a^2} + \frac{\Lambda}{3}, \tag{6.20}$$

$$\frac{\ddot{a}}{a} = -\frac{4\pi G}{3} (\rho + 3p) + \frac{\Lambda}{3}. \tag{6.21}$$

(6.20) 式は 00 成分から，また (6.21) 式は ij 成分から出る式に前者を代入して変形したものである (問題 [6.5], [6.7] 参照).

特に，(6.20) 式は宇宙膨張を記述するフリードマン方程式と呼ばれている．ここで，(6.21) 式が，以前 4.4 節で述べた一般相対論の効果を具体的に示す式となっていることを注意しておこう．少し書き換えると

$$\ddot{a} = -\frac{G}{a^2} \underbrace{\frac{4\pi}{3} \left(\rho + 3p - \frac{\Lambda}{4\pi G} \right) a^3}_{\text{半径 } a \text{ の一様密度球の質量}}. \tag{6.22}$$

これは半径 a の球殻上の粒子のニュートン力学による運動方程式と (ほぼ) 一致する．右辺第 1 項が通常の質量の寄与に対応し，第 2 項は，圧力があると，一般相対論では実効的に重力が増すことを示す (4.4 節参照)．さらに最後の項を見れば，正の宇宙項は実効的には負の重力として寄与することを示す．これがまさに，「宇宙定数は万有斥力の役割をする」，と言われている理由である (4.5 節参照)．このことから，$p = 0$ の物質に限れば，一般相対論を用いずともニュートン力学だけで，厳密に正しい宇宙膨張の方程式を導くことができることがわかる．この解釈に従うと，(6.20) 式の K は (6.21) 式を積分したときの積分定数であり，全エネルギーに対応する量である ($K = -2E$).

ところで，(6.20) 式と (6.21) 式を少しにらめば，

$$\rho_\Lambda = \frac{\Lambda}{8\pi G}, \quad p_\Lambda = -\frac{\Lambda}{8\pi G} \tag{6.23}$$

と定義し，$\rho \longrightarrow \rho + \rho_\Lambda, p \longrightarrow p + p_\Lambda$ と置き換えてやることで，Λ の寄与はすべて吸収できる．つまり，負の圧力を持つ物質の存在を認めれば，本来，時空に付随した幾何学的量であったはずの宇宙定数を，何らかの物質場による寄与と再解釈できることになる．これも 4.5 節ですでに議論した通りである．

(6.20) 式を時間に関して微分すると，

$$\frac{\ddot{a}}{a} = \frac{4\pi G}{3} \left(\dot{\rho} \frac{a}{\dot{a}} + 2\rho \right) + \frac{\Lambda}{3}. \tag{6.24}$$

これと (6.21) 式を等置して得られる関係式：

126 第 6 章 相対論的宇宙モデル

$$\dot{\rho} = -3\frac{\dot{a}}{a}(\rho + p) \tag{6.25}$$

は，物質の平均エネルギー密度の進化を記述する式である．もちろんこれは，直接ビアンキの恒等式 (エネルギー運動量保存則) $T^{\mu\nu}{}_{;\nu} = 0$ からも導ける [4]．この式は，時間に関して 1 階微分のみで書かれているため，一様等方宇宙の力学を記述する独立な 2 つの方程式として，(6.20) 式と (6.21) 式ではなく，(6.20) 式と (6.25) 式を選ぶ方が便利なことが多い．

ところがこのままでは，3 つの時間の関数 a, ρ, p(2 つの定数 K, Λ は解のパラメータ) に対して 2 つしか方程式がなく，もう 1 つ独立な方程式が必要となる．そのため，圧力と密度の関係を決める状態方程式 $p = p(\rho)$ を考えなくてはならない．

---

[4] 完全流体に対するエネルギー運動量テンソル $T_{\mu\nu} = (\rho + p)u_\mu u_\nu + p\,g_{\mu\nu}$ を微分すれば

$$T^{\mu\nu}{}_{;\nu} = (\rho + p)_{,\nu}u_\mu u_\nu + (\rho + p)\underbrace{u^\mu{}_{;\nu}u^\nu}_{\text{(3.15) 式より } 0} + (\rho + p)u^\mu u^\nu{}_{;\nu} + p_{,\nu}g^{\mu\nu}.$$

この式を共動系 $u^\mu = (1, 0, 0, 0)$ で評価すると，今の場合 $T^{i\nu}{}_{;\nu}$ はそもそも恒等的に 0 であることがわかる．そこで，時間成分のみ計算すれば

$$T^{0\nu}{}_{;\nu} = \dot{\rho} + (\rho + p)u^\nu{}_{;\nu} = \dot{\rho} + (\rho + p)(u^\nu{}_{,\nu} + \Gamma^\nu{}_{\alpha\nu}u^\alpha) = \dot{\rho} + (\rho + p)\Gamma^\nu{}_{0\nu}.$$

ここで，(6.7) 式の場合

$$\Gamma^0{}_{00} = 0, \quad \Gamma^i{}_{0j} = \delta^i{}_j\left(\frac{\dot{a}}{a}\right)$$

となることを用いれば，

$$T^{0\nu}{}_{;\nu} = 0 = \dot{\rho} + 3(\rho + p)\frac{\dot{a}}{a}$$

となり，(6.25) 式が導かれた．さらに言えば，これは熱力学の第 1 法則であり，

$$dQ = dU + p\,dV = 0 \quad (\text{断熱過程})$$

に，$V = a^3$ と $U = \rho a^3$ を代入すれば

$$\frac{d}{dt}(\rho a^3) + p\frac{d}{dt}a^3 = \dot{\rho}a^3 + (\rho + p)3a^2\dot{a} = 0 \quad \Rightarrow \quad \dot{\rho} = -3\frac{\dot{a}}{a}(\rho + p)$$

であることもわかる．ここで用いた議論を逆転させると面白いことがわかる．(6.20) 式をニュートン力学のエネルギー保存則として導き，(6.25) 式を熱力学の第 1 法則から導いたとすると，帰結として，$p \neq 0$ の場合の (6.21) 式が得られるはずである．その意味では，一般相対論的効果であると説明した「重力を生み出す源 (ポワソン方程式の右辺) は ρ ではなく $\rho + 3p$ である」という事実がニュートン力学の範囲で結論されてしまう！　もちろん，この結論が正しいかどうかは実は相対論の出現をもってはじめて明確にできたわけであるが，考えてみるととっても不思議である．私は，結局のところ偶然であると解釈しているが本当のところはよくわからない．

6.4 宇宙の状態方程式と宇宙定数

宇宙の状態方程式は，それを満たしている物質の性質によってはいくらでも複雑になり得るが，代表的なものとして以下の 4 つをあげておこう．

(i) 非相対論的物質 (matter)：$p \ll \rho$.

粒子の生成・消滅はないものとすると，半径 a の球内の粒子数は宇宙が膨張しても不変である：

$$N = \frac{4\pi}{3}n(t)a(t)^3 = 一定 \quad \Rightarrow \quad n(t) \propto a(t)^{-3}. \tag{6.26}$$

したがって，質量 m, 運動量 q を持つ非相対論的粒子に対するエネルギー密度は

$$\rho_{\mathrm{m}}(t)c^2 = \sqrt{(mc^2)^2 + (qc)^2}\,n(t) = \left(mc^2 + \frac{q^2}{2m} + \cdots\right)n(t)$$

$$\Rightarrow \quad \rho_{\mathrm{m}}(t) \sim m\,n(t) \propto a(t)^{-3}. \tag{6.27}$$

バリオン，暗黒物質などがこの場合にあたり，状態方程式 $p = 0$ の場合に対応する．実際 (6.25) 式に $p = 0$ を代入して積分すれば $\rho \propto a^{-3}$ が得られる．

微視的世界を考えたとき，物質の階層構造の最小単位を素粒子とよぶ．たとえば原子は原子核と電子からなる．電子は素粒子であるが，原子核は素粒子ではなく陽子と中性子からなる．さらに，陽子と中性子はそれ自身は素粒子ではなく，クォークと呼ばれる素粒子 3 つからなる複合粒子である．

自然界のすべての現象を突き詰めていくとそれらを支配する基本相互作用 (現象の原因となる力と言い換えても良い) は，4 つで尽きることが分かっている．すなわち，強い力，弱い力，電磁力，重力である．日常意識しているかどうかは別として，電磁力と重力はきわめて馴染み深い存在である．一方，強い力と弱い力はいずれもきわめてミクロなスケールのみで重要となるものであるが，それぞれ，クォークを結びつけて陽子や中性子をつくったり，中性子の β 崩壊を引き起こすなど，電磁力と重力だけでは説明不可能な基本的な物質構成要素の安定性と関わっている．

これに対応して，ミクロな物質は，強い相互作用をするハドロンとそれ以外のレプトン，および，相互作用を媒介するゲージボソンに分類される．レプトンは素粒子であるが，ハドロンは複合粒子でそれを構成する素粒子はクォークと呼ばれる．また，ハドロンは，クォーク 3 個からなるバリオンと，クォーク 2 個からなるメソンに分けられる．次の表にまとめてあるように，素粒子であるクォークとレプトンはそれぞれ 6 つの種類からなる．たとえば，陽子は uud, 中性子は udd からなるバリオンで

あり，π 中間子は u と d の反粒子からなるメソンである．レプトンとクォークはいずれも 3 つの異なる「世代」と呼ばれる種類を持っていることが分かっている．

	電荷	第一世代	第二世代	第三世代
クォーク	+2/3	u (アップ)	c (チャーム)	t (トップ)
	−1/3	d (ダウン)	s (ストレンジ)	b (ボトム)
レプトン	−1	e (電子)	μ (ミュー)	τ (タウ)
	0	ν_{e} (電子ニュートリノ)	ν_μ (ミューニュートリノ)	ν_τ (タウニュートリノ)

(ii) 相対論的物質 (radiation)：$p = \dfrac{\rho}{3}$.

粒子の生成・消滅がなければ，相対論的粒子の場合でも (6.26) 式はおなじく成立する．一方，相対論的粒子の (平均) 運動量は

$$q(t) \propto \frac{\hbar}{\text{波長}} \propto \frac{1}{a(t)} \tag{6.28}$$

となるので，$m = 0$ であっても相対論的粒子のエネルギー密度は

$$\rho_{\mathrm{r}}(t) \sim q(t)\, n(t) \propto a(t)^{-4} \tag{6.29}$$

に従う．このような物質の代表例は光子 (宇宙背景輻射) であるが，質量を持つ粒子であってもその質量が宇宙の温度に比べて十分無視できる時期 ($k_{\mathrm{B}} T(t) \gg mc^2$) には，(6.29) 式に従う．相対論的物質の状態方程式が $p = \dfrac{\rho}{3}$ となることはその熱平衡分布関数から導くことができ，これを (6.25) 式に代入して積分すれば $\rho \propto a^{-4}$ が得られる (問題 [6.8]〜[6.12])．

(iii) 宇宙定数 (cosmological constant)：$p = -\rho$.

(6.23) 式は，アインシュタイン方程式の左辺に現れる (すなわち，時空自身が持つ幾何学的性質) 宇宙定数をむりやり物質場とみなすと，$p = -\rho$ という状態方程式に従うことを示す．もともとアインシュタイン方程式の左辺に付け加える自由度としては，Λ が定数の場合しか許されないのであるが (4.5 節参照)，この事実も $p = -\rho$ を (6.25) 式に代入した結果と一致する．

(iv) ダークエネルギー (dark energy)：$p = w\rho$.

最近では，「宇宙定数」は，「真空自身の持つエネルギー密度」であると解釈されることのほうが多い．このように，「宇宙定数」をアインシュタイン方程式の左辺から右辺に移す，言い換えれば，物理法則ではなくその中に存在する物質の一部と見なすことにした途端，もはやそれは「定数」である必然性が失われてしまう．そこで，もう少し一

般化して,

$$p_{\rm X} = w\rho_{\rm X} \tag{6.30}$$

(ただし w は定数), という状態方程式に従う物質を考えてみることにする. また, 宇宙に存在する物質が異なる状態方程式に従う複数の成分からなっていたとしてもそれらが互いに移り変わらない場合には, (6.25) 式より,

$$\dot{\rho}_{\rm X} = -3(1+w)\frac{\dot{a}}{a}\rho_{\rm X} \quad \Rightarrow \quad \rho_{\rm X} \propto a(t)^{-3(1+w)}. \tag{6.31}$$

これは, $w = \dfrac{1}{3}$, $w = 0$, $w = -1$ の場合, それぞれ, 相対論的物質 (輻射), 非相対論的物質, 宇宙定数, に帰着する. このような事情もあり, $w < 0$ のような状態方程式を持つ物質の存在を仮定して, ダークマター (dark matter) に対応させ, ダークエネルギー (dark energy) と呼ぶことが一般的になりつつある. さらに最近では, w が定数でない場合も考えられている.

6.5 アインシュタイン-ドジッター宇宙モデル

もっとも簡単かつ重要な場合として, 宇宙定数がなく, 空間が平坦で, 非相対論的物質で満たされている宇宙を考えてみる. これらの条件を式で書けば,

$$K = 0, \quad \varLambda = 0, \quad \rho \propto a^{-3} \tag{6.32}$$

となる. (6.7) 式からわかるように, スケール因子 a と共動距離 x は ax という組み合わせでしか現れないので, a を現在 (t_0) で 1 にし, その代わり x は現在の物理的距離と考えても一般性を失わない. x を共動座標系で測った距離であると言ったが, それは過去の 2 点間の距離であってもそれらが宇宙膨張によって現在まで引き伸ばされたとした場合の長さ, という意味で用いる. また以降, 下添字 $_0$ は, 考えている物理量の現在での値であることを示す.

以上の条件のもとで (6.20) 式を書き直すと,

$$\dot{a}^2 = \frac{8\pi G}{3}\frac{\rho_0}{a}. \tag{6.33}$$

ところで, 遠方銀河の後退速度 v_0 はその銀河までの距離 d_0 に比例していることが観測的に知られており, 「ハッブルの法則」と呼ばれている. その関係式 :

$$v_0 = H_0 d_0 \tag{6.34}$$

に現れる比例定数 H_0 をハッブル定数と呼ぶ. 通常は H_0 よりもむしろ $100\,{\rm km/s/Mpc}$ で規格化した無次元のハッブル定数 :

$$h \equiv \frac{H_0}{100\,\mathrm{km/s/Mpc}} \tag{6.35}$$

を用いることが多い. (6.34) 式を用いてハッブル定数を決定するためには，天体までの距離 d を精度よく知る必要がある.

距離決定法のなかでももっとも信頼性が高いのは，セファイド変光星を用いる方法である. セファイド変光星は，1 日から 100 日程度の周期でその半径が振動する. そのため星の光度も周期的に変化するが，その絶対光度と脈動周期の間には規則的な関係が成り立つことが知られている. この関係式を用いると，距離のわかっていない遠方の銀河の中のセファイド変光星の見かけの光度と脈動周期の観測値から，その銀河までの距離がわかる. 考えている天体までの距離が近い場合には，こうやってもとめた距離 d をハッブルの法則に代入し，後述する (6.43) 式で定義される赤方偏移から求められた後退速度 v_0 を用いれば，ハッブル定数が決まる.

1990 年 4 月 24 日に打ち上げられた口径 2.4 m のハッブル宇宙望遠鏡 (HST) は，当初光学系の問題により期待された性能を達成できなかったが，その後のスペースシャトルエンデバー号による修理の結果，0.1 秒角以下という高角度解像度を実現した. 地上からの観測では，大気のゆらぎのために約 4 Mpc より遠方の銀河に対してはセファイド型変光星を同定できない. しかし，HST はさらに 10 倍程度遠い銀河にあるセファイド型変光星を発見し，それに基づいて 18 個の近傍銀河の距離を決めた. より遠方の銀河に対しては，他の経験的な距離決定法をセファイドから距離が求められた近傍銀河を用いて較正した結果，HST グループは 2000 年に $H_0 = 72 \pm 8\,\mathrm{km/s/Mpc}$ という最終報告を行った.

ハッブルの法則は現在の宇宙が膨張していることを示す重要な観測事実である. $d = ax$ と考えて時間微分をとれば，ハッブル定数はスケール因子を用いて

$$H_0 = \left(\frac{1}{a}\frac{da}{dt}\right)_{t=t_0} \tag{6.36}$$

と書き下せることがわかる. (6.36) 式と (6.33) 式より，今考えているモデルでは現在の宇宙の密度が臨界密度 ：

$$\rho_{c0} \equiv \frac{3H_0^2}{8\pi G} \approx 1.88 \times 10^{-29} h^2\,\mathrm{g/cm^3} \approx 10.6 h^2\,\mathrm{keV/cm^3}$$

$$\approx 2.78 \times 10^{11} h^2\,M_\odot/\mathrm{Mpc^3} \tag{6.37}$$

に決まってしまうことがわかる. この値は H_0 にのみ依存することを注意しておこう. また，(6.33) 式は

$$\dot{a}^2 = \frac{H_0^2}{a} \quad \Rightarrow \quad a(t) = \left(\frac{t}{2H_0^{-1}/3}\right)^{2/3} = \left(\frac{t}{65.2h^{-1}\text{億年}}\right)^{2/3} \tag{6.38}$$

という簡単な解を持つ. これは, アインシュタイン-ドジッター (Einstein-de Sitter) 宇宙モデルと呼ばれている. 後述のように, この解は必ずしも我々の宇宙の密度を精度よく記述するわけではないが, 歴史的意味だけでなく, 宇宙膨張の定性的振る舞いを理解する上でも重要な意味を持っている.

6.6 フリードマン宇宙モデル

6.6.1 フリードマン-ルメートル方程式

より一般的に, 宇宙の物質成分として, 非相対論的物質 ρ_{m}, 相対論的物質 ρ_{r}, 宇宙定数 $\rho_\Lambda = \dfrac{\Lambda}{8\pi G}$ および空間曲率 K $(\neq 0)$ が存在する場合を考える. これらを特徴付けるために, (6.37) 式の臨界密度 $\rho_{\mathrm{c}0}$ で無次元化した密度パラメータの現在での値を

$$\Omega_{\mathrm{m}} \equiv \frac{\rho_{\mathrm{m}0}}{\rho_{\mathrm{c}0}} = \frac{8\pi G\rho_{\mathrm{m}0}}{3H_0^2}, \quad \Omega_{\mathrm{r}} \equiv \frac{\rho_{\mathrm{r}0}}{\rho_{\mathrm{c}0}} = \frac{8\pi G\rho_{\mathrm{r}0}}{3H_0^2}, \quad \Omega_\Lambda \equiv \frac{\rho_\Lambda}{\rho_{\mathrm{c}0}} = \frac{\Lambda}{3H_0^2} \tag{6.39}$$

で定義する. (6.39) 式を用いて (6.20) 式を書き換えるわけだが, とりあえず $t = t_0$ の場合を考えると

$$H_0^2 = \frac{8\pi G}{3}(\rho_{\mathrm{m}0} + \rho_{\mathrm{r}0}) - K + \frac{\Lambda}{3}. \tag{6.40}$$

したがって

$$K = H_0^2(\Omega_{\mathrm{m}} + \Omega_{\mathrm{r}} + \Omega_\Lambda - 1) \tag{6.41}$$

という重要な関係式が得られる. これは, 空間曲率 (左辺) が物質量 (右辺) で決まるという意味で, マッハの原理の具体的な例に対応している (というかアインシュタイン方程式から来ているので当たり前というべきかも知れない). 一方, H_0^2 は宇宙膨張の運動エネルギーに対応することを考えると, 右辺は重力エネルギーと運動エネルギーの和 (にマイナス符号をつけたもの) であり, 結局, エネルギー保存則であるとも言える. いずれにせよ, 曲率定数は独立なパラメータではなく, (6.41) 式を用いれば他のパラメータによって書き直すことができるわけだ.

まとめると, (6.20) 式は

$$\dot{a}^2 = H_0^2 \left[\frac{\Omega_{\mathrm{r}}}{a^2} + \frac{\Omega_{\mathrm{m}}}{a} + (1 - \Omega_{\mathrm{r}} - \Omega_{\mathrm{m}} - \Omega_\Lambda) + \Omega_\Lambda a^2\right] \tag{6.42}$$

に帰着する (フリードマン-ルメートル方程式と呼ばれることがある). 宇宙が膨張するにつれて a の値が変化するため, 右辺のどの項がもっとも重要となるかが決まり, 大ま

かには以下のように分類できる.

(i) **輻射優勢期**： $a \ll 1$ では相対論的物質の密度 (右辺第 1 項) が支配的であり，輻射優勢期と呼ばれる. (6.42) 式より，この時期では $a(t) \propto \sqrt{t}$ である.

(ii) **物質優勢期**： a が (6.44) 式で定義される a_{eq} を越えるようになると，非相対論的物質の密度 (第 2 項) が支配的となる時期が来る. この物質優勢期では，$a(t) \propto t^{2/3}$ となる.

(iii) **宇宙項優勢期**： $\Omega_\Lambda > \Omega_{\mathrm{m}}$ の場合，(6.45) 式で定義される $a = a_\Lambda$ 以降，宇宙項 (第 4 項) が支配的となる. この場合，宇宙膨張は漸近的には指数関数的 $a(t) \propto \exp(H_0 \sqrt{\Omega_\Lambda} t)$ となる.

ある銀河に対する特定の輝線/吸収線の，実験室系での波長 λ_{i} と実際に観測される波長 λ_{obs} から

$$z \equiv \frac{\lambda_{\mathrm{obs}} - \lambda_{\mathrm{i}}}{\lambda_{\mathrm{i}}} \tag{6.43}$$

で定義される量を赤方偏移 (パラメータ) と呼ぶ. やや直感的ではあるが，宇宙膨張の後退速度によるドップラー効果を考えると，$z \ll 1$ の場合 $v_0 = cz$ が成り立つ. 一方，z は遠方の天体に対しては 1 を超えるが，その場合でも $v_0 = cz$ で定義される量を「後退速度」と呼ぶことが普通になされている [5].

a_{eq} および a_Λ の値とそれに対応する赤方偏移は，

$$1 + z_{\mathrm{eq}} \equiv a_{\mathrm{eq}}^{-1} = \frac{\rho_{\mathrm{m0}}}{\rho_{\mathrm{r0}}} \sim 3.6 \times 10^3 \left(\frac{\Omega_{\mathrm{m}} h^2}{0.15} \right), \tag{6.44}$$

$$1 + z_\Lambda \equiv a_\Lambda^{-1} = \left(\frac{\rho_\Lambda}{\rho_{\mathrm{m0}}} \right)^{1/3} \sim 1.3 \left(\frac{\Omega_\Lambda}{0.7} \right)^{1/3} \left(\frac{0.3}{\Omega_{\mathrm{m}}} \right)^{1/3} \tag{6.45}$$

で定義される.

ちなみに，宇宙の歴史において重要な出来事としては

(a) **ビッグバン元素合成**： $T \sim 10^9$ K, $t \sim 100$ 秒，$z \sim 3 \times 10^8$,

(b) **宇宙の晴れ上り**： $T \approx 3000$ K, $t \sim 30$ 万年，$z \sim 1000$,

(c) **階層構造の形成**： $T < 30$ K, $t > 10$ 億年，$z < 10$

があり，(a) は (i), (b) と (c) は (ii), 現在は (iii) の時期に対応すると考えられている. 一般的には，(ii) と (iii) の間に (6.42) 式の第 3 項が主要となる曲率項優勢期があるはずだが，我々の宇宙はなぜか平坦にきわめて近い ($K \approx 0$) ことがわかっており，そのような時期は実質的には存在していなかったらしい.

---

[5] ただし，これは単に便宜的なものに過ぎず，c を越える速度の存在を意味するものではない.

6.6.2 宇宙論パラメータ

今まで学んできた一様等方宇宙モデルを定量的に特徴づける基本パラメータ (宇宙論パラメータと呼ばれることが多い) をまとめておくと，表 6.1 のようになる．これらの値を観測的に導き，それらの持つ物理的意味を理論的に考察することが，宇宙論の第 1 目標である．このような問題意識はいつの時代にも存在したが，1990 年代後半以降の観測の進歩により，ようやく信頼性の高い定量的評価が可能となった．これをさして，精密宇宙論 (precision cosmology) という言葉が用いられることも多いが，英語では accurate (誤差は多くても正確) と precise (正確かどうかは別として誤差は小さい) は異なるニュアンスを持つ．仮に accurate cosmology でないならば，precision cosmology は無意味であると揶揄されることもある．これは，統計誤差 (測定精度) と系統誤差の大小関係であると言い換えることもできる．統計誤差 (測定精度) が大きい場合には，系統誤差の存在はそれに埋もれてしまい考慮する必要がない．しかし，前者は観測技術の進歩と観測領域の拡大につれて，必ず向上する．その際に，相変わらず系統誤差の存在を認識せずにその精度だけを誇っていると，後から見れば，実は真の値からはずれたところで誤差棒だけを小さくする努力を行っていた，という悲しい状況になりかねない．

とはいえ，最新のデータからは従来予想もされなかったような新たな宇宙観が確立しつつある．以下，2016 年に宇宙マイクロ背景輻射観測衛星プランクの共同研究チームが発表した宇宙論パラメータの推定値 (表 6.1) に基づいて，その重要な点を要約して

記号	推定値	意味
H_0	$(67.4 \pm 1.4)\,\mathrm{km \cdot s^{-1} \cdot Mpc^{-1}}$	ハッブル定数
Ω_b	$(0.048884 \pm 0.00073)(0.674/h)^2$	バリオン密度パラメータ
Ω_d	$(0.2633 \pm 0.0068)(0.674/h)^2$	ダークマター密度パラメータ
Ω_Λ	$0.685^{+0.018}_{-0.016}$	宇宙定数パラメータ
Ω_K	$-0.042^{+0.043}_{-0.048}$	宇宙の曲率パラメータ
w	$-1.13^{+0.23}_{-0.25}$	宇宙の状態方程式パラメータ
t_0	(138.13 ± 0.58) 億年	現在の宇宙年齢

表 6.1 プランク衛星チームの解析に基づく主な宇宙論パラメータの推定値 (Planck Collaboration, *Astronomy and Astrophysics*, **A13** (2016) 594 の表 4 に基づく).

おく.

(i) **宇宙は平坦**　宇宙の曲率パラメータは $\Omega_K = K/H_0^2 = -0.042^{+0.043}_{-0.048}$ であるから, 誤差の範囲で 0, すなわち宇宙は平坦であると言える. これは, 宇宙の任意の点で全エネルギー (＝運動エネルギー＋重力ポテンシャルエネルギー) がほぼ 0 であることに対応する. 宇宙の初期条件というべきかもしれないが, 直観的に納得できるような気もする一方, 微調整が必要な気もして不思議でもある.

(ii) **宇宙の相対論的物質**　宇宙の光子のほとんどは, マイクロ波背景輻射として存在しており, その温度 $T_{\gamma 0}$ がすべてを決める. 具体的には, 個数密度:

$$n_\gamma \approx 412 \left(\frac{T_{\gamma 0}}{2.735\,\mathrm{K}}\right)^3 \mathrm{cm}^{-3}, \tag{6.46}$$

エネルギー密度:

$$\rho_\gamma \approx 4.7 \times 10^{-34} \left(\frac{T_{\gamma 0}}{2.735\,\mathrm{K}}\right)^4 \mathrm{g/cm}^3 \approx 0.26 \left(\frac{T_{\gamma 0}}{2.735\,\mathrm{K}}\right)^4 \mathrm{eV/cm}^3 \tag{6.47}$$

で, 密度パラメータに換算すると

$$\Omega_{\gamma 0} \equiv \frac{\rho_{\gamma 0}}{\rho_{c0}} \approx 2.5 \times 10^{-5} h^{-2} \left(\frac{T_{\gamma 0}}{2.735\,\mathrm{K}}\right)^4 \tag{6.48}$$

となる.

(iii) **宇宙の非相対論的物質**　宇宙の非相対論的物質のエネルギー (質量) 密度パラメータは, $\Omega_{\mathrm{m}} \approx 0.31$, そのうちバリオンの寄与は $\Omega_{\mathrm{b}} \approx 0.05$ (厳密には, このうち $m_{\mathrm{e}}/m_{\mathrm{p}} \approx 1/1800$ 程度のレベルはレプトンの寄与と考えるべきかも知れないが事実上無視して差し支えない) で, 残りはダークマター $\Omega_{\mathrm{d}} \approx 0.26$. ちなみに, ニュートリノの寄与は, $\Omega_\nu h^2 < 0.0076$ とされており, バリオンに比べて無視できる. i-th 世代のニュートリノの質量と密度パラメータは

$$\Omega_{\nu_i 0} \equiv \frac{m_{\nu_i} n_{\nu_i + \bar{\nu}_i, 0}}{\rho_{c0}} \approx \frac{112 m_{\nu_i}}{10.6 h^2 \,\mathrm{keV}} \left(\frac{T_{\gamma 0}}{2.735\,\mathrm{K}}\right)^3 \approx \frac{m_{\nu_i}}{95 h^2 \,\mathrm{eV}} \left(\frac{T_{\gamma 0}}{2.735\,\mathrm{K}}\right)^3 \tag{6.49}$$

という関係にあるので, ある 1 つの世代のニュートリノだけが他に比べて大きな質量を持つとした場合でも, その質量は $m_\nu < 0.7\,\mathrm{eV}$ ということになる (3 世代がすべて同じ質量であると考えれば $m_\nu < 0.23\,\mathrm{eV}$).

(iv) **宇宙のダークエネルギー**　(ii) より, 現在の宇宙では相対論的物質のエネルギー密度の寄与は無視できることがわかったので, 宇宙の大半, $\Omega_{\mathrm{tot}} - \Omega_{\mathrm{m}} \approx 0.69$ を占めているものは何かが問題となる. 仮に (6.30) 式のような状態方程式を持つダークエネルギーであるとしたときには, $w = -1.13^{+0.23}_{-0.25}$ という制限が得られている. つまり, 不思議なことに宇宙定数 ($w = -1$) である可能性が高い.

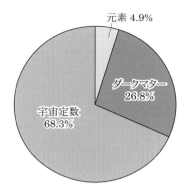

図 **6.2** プランク衛星のデータに基づく宇宙の組成.

(v) **宇宙の 98% はダークである** 上の結果から，宇宙のエネルギー密度のほとんどは正体不明のダーク成分であることがわかる．すなわち，$\Omega_\Lambda + \Omega_\mathrm{d} \approx 0.95$．さらに実は，上述のバリオンのうち，銀河のなかの星，および X 線を放射する銀河団高温ガスなどのように直接存在形態がわかっているものは半分程度で，残りはダークバリオン $\Omega_\mathrm{DB} \approx 0.03$ である．これらを合わせると，実は宇宙の 98%以上の成分はダークなのである．ちなみにダークバリオンの大半は，10 万度から 1000 万度の温度を持ち，銀河団同士を結ぶフィラメント状の宇宙の大構造に沿って分布しているものと予想されており，Warm/Hot Intergalactic Medium (WHIM) と呼ばれている．すなわち，中性水素を含むような冷たい (1 万度以下) 物質と，X 線で強い放射を示す熱い銀河団ガス (1000 万度以上) の中間的存在としての，「温かい」(といっても 10 万度から 1000 万度) 銀河間物質という意味である．

(vi) **宇宙の年齢は 138 億年** 別にとりたてて付け加えることもないが，この精度まで宇宙年齢が決まるようになっている事実には驚きを禁じ得ない [6]．

---

[6] 私が大学院で宇宙論を学び始めたのは 1983 年であるが，振返ってみれば当時の宇宙論研究は飛躍的変革期のまっただなかであった．当時の論文では宇宙論パラメータの値を，〜 1 とか，〜 0.1 のように示すことが多かったが，この 〜 の記号がどの程度の範囲の値を意味しているのか，おそらく誰もちゃんと答えることはできなかったであろう．一方，21 世紀になって，宇宙論のほとんどの論文が (やっと他の物理の分野と同じように)，0.72 ± 0.05, 0.12 ± 0.02 という誤差付の値を引用するようになったことを見るとまさに隔世の感がある．と同時に宇宙論研究の 1 つの段階が終わったことを痛感し感慨に耽ったりしてしまうのである．

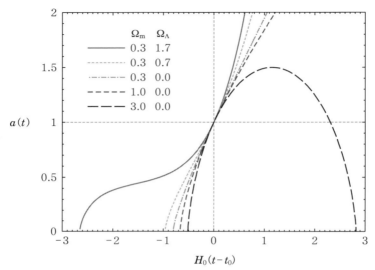

図 6.3 宇宙のスケール因子の時間発展. 宇宙の密度パラメータ Ω_m と宇宙定数 Ω_Λ の代表的な組み合わせに対して $a(t)$ をプロットしたもの (現在の宇宙でのスケール因子は 1 に規格化してある). 実線: $(\Omega_\mathrm{m}, \Omega_\Lambda) = (0.3, 1.7)$, 点線: $(0.3, 0.7)$, 一点鎖線: $(0.3, 0.0)$, 短破線: $(1.0, 0.0)$, 長破線: $(3.0, 0.0)$. ここでは現在の宇宙の膨張率をそろえているので $t = t_0$ での接線の傾きがすべて一致していることに注意.

6.6.3 宇宙の膨張則と宇宙の未来

上述の観測結果に基づけば, $z < z_\mathrm{eq}$ の宇宙 (線形的な時間スケールで考えればほとんどすべての期間が含まれる. ただし, 宇宙の歴史では対数的なスケールで時間を考えた方がよい場合もある) では, Ω_r0 を無視してよく,

$$\left(\frac{da}{dt}\right)^2 = H_0^2 \left[\frac{\Omega_\mathrm{m}}{a} + (1 - \Omega_\mathrm{m} - \Omega_\Lambda) + \Omega_\Lambda a^2\right] \tag{6.50}$$

が宇宙膨張を記述するものとしてよい. 初期条件としては $t = 0$ で $a = 0$ となるように選び, この式を積分してやれば宇宙の膨張則が得られる.

図 6.3 はその例である. ここでは $H_0(t - t_0)$ を横軸に選んでいるので, それぞれのモデルが $a = 0$ となる点の値と原点との距離が現在の宇宙年齢に対応する. たとえば, アインシュタイン-ドジッターモデル ($\Omega_\mathrm{m} = 1$, $\Omega_\Lambda = 0$) では, $t_0 = \frac{2}{3} H_0^{-1}$ となる. この図からわかるように, Ω_m が小さいほど, また Ω_Λ が大きいほど宇宙年齢は長くなる. 特に $\Omega_\mathrm{m} = \Omega_\Lambda = 0$ の場合は $t_0 = H_0^{-1}$ であり, また Ω_Λ を大きくしていくとあ

る臨界値で t_0 が無限大となる.

宇宙定数がない ($\Omega_\Lambda = 0$) 場合には,アインシュタイン-ドジッターモデル ($\Omega_m = 1$) の場合を境にして,$\Omega_m > 1$ ならばやがて収縮する宇宙,逆に $\Omega_m < 1$ なら永久に膨張し続ける宇宙となる.また正の宇宙定数 ($\Omega_\Lambda > 0$) を持つモデルの場合,$a \gg \left(\dfrac{\Omega_m}{\Omega_\Lambda}\right)^{1/3}$ となると,宇宙は指数関数的膨張期:

$$a(t) \propto \exp(H_0\sqrt{\Omega_\Lambda}t) = \exp\left(t\sqrt{\frac{\Lambda}{3}}\right) \tag{6.51}$$

に入る.実は我々の宇宙は現在この時期に突入している可能性が高い (宇宙の加速膨張,第 2 のインフレーションと呼ばれることがある).

以下,解析的にスケール因子と宇宙年齢 t_0 が求められる場合の結果をまとめておく (問題 [6.13]〜[6.15] 参照).

(a) アインシュタイン-ドジッターモデル ($\Omega_m = 1,\ \Omega_\Lambda = 0$)

$$a(t) = \left(\frac{t}{t_0}\right)^{2/3}, \quad t_0 = \frac{2}{3H_0}. \tag{6.52}$$

(b) 宇宙項のない開いたモデル ($\Omega_m < 1,\ \Omega_\Lambda = 0$)

$$a(t) = \frac{\Omega_m}{2(1-\Omega_m)}\left(\cosh\theta - 1\right), \tag{6.53}$$

$$H_0 t = \frac{\Omega_m}{2(1-\Omega_m)^{3/2}}\left(\sinh\theta - \theta\right), \tag{6.54}$$

$$H_0 t_0 = \frac{1}{1-\Omega_m} - \frac{\Omega_m}{2(1-\Omega_m)^{3/2}}\ln\frac{2-\Omega_m+2\sqrt{1-\Omega_m}}{\Omega_m}. \tag{6.55}$$

(c) 正の宇宙項を持つ平坦なモデル ($\Omega_m < 1,\ \Omega_\Lambda = 1-\Omega_m$)

$$a(t) = \left(\frac{\Omega_m}{1-\Omega_m}\right)^{1/3}\left(\sinh\frac{3\sqrt{1-\Omega_m}}{2}H_0 t\right)^{2/3}, \tag{6.56}$$

$$H_0 t_0 = \frac{1}{3\sqrt{1-\Omega_m}}\ln\frac{2-\Omega_m+2\sqrt{1-\Omega_m}}{\Omega_m}. \tag{6.57}$$

異なる Ω_m の場合の宇宙年齢の具体的な値を,表 6.2 に示しておく.

仮に我々の宇宙が (a) のアインシュタイン-ドジッターモデルであるとすれば,宇宙膨張はいつまでたっても同じ $a \propto t^{2/3}$ のままである.しかし,(b) の宇宙項のない開いたモデルの場合には,$a \propto t$ に漸近する.さらに (c) の正の宇宙項を持つ平坦なモデルの場合,やがて宇宙項だけが支配するようになり,宇宙は (6.51) 式のような指数関数的膨張を行う.こうなれば宇宙はあっと言う間にその密度を下げ,その中の物質は進

Ω_{m}	宇宙定数なし ($\Omega_\Lambda = 0$)	平坦な宇宙 ($\Omega_\Lambda = 1 - \Omega_{\mathrm{m}}$)
1.0	6.5	6.5
0.1	8.8	12.5
0.01	9.6	19.6

表 6.2 宇宙の年齢 ($= h^{-1} \times 10^9$ 年を単位としている).

化を遂げることなく，もはや現在のような輝く銀河宇宙ではなく単なる空虚な空間に成り下がってしまう．ちなみに，(6.21) 式：

$$\frac{\ddot{a}}{a} = -\frac{4\pi G}{3}(\rho + 3p) \tag{6.58}$$

からわかるように (Λ の寄与は ρ と p に繰り入れるものとする)，宇宙は $\rho + 3p > 0$ であれば減速膨張，$\rho + 3p < 0$ であれば加速膨張，を行う．したがって，(a), (b) は常に減速膨張であるが，(c) は宇宙定数が支配し始める時を境として減速膨張から加速膨張に転ずることになる．

6.7$^{(\sharp)}$　宇宙定数とダークエネルギー

6.7.1　アインシュタインの静的宇宙モデル

さて，ここまでの議論から，アインシュタイン方程式の解としての宇宙モデルは一般には時間変化 (進化) することが示された．では，静的解は存在しないのであろうか．そもそもこれがアインシュタインが宇宙定数を導入した理由であることはすでに述べたが，この節ではもう少し詳しく考察してみよう．

まずは，(6.20) 式と (6.21) 式で $\Lambda = 0$ とおいた場合を考える．つまり，

$$\left(\frac{1}{a}\frac{da}{dt}\right)^2 = \frac{8\pi G}{3}\rho - \frac{K}{a^2}, \tag{6.59}$$

$$\frac{1}{a}\frac{d^2a}{dt^2} = -\frac{4\pi G}{3}(\rho + 3p) \tag{6.60}$$

とする．これらが "$a = $ 一定" という解を持つための必要十分条件は，両式がともに 0 となることである．つまり

$$\rho = -3p = \frac{3K}{8\pi Ga^2} \tag{6.61}$$

である．(6.61) 式を満たすためには，密度か圧力のいずれかが負であるような物質を考

えざるを得ない．これは物理的には受け入れがたい (と思うのが普通であろう)．つまり，$\Lambda = 0$ の場合，(普通の物質を想定する限り) 静的宇宙モデル解は存在しないことが示されたことになる．

一方，$\Lambda \neq 0$ を導入した場合には，

$$\left(\frac{1}{a}\frac{da}{dt}\right)^2 = \frac{8\pi G}{3}\rho - \frac{K}{a^2} + \frac{\Lambda}{3}, \tag{6.62}$$

$$\frac{1}{a}\frac{d^2a}{dt^2} = -\frac{4\pi G}{3}(\rho + 3p) + \frac{\Lambda}{3} \tag{6.63}$$

となるから，静的な解を持つための必要十分条件は，

$$K = 4\pi G(\rho + p)a^2, \quad \Lambda = 4\pi G(\rho + 3p) \tag{6.64}$$

$$\Rightarrow \quad \rho = \frac{1}{8\pi G}\left(\frac{3K}{a^2} - \Lambda\right), \quad p = \frac{1}{8\pi G}\left(\Lambda - \frac{K}{a^2}\right) \tag{6.65}$$

となる．したがってこの場合，

$$\frac{K}{a^2} \leq \Lambda \leq \frac{3K}{a^2} \tag{6.66}$$

を満たせば，ρ と p がともに正となる解が存在し得る．さらに圧力が無視できるような非相対論的物質によって宇宙が占められているとすれば，

$$\rho = \frac{\Lambda}{4\pi G}, \quad K = \Lambda a^2 \tag{6.67}$$

となる．つまり，曲率 K が正の閉じた (体積が有限) 宇宙となる．これは通常，アインシュタインの静的宇宙モデルと呼ばれている．

6.7.2 ルメートル宇宙モデル

$\Lambda > 0$, $K > 0$ の一様等方宇宙モデルは，特にルメートルモデルと呼ばれている．この特殊な場合が，アインシュタインの静的宇宙モデルである．以下，特に圧力が無視できるような非相対論的物質によって宇宙が占められている場合に限定して，ルメートル宇宙モデルの振る舞いを考えることで，アインシュタインの静的宇宙モデルが不安定であることを示す．アインシュタインモデルに対応するという意味で，下添字 E をつけることにする：

$$\rho_{\mathrm{E}} = \frac{\Lambda}{4\pi G}, \quad K = \Lambda a_{\mathrm{E}}^2. \tag{6.68}$$

今考えるモデルでは，$a = a_{\mathrm{E}}$ で質量密度が ρ_{E} の α (> 1) 倍だけ大きいものとすれば，$p = 0$ かつ

$$\rho = \alpha \rho_{\mathrm{E}} \left(\frac{a_{\mathrm{E}}}{a}\right)^3 = \frac{\alpha \Lambda}{4\pi G} \left(\frac{a_{\mathrm{E}}}{a}\right)^3. \tag{6.69}$$

これらを (6.62) 式と (6.63) 式に代入すると，

$$\dot{a}^2 = \frac{\Lambda}{3} \left(\frac{2\alpha a_{\mathrm{E}}^3}{a} - 3a_{\mathrm{E}}^2 + a^2\right), \tag{6.70}$$

$$\frac{\ddot{a}}{a} = \frac{\Lambda}{3} \left(1 - \alpha \left(\frac{a_{\mathrm{E}}}{a}\right)^3\right). \tag{6.71}$$

$a \ll a_{\mathrm{E}}$ では，(6.70) 式より $a \propto t^{2/3}$. この時期は減速膨張 ($\ddot{a} < 0$) であるが，$a = \alpha^{1/3} a_{\mathrm{E}}$ で最小値 $\dot{a}^2 = \Lambda a_{\mathrm{E}}^2(\alpha^{2/3} - 1)$ をとった後は，加速膨張 ($\ddot{a} > 0$) に転じ，漸近的には (6.51) 式：$a \propto \exp\left(t\sqrt{\Lambda/3}\right)$ で与えられる指数関数的膨張 (ドジッターモデル) に近づいていく．これからわかるように，α が 1 に近ければ近いほど $\dot{a}^2 = 0$ となり，実質的には宇宙膨張が止まってしまう．このように a がしばらく定数でとどまる時期は，coasting period と呼ばれるが，特に $\alpha = 1$ でこの coasting period が無限に続く場合がアインシュタインの静的宇宙モデルに対応する．$\alpha < 1$ の場合に同じ考察を行えば，$\ddot{a} = 0$ となる前に $\dot{a}^2 = 0$ となりそこでバウンス解となる．つまり，膨張から収縮に転ずる．

これからわかるように，α の値が 1 より大きいか小さいかによってルメートル宇宙モデルの振る舞いはまったく異なり，このことは $\alpha = 1$ であるアインシュタインの静的宇宙モデルが不安定であることを意味する．

ところで，(6.63) 式からもわかるように，一般に

$$\rho + 3p \geq \frac{\Lambda}{4\pi G} \tag{6.72}$$

であれば，$\ddot{a}$ は常に正でない値をとる．したがって，現在の宇宙が膨張 ($\dot{a} > 0$) していれば，必ず過去のある時点で $a = 0$ となってしまう．つまり，$\Lambda \leq 0$ の宇宙モデルでは，宇宙の密度と圧力がともに正である限り，(古典論である相対論の枠内では) 宇宙には必然的に初期特異点が存在することになる．

6.7.3 実効的な宇宙定数としてのスカラー場

ここまでは，あくまで Λ の実体にはふれずに単なる定数であると考えた場合の観測的制限について考察した．しかし，最近では，この「宇宙定数」は，「真空自身の持つエネルギー密度」であると解釈されることのほうが多い．

このような物理モデルのもっとも簡単な場合として，次のラグランジアン密度で与え

られる実スカラー場を例として考えてみよう [7].

$$\mathscr{L} = -\frac{1}{2}g^{\mu\nu}\partial_\mu\phi\partial_\nu\phi - V(\phi). \tag{6.73}$$

対応するエネルギー運動量テンソルは，(4.75) 式の一般論に従って

$$T_{\mu\nu} = \frac{2}{\sqrt{-g}}\left(\frac{\partial}{\partial x^\alpha}\frac{\partial(\mathscr{L}\sqrt{-g})}{\partial g^{\mu\nu},_\alpha} - \frac{\partial(\mathscr{L}\sqrt{-g})}{\partial g^{\mu\nu}}\right) = -\frac{2}{\sqrt{-g}}\frac{\partial(\mathscr{L}\sqrt{-g})}{\partial g^{\mu\nu}}$$

$$= -2\frac{\partial\mathscr{L}}{\partial g^{\mu\nu}} - \frac{2\mathscr{L}}{\sqrt{-g}}\underbrace{\frac{\partial\sqrt{-g}}{\partial g^{\mu\nu}}}_{(4.58)\ \text{式より}\ -\frac{\sqrt{-g}g_{\mu\nu}}{2}}$$

$$= \partial_\mu\phi\partial_\nu\phi + \mathscr{L}g_{\mu\nu} \tag{6.74}$$

であるから，空間的に一様であると仮定して対応するスカラー場のエネルギー密度と圧力を読み取れば，

$$\rho_\phi = \frac{1}{2}\dot{\phi}^2 + V(\phi), \quad p_\phi = \frac{1}{2}\dot{\phi}^2 - V(\phi) \tag{6.75}$$

が得られる．特にこのスカラー場の時間変化が無視できる ($\dot{\phi}^2 \ll V(\phi)$) ときには $p_\phi \approx -\rho_\phi$ となり，まさに宇宙「定数」たる条件を満たす．この場合，宇宙定数の値は，このスカラー場の持つポテンシャルエネルギーによって決まることになる．

このスカラー場の運動方程式は，作用

$$S = \int d^4x \sqrt{-g}\,\mathscr{L} \tag{6.76}$$

を変分，あるいは $T^{\mu\nu}_{\ ;\nu} = 0$ を計算することによって

$$\ddot{\phi} + 3\frac{\dot{a}}{a}\dot{\phi} + \Gamma_\phi\dot{\phi} + \frac{dV}{d\phi} = 0. \tag{6.77}$$

と得られる．

(6.77) 式の第 3 項 $\Gamma_\phi\dot{\phi}$ は，作用の変分から直接出てくるものではなく，スカラー場と他の場との相互作用のため，このスカラー場が崩壊して他のより軽い粒子生成を起こすことに対応して付け加えられたものである．今の場合この項は重要ではないが，インフレーション宇宙の進化においては，このスカラー場の持つ「真空のエネルギー密度」を熱化し (再加熱)，輻射優勢の標準フリードマン宇宙にする上で本質的となる．

さて，このように Λ をスカラー場のポテンシャルエネルギーと見なす立場から言え

---

[7] 符号は $\partial_t\phi\partial_t\phi$ の項が正として入るように選ぶので，今の $(-, +, +, +)$ の場合，このようになる．

142 第 6 章 相対論的宇宙モデル

ば，その特徴的スケールは基本物理定数である，重力定数 G, 光速度 c, プランク定数 $\hbar$ によって決まる (プランクスケール) と考えるのが自然である．よく知られているように，プランク質量，プランク長さ，プランク時間はそれぞれ，

$$m_{\rm pl} \equiv \sqrt{\frac{\hbar c}{G}} \sim 2.18 \times 10^{-5}\,{\rm g}, \tag{6.78}$$

$$\ell_{\rm pl} \equiv \sqrt{\frac{\hbar G}{c^3}} \sim 1.62 \times 10^{-33}\,{\rm cm}, \tag{6.79}$$

$$t_{\rm pl} \equiv \sqrt{\frac{\hbar G}{c^5}} \sim 5.39 \times 10^{-44}\,{\rm s} \tag{6.80}$$

である (問題 [6.16]). これらを用いると，(6.23) 式より「自然な」Λ は

$$\Lambda \sim G\frac{m_{\rm pl}}{\ell_{\rm pl}^3} = \frac{c^5}{\hbar G} = \frac{1}{t_{pl}^2} \approx (5.4 \times 10^{-44}\,{\rm s})^{-2} \tag{6.81}$$

程度の値をとると予想される．一方これを無次元の Ω_Λ になおすと

$$\Omega_\Lambda = \frac{\Lambda}{3H_0^2} \approx \frac{1}{3}\left(\frac{3.1 \times 10^{17}}{5.4 \times 10^{-44}}\right)^2 h^{-2} \sim 10^{121} \tag{6.82}$$

という，とてつもなく大きな数になってしまう.

これに対して観測値は，表 6.1 で示したように $\Omega_\Lambda \approx 0.7$ なのでなんと 120 桁もずれており，宇宙定数の物理的起源を理解することの困難さを実感させるに十分である．素粒子理論においてまだ知られていない何らかの機構によってこの 10^{121} という値が 1 以下にまで，言わば "微調整" されているのかもしれないし，あるいは，そもそも，初期宇宙での高エネルギー過程の名残りとして宇宙定数が生み出されたという考え方自体が間違っているのかもしれない．この意味では，「宇宙定数」に対する物理的モデルはまだ存在しないというのが適切であろう.

第 6 章の問題

[6.1] 一様等方宇宙モデルの計量を

$$ds^2 = -dt^2 + g_{ij}\,dx^i dx^j \equiv -dt^2 + a^2(t)\widetilde{g}_{ij}(x)\,dx^i dx^j$$
$$= -dt^2 + a^2(t)\Big(W(x)\,dx^2 + x^2(d\theta^2 + \sin^2\theta\,d\varphi^2)\Big) \tag{6.83}$$

とおいたとき，クリストッフェル記号が以下の表式を持つことを示せ（˙は t に関する微分とする）.

$$\begin{cases} \Gamma^0_{00} = \Gamma^0_{0i} = \Gamma^i_{00} = 0, \\ \Gamma^0_{ij} = \left(\dfrac{\dot{a}}{a}\right) g_{ij} = a\dot{a}\widetilde{g}_{ij}, \quad \Gamma^i_{0j} = \left(\dfrac{\dot{a}}{a}\right)\delta^i{}_j, \quad \Gamma^i_{jk} = \widetilde{\Gamma}^i{}_{jk}. \end{cases} \tag{6.84}$$

ただし，$\widetilde{\Gamma}^i{}_{jk}$ は，$\widetilde{g}_{ij}$ に関するクリストッフェル記号で，(6.83) 式の場合，0 でない成分は，

$$\begin{cases} \widetilde{\Gamma}^x{}_{xx} = \dfrac{1}{2W}\dfrac{dW}{dx}, \quad \widetilde{\Gamma}^x{}_{\theta\theta} = -\dfrac{x}{W}, \quad \widetilde{\Gamma}^x{}_{\varphi\varphi} = -\dfrac{x\sin^2\theta}{W}, \\ \widetilde{\Gamma}^\theta{}_{\theta x} = \widetilde{\Gamma}^\varphi{}_{\varphi x} = \dfrac{1}{x}, \quad \widetilde{\Gamma}^\theta{}_{\varphi\varphi} = -\sin\theta\cos\theta, \quad \widetilde{\Gamma}^\varphi{}_{\theta\varphi} = \cot\theta \end{cases} \tag{6.85}$$

で与えられる.

[6.2] 問題 [6.1] の結果をリッチテンソルの定義式

$$R_{\mu\nu} = \Gamma^\alpha_{\mu\nu,\alpha} - \Gamma^\alpha_{\mu\alpha,\nu} + \Gamma^\alpha_{\mu\nu}\Gamma^\beta_{\alpha\beta} - \Gamma^\alpha_{\mu\beta}\Gamma^\beta_{\nu\alpha} \tag{6.86}$$

に代入して，(6.83) 式の線素に対する $R_{\mu\nu}$ の表式が次式で与えられることを示せ.

$$R_{00} = -3\frac{\ddot{a}}{a}, \quad R_{0i} = 0, \quad R_{ij} = \widetilde{R}_{ij} + (a\ddot{a} + 2\dot{a}^2)\widetilde{g}_{ij}. \tag{6.87}$$

ここで，$\widetilde{R}_{ij}$ は，$\widetilde{g}_{ij}$ に対するリッチテンソルで，0 でない値を持つ成分は

$$\widetilde{R}_{xx} = \frac{W'}{xW}, \quad \widetilde{R}_{\theta\theta} = \frac{xW'}{2W^2} + 1 - \frac{1}{W}, \quad \widetilde{R}_{\varphi\varphi} = \widetilde{R}_{\theta\theta}\sin^2\theta. \tag{6.88}$$

[6.3] 問題 [6.2] の結果を用いて (6.83) 式の線素に対するスカラー曲率 R を計算せよ.

[6.4] 空間が一様等方であるとすれば，3 次元のスカラー曲率 $\widetilde{R} = \widetilde{g}^{ij}\widetilde{R}_{ij}$ は定数でなければならない. 問題 [6.3] の結果を用いて $\widetilde{R} = 6K$ とおき $W(x)$ を具体的に求め，一様等方宇宙モデルの計量が一般に

$$ds^2 = -dt^2 + a^2(t)\left(\frac{dx^2}{1 - Kx^2} + x^2(d\theta^2 + \sin^2\theta\,d\varphi^2)\right) \tag{6.89}$$

となることを示せ.

[6.5] 問題 [6.3] と [6.4] の結果を合わせてロバートソン-ウォーカー計量

$$ds^2 = -dt^2 + a^2(t)\left(\frac{dx^2}{1 - Kx^2} + x^2(d\theta^2 + \sin^2\theta\,d\varphi^2)\right) \tag{6.90}$$

に対するアインシュタインテンソル：

$$G_{\mu\nu} = R_{\mu\nu} - \frac{1}{2}R\,g_{\mu\nu} \tag{6.91}$$

を計算せよ．

[6.6] ロバートソン-ウォーカー計量の座標系と共に運動する，すなわち $x^i =$ 一定の観測者 (comoving observer) を考える．その 4 元速度を u^μ とすれば，成分は

$$u^\mu = (1, 0, 0, 0) \tag{6.92}$$

で与えられる．一方，この共動系における物質のエネルギー運動量テンソル $T_{\mu\nu}$ の成分を

$$T_{00} = \rho, \quad T_{0i} = -q_i, \quad T_{ij} = pg_{ij} + \pi_{ij} \tag{6.93}$$

とおく．ただし (6.93) 式の右辺の独立な自由度が 10 となるように $\pi^i{}_i = 0$ という条件を課す．問題 [6.5] の結果と組み合わせると，アインシュタイン方程式

$$G_{\mu\nu} + \Lambda g_{\mu\nu} = 8\pi G T_{\mu\nu} \tag{6.94}$$

から，一様等方宇宙においては，$T_{\mu\nu}$ は完全流体の形

$$T_{\mu\nu} = (\rho + p)u_\mu u_\nu + p g_{\mu\nu} \tag{6.95}$$

に決まってしまうことを示せ．

[6.7] 問題 [6.5] と [6.6] の結果を用いて，6.3 節で紹介したロバートソン-ウォーカー計量におけるスケール因子の満たす 2 つの独立な式 (フリードマン方程式) を導け．

[6.8] 気体の圧力とは，単位面積あたり単位時間あたりの面に対する気体粒子の運動量

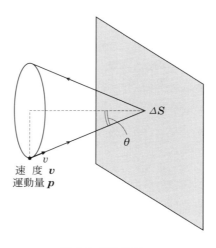

図 **6.4** 気体の圧力．

変化の垂直成分であると考えられる．図 6.4 のように ΔS の面積を持つ面に，その法線成分に対して角度 θ の方向から入射する運動量 q の粒子束の圧力に対する寄与は，

$$p(q, \theta) = 2qv \cos^2 \theta \tag{6.96}$$

であることを示せ (v はこの粒子の速度とする)．

[6.9] 運動量 q, 質量 m の粒子の持つエネルギー (静止質量を除く) を

$$\varepsilon(q) = \sqrt{q^2 c^2 + m^2 c^4} - mc^2 \tag{6.97}$$

としたとき，

$$v = \frac{d\varepsilon}{dq} \tag{6.98}$$

の関係があることを示せ．

[6.10] 運動量空間の粒子における分布関数を $f(q)$, 統計自由度を g, プランク定数を h としたとき，この系の個数密度 n, 全エネルギー密度 ρ, 圧力 p が，

$$n = \frac{4\pi g}{h^3} \int_0^\infty f(q) q^2 \, dq, \tag{6.99}$$

$$\rho = \frac{4\pi g}{h^3} \int_0^\infty (\varepsilon(q) + mc^2) f(q) q^2 \, dq, \tag{6.100}$$

$$p = \frac{4\pi g}{3h^3} \int_0^\infty \frac{d\varepsilon}{dq} f(q) q^3 \, dq \tag{6.101}$$

で与えられることを示せ．(6.101) 式を示す際には，問題 [6.8] と [6.9] の結果を用いてよい．

[6.11] 問題 [6.10] の n と p をマクスウェル-ボルツマン分布に従う古典気体

$$f_{\mathrm{MB}}(q) = \exp\left(-\frac{\varepsilon - \mu}{k_{\mathrm{B}} T}\right) \tag{6.102}$$

(μ は化学ポテンシャル) に対して計算し，状態方程式

$$p = n k_{\mathrm{B}} T \tag{6.103}$$

が成り立つことを示せ．

[6.12] 同様に問題 [6.10] の表式を用いて，温度 T のプランク分布 ((1.80) 式) に従う光子気体のエネルギー密度と圧力が

$$\rho_\gamma(T) = \frac{8\pi^5 k_{\mathrm{B}}^4}{15 h^3 c^3} T^4 \equiv a_\gamma T^4, \tag{6.104}$$

$$p_\gamma = \frac{1}{3} \rho_\gamma \tag{6.105}$$

で与えられることを示せ. a_γ は輻射定数と呼ばれる $(= 7.56 \times 10^{-15} \, \mathrm{erg/cm^3/K^4})$.

[6.13] $\tau \equiv H_0 t$ と定義したとき, 宇宙定数が 0 の低密度 $(\Omega_\mathrm{m} < 1)$ 宇宙モデル :

$$\left(\frac{da}{d\tau}\right)^2 = \frac{\Omega_\mathrm{m}}{a} + 1 - \Omega_\mathrm{m} \tag{6.106}$$

の解が, 媒介変数表示で

$$
\begin{cases}
a = \dfrac{\Omega_\mathrm{m}}{2(1 - \Omega_\mathrm{m})}(\cosh\theta - 1), \\[3mm]
\tau = \dfrac{\Omega_\mathrm{m}}{2(1 - \Omega_\mathrm{m})^{\frac{3}{2}}}(\sinh\theta - \theta)
\end{cases}
\tag{6.107}
$$

で与えられることを示せ. ただし, $\tau = 0$ で $a = 0$ とする.

[6.14] 空間曲率が 0 の低密度 $(\Omega_\mathrm{m} < 1)$ 宇宙モデル :

$$\left(\frac{da}{d\tau}\right)^2 = \frac{\Omega_\mathrm{m}}{a} + (1 - \Omega_\mathrm{m})a^2 \tag{6.108}$$

の解が

$$a(\tau) = \left(\frac{\Omega_\mathrm{m}}{1 - \Omega_\mathrm{m}}\right)^{\frac{1}{3}} \sinh^{\frac{2}{3}}\left(\frac{3\sqrt{1 - \Omega_\mathrm{m}}}{2}\tau\right) \tag{6.109}$$

であることを示せ.

[6.15] 問題 [6.13] と [6.14] で考えたモデルに対して, 現在 $(a = 1)$ の宇宙年齢 t_0 がそれぞれ

$$H_0 t_0 = \frac{1}{1 - \Omega_\mathrm{m}} - \frac{\Omega_\mathrm{m}}{2(1 - \Omega_\mathrm{m})^{\frac{3}{2}}} \ln\left(\frac{2 - \Omega_\mathrm{m} + 2\sqrt{1 - \Omega_\mathrm{m}}}{\Omega_\mathrm{m}}\right) \tag{6.110}$$

および

$$H_0 t_0 = \frac{1}{3\sqrt{1 - \Omega_\mathrm{m}}} \ln\left(\frac{2 - \Omega_\mathrm{m} + 2\sqrt{1 - \Omega_\mathrm{m}}}{\Omega_\mathrm{m}}\right) \tag{6.111}$$

で与えられることを示し, 以下の表を完成せよ.

a	宇宙年齢 $[h^{-1}\ 年]$		
	$\Omega_\mathrm{m} = 0.3, \Omega_\Lambda = 0$	$\Omega_\mathrm{m} = 0.3, \Omega_\Lambda = 0.7$	$\Omega_\mathrm{m} = 0.1, \Omega_\Lambda = 0.9$
1			
0.5			
0.2			
0.1			
0.01			
0.001			

[6.16] 重力定数 G, 光速度 c, プランク定数 $\hbar$ はどのような次元を持つかを示せ. また, それらだけから, 質量, 長さ, 時間, 密度の次元を持つ組み合わせを求め, 具体的な数値を計算せよ. さらに g, erg, K, eV の単位間の換算式を求め, それらの数値を以下の換算表に書き入れよ.

	eV	K	erg	g
eV	—			
K		—		
erg			—	
g				—

[6.17] 一様等方宇宙の計量は次のロバートソン-ウォーカー 計量で表される :

$$ds^2 = -dt^2 + a^2(t) \left(\frac{dx^2}{1 - Kx^2} + x^2 \left(d\theta^2 + \sin^2\theta \, d\phi^2 \right) \right). \tag{6.112}$$

ここで $a(t)$ は宇宙のスケールファクター, K は空間曲率定数である. 次式で定義される新たな「動径座標」χ :

$$\chi \equiv \int_0^x \frac{dx}{\sqrt{1 - Kx^2}} \tag{6.113}$$

を用いると, (6.112) 式の計量は次の形に書き直される.

$$ds^2 = -dt^2 + a^2(t) \left(d\chi^2 + S_K^2(\chi) \left(d\theta^2 + \sin^2\theta \, d\phi^2 \right) \right). \tag{6.114}$$

K が正, 零, 負のそれぞれの場合について, S_K を具体的に求めよ.

[6.18] 現在から遡って時間 t だけ過去に発射された光が, $\theta = \phi = $ 一定 の軌跡を通ってちょうど現在, 原点にいる我々の所に到達するとする. 光の測地線はヌル ($ds^2 = 0$) であるから

$$\chi = \int_{t_0 - t}^{t_0} \frac{dt'}{a(t')} \tag{6.115}$$

となる. 過去に発射される光は宇宙論的赤方偏移を受けて, 波長が $1 + z \equiv \dfrac{1}{a(t)}$ だけ引き延ばされるが, この式を用いると, 座標 χ からやってくる光の赤方偏移を知ることができる (今の場合, 具体的な関数形は必要としない).

光度距離 (d_{L}) と呼ばれる量を, 次のように定義する :

$$\mathscr{F} = \frac{\mathscr{L}}{4\pi d_{\mathrm{L}}^2}. \tag{6.116}$$

ここで $\mathscr{L}$ は光源の絶対光度，$\mathscr{F}$ は観測される見かけの flux である (単位はたとえばそれぞれ [erg/s], [erg/s/cm^2] 等). 座標 χ の位置 (赤方偏移を z とする) から発射された光をちょうど現在観測するとして，d_L を χ, z で表せ. このとき，赤方偏移 z にある光源での時間間隔 δt は，$z = 0$ の観測者にとっては $\delta t(1 + z)$ に引きのばされる (time dilation) ことにも注意せよ.

[6.19] 角度距離 (d_A) と呼ばれる量を，次のように定義する :

$$D = d_A \theta. \tag{6.117}$$

ここで D, θ は，光源の視線方向に垂直な方向の真の大きさ，および，それを我々が見込む際の角度，である. d_A と d_L の関係式を求めよ.

[6.20] 現在 ($t = t_0$) から宇宙の始まり ($t = 0$) までの共動距離を，(現在の) 宇宙の地平線距離 d_H と定義する. 現在の宇宙年齢は 138 億年なので，地平線距離は 138 億光年だと考えたくなるが，これは宇宙膨張を無視した場合であり，実際には正しくない. そこで，特に $K = 0$ (平坦な宇宙) の場合に限って，より正確な d_H の値を計算してみよう.

$K = 0$ (平坦な宇宙) の場合には，$\chi(t)$ は共動距離 $x(t)$ と一致するので，(6.115) 式に (6.50) 式を代入して

$$d_H = \int_0^{t_0} \frac{c\,dt}{a} = \int_0^1 \frac{c}{a}\frac{dt}{da}\,da \approx \frac{c}{H_0}\int_0^1 \frac{da}{\sqrt{\Omega_m a + \Omega_\Lambda a^4}} \tag{6.118}$$

を得る. 観測的推定値である $\Omega_\Lambda = 0.685$ と $\Omega_m = 0.315$ を代入して数値積分し，d_H の値を計算せよ. また，この値が 138 億光年からずれる理由を定性的に述べよ.

第7章

重力波

アインシュタインが一般相対論を発表して以来ほぼ 100 年後の 2015 年 9 月 14 日，米国のレーザー干渉計重力波天文台 (LIGO : Laser Interferometer Gravitational-wave Observatory) が，太陽質量の 30 倍程度の 2 つのブラックホールからなる連星系の合体にともなう重力波の直接検出に成功した．これは，強い重力場における一般相対論の初検証にとどまらず，重力波が物理学から天文学の新たな窓となった歴史的偉業である．本章では，2 つの質点系からなる連星から放出される重力波の具体的な計算を通じて，重力波の基礎的な性質を理解することを目指す．

7.1　アインシュタイン方程式の弱場近似と重力波

重力波とは，時空を伝搬する時空の波動である．この描像では，時空をあえて，「不変な媒質」と「その中を伝わる波動」の 2 つに分けることになる．しかしその場合には，前者に対応する座標系が特別な意味を持つこととなり，一般相対論の根幹をなす一般相対性原理がみたされなくなる．実際このために，重力波が実在するかどうかについては，長い間にわたり論争が繰り広げられた．アインシュタイン自身ですら重力波は実在しないという論文を発表した事があるほどだ．

しかし，この問題についてはすでに理論的に決着しているのみならず，連星パルサーによる間接的な重力波検出 (問題 [7.1])，さらには LIGO による直接検出を経て，重力波の存在は確立している．そのため本章では，概念的な問題に立ち入ることはせず，以下の弱い重力場：

$$g_{\mu\nu} = \eta_{\mu\nu} + h_{\mu\nu}, \quad |h_{\mu\nu}| \ll 1 \tag{7.1}$$

の場合に限定して，重力波の性質を考えることにする．(7.1) 式は，時空 $g_{\mu\nu}$ を重力の

存在しないミンコフスキー時空 $\eta_{\mu\nu}$ と重力による時空の歪み $h_{\mu\nu}$ の2つに分け,定常時空 $\eta_{\mu\nu}$ 上を波動 $h_{\mu\nu}$ が伝搬するという描像に対応している.

ところで (7.1) 式は,h を $h_{\mu\nu}$ の典型的振幅として,

$$g_{\mu\nu} = \eta_{\mu\nu} + h_{\mu\nu} + \mathcal{O}(h^2) \tag{7.2}$$

の高次項を無視した近似式であるという立場と,

$$h_{\mu\nu} \equiv g_{\mu\nu} - \eta_{\mu\nu} \tag{7.3}$$

によって $h_{\mu\nu}$ を定義したものとする立場の2つがあり得るが,ここでは $|h_{\mu\nu}| \ll 1$ を仮定して (7.2) 式の立場を採用する [1].

そこで,(7.2) 式の立場に従って,アインシュタイン方程式を具体的に $h_{\mu\nu}$ を用いて展開し,その最低次の項を書き下してみよう.この近似をアインシュタイン方程式の線形化と呼ぶ.

まず

$$g^{\mu\nu} = \eta^{\mu\nu} + h^{\mu\nu} + \mathcal{O}(h^2) \tag{7.4}$$

によって $h^{\mu\nu}$ を定義した場合,たとえば

$$h_{\mu\nu} \equiv h^{\alpha\beta} g_{\mu\alpha} g_{\nu\beta} = h^{\alpha\beta} \eta_{\mu\alpha} \eta_{\nu\beta} + \mathcal{O}(h^2) \tag{7.5}$$

となることに注意しよう.このように,$h^{\mu\nu}$ と $h_{\mu\nu}$ の添字の上げ下げはそれらの最低次の近似では,$g_{\alpha\beta}$ と $g^{\alpha\beta}$ の代わりに,$\eta_{\alpha\beta}$ と $\eta^{\alpha\beta}$ で行っても同じである.この意味で,$h^{\mu\nu}$ や $h_{\mu\nu}$ はミンコフスキー時空におけるテンソルだとみなすこともできる (が,一般相対論の思想に従えばやはり違和感が拭えない表現であろう).

さらに,任意のテンソル A (添字は省略する) に対して,座標に対する偏微分を

$$\frac{\partial A}{\partial x^\alpha} \equiv A_{,\alpha}, \quad \frac{\partial A}{\partial x_\alpha} \equiv A^{,\alpha}, \quad \frac{\partial^2 A}{\partial x^\beta \partial x^\alpha} \equiv A_{,\alpha\beta}, \quad \frac{\partial^2 A}{\partial x^\beta \partial x_\alpha} \equiv A^{,\alpha}{}_\beta \tag{7.6}$$

などと略記する [2].(7.5) 式と同じく,A が $h_{\mu\nu}$ と同じく微小量である場合は,それらの最低次では偏微分の足もまた $\eta_{\alpha\beta}$ と $\eta^{\alpha\beta}$ を用いて上げ下げすればよい.たとえば,

---

[1] この場合,$h_{\mu\nu}$ は厳密な意味ではテンソルとはならない.一般相対論の思想から考えれば,テンソルでない以上それは現実の物理量に対応しておらず観測もできないはずだ,という当然の疑問が湧き起こる.本章では触れないこのような重力波の概念的な側面については,『もうひとつの一般相対論入門』の第4章,および巻末の参考文献を参照のこと.

[2] 座標に関する偏微分は可換であるから,これらの場合 $A_{,\alpha\beta} = A_{,\beta\alpha}$, $A^{,\alpha}{}_\beta = A_{,\beta}{}^\alpha$ などが成り立つ.

$$h_{\mu\nu}{}^{,\alpha} = \eta^{\alpha\beta} h_{\mu\nu,\beta} \tag{7.7}$$

となる.

以上を念頭におき，アインシュタイン方程式を $h_{\mu\nu}$ に関して線形化してみる.

クリストッフェル記号の線形化　(2.47) 式より，$h_{\mu\nu}$ の 1 次までを残すと

$$\Gamma^{\alpha}{}_{\beta\gamma} \equiv \frac{1}{2} g^{\alpha\mu}(g_{\mu\beta,\gamma} + g_{\mu\gamma,\beta} - g_{\beta\gamma,\mu}) \approx \frac{1}{2}\eta^{\alpha\mu}(h_{\mu\beta,\gamma} + h_{\mu\gamma,\beta} - h_{\beta\gamma,\mu})$$

$$\equiv \frac{1}{2}(h^{\alpha}{}_{\beta,\gamma} + h^{\alpha}{}_{\gamma,\beta} - h_{\beta\gamma}{}^{,\alpha}). \tag{7.8}$$

リッチテンソルの線形化　同じく，(4.25) 式より

$$R_{\mu\nu} = \Gamma^{\alpha}{}_{\mu\nu,\alpha} - \Gamma^{\alpha}{}_{\mu\alpha,\nu} + \underbrace{\Gamma^{\alpha}{}_{\gamma\alpha}\Gamma^{\gamma}{}_{\mu\nu} - \Gamma^{\alpha}{}_{\gamma\nu}\Gamma^{\gamma}{}_{\mu\alpha}}_{=O(h^2)}$$

$$\approx \frac{1}{2}\Big((h^{\alpha}{}_{\mu,\nu\alpha} + h^{\alpha}{}_{\nu,\mu\alpha} - h_{\mu\nu,}{}^{\alpha}{}_{\alpha}) - (h^{\alpha}{}_{\mu,\alpha\nu} + h^{\alpha}{}_{\alpha,\mu\nu} - h_{\mu\alpha,}{}^{\alpha}{}_{\nu})\Big)$$

$$= \frac{1}{2}(h^{\alpha}{}_{\nu,\mu\alpha} + h_{\mu\alpha,}{}^{\alpha}{}_{\nu} - h_{\mu\nu,}{}^{\alpha}{}_{\alpha} - h_{,\mu\nu}). \tag{7.9}$$

ここで，h は $h_{\mu\nu}$ のトレース：

$$h \equiv h^{\alpha}{}_{\alpha} \equiv \eta^{\alpha\mu} h_{\alpha\mu} \tag{7.10}$$

である．(7.9) 式を縮約するとリッチスカラーは

$$R = R^{\beta}{}_{\beta} \approx \frac{1}{2}(h^{\alpha}{}_{\beta,}{}^{\beta}{}_{\alpha} + h^{\beta}{}_{\alpha,}{}^{\alpha}{}_{\beta} - h^{\beta}{}_{\beta,}{}^{\alpha}{}_{\alpha} - h_{,}{}^{\beta}{}_{\beta}) = h_{\alpha\beta,}{}^{\alpha\beta} - h_{,\beta}{}^{\beta} \tag{7.11}$$

となる.

アインシュタインテンソルの線形化　(7.9) 式と (7.11) 式を代入すれば

$$2G_{\mu\nu} = 2R_{\mu\nu} - g_{\mu\nu}R$$

$$\approx h_{\mu\alpha,\nu}{}^{\alpha} + h_{\nu\alpha,\mu}{}^{\alpha} - h_{\mu\nu,}{}^{\alpha}{}_{\alpha} - h_{,\mu\nu} - \eta_{\mu\nu}(h_{\alpha\beta}{}^{,\alpha\beta} - h_{,\beta}{}^{\beta}). \tag{7.12}$$

ここで，

$$\overline{h}_{\mu\nu} \equiv h_{\mu\nu} - \frac{1}{2}\eta_{\mu\nu}h \tag{7.13}$$

を定義すると，

$$\overline{h} \equiv \overline{h}^{\mu}{}_{\mu} = h^{\mu}{}_{\mu} - \frac{1}{2}\times 4h = -h, \tag{7.14}$$

$$h_{\mu\nu} = \overline{h}_{\mu\nu} + \frac{1}{2}\eta_{\mu\nu}h = \overline{h}_{\mu\nu} - \frac{1}{2}\eta_{\mu\nu}\overline{h}. \tag{7.15}$$

これを用いて (7.12) 式を書き直すと

$$2G_{\mu\nu} \approx -\overline{h}_{\mu\nu,\alpha}{}^{\alpha} - \eta_{\mu\nu}\overline{h}_{\alpha\beta}{}^{,\alpha\beta} + \overline{h}_{\mu\alpha,}{}^{\alpha}{}_{\nu} + \overline{h}_{\nu\alpha,}{}^{\alpha}{}_{\mu}$$

$$- \frac{1}{2}\eta_{\mu\alpha}\overline{h}_{,\nu}{}^{\alpha} - \frac{1}{2}\eta_{\nu\alpha}\overline{h}_{,\mu}{}^{\alpha} + \frac{1}{2}\eta_{\mu\nu}\overline{h}_{,}{}^{\alpha}{}_{\alpha} + \overline{h}_{,\mu\nu}$$

$$- \eta_{\mu\nu}\left(-\frac{1}{2}\eta_{\alpha\beta}\overline{h}^{,\alpha\beta} + \overline{h}_{,\beta}{}^{\beta}\right). \tag{7.16}$$

上式の 2 行目と 3 行目の和は 0 になるので，残るのは 1 行目だけである．つまり，

$$2G_{\mu\nu} \approx -\overline{h}_{\mu\nu,\alpha}{}^{\alpha} - \eta_{\mu\nu}\overline{h}_{\alpha\beta}{}^{,\alpha\beta} + \overline{h}_{\mu\alpha,}{}^{\alpha}{}_{\nu} + \overline{h}_{\nu\alpha,}{}^{\alpha}{}_{\mu} \tag{7.17}$$

とまとめられる．

ローレンスゲージ　ところで，物理的には同じ時空であっても，座標系の選び方によって $g_{\mu\nu}$ は見かけ上異なる表式となる．したがって，$\overline{h}^{\mu\nu}$ および $h^{\mu\nu}$ もまた，同じ時空に対しても一意的には決まらず，座標変換に対応する 4 つの自由度を持つ．これは，(3.34) 式で示された，電磁気学の 4 元ポテンシャル A^{μ} が持つゲージ自由度に対応する．電磁気学では，ローレンスゲージ [3]

$$A^{\mu}{}_{,\mu} = 0 \tag{7.18}$$

---

[3] 誤って Lorentz（ローレンツ）ゲージと書かれることが多いが，正しくは Lorenz（ローレンス）である．詳しくは，J.D. Jackson and L.B. Okun, "Historical rots of gause invariance", *Review of Modern Physics*, **73** (2001) 663, Helge Kragh, "Ludvig Lorenz (1867) on Light and Electricity", arXiv:1803.06371，および太田浩一『電磁気学の基礎 II』（東京大学出版会，2012）を参照のこと．電磁気学のローレンツ力や特殊相対論のローレンツ変換に名を残す Hendrik Antoon Lorentz (1853-1928) は，オランダの物理学者で，ゼーマン効果の発見とその理論的解釈により，ピーター・ゼーマンとともに 1902 年のノーベル物理学賞を受賞した．一方，Ludvig Valentin Lorenz (1829-1891) はデンマークの物理学者，数学者であり，"On the Identity of the Vibrations of Light with Electrical Currents", *Philosophical Magazine*, **34** (1867) 287-301 で Lorenz 条件を発表した．ちなみに，Lorenz 条件は Lorentz 変換に対して不変となっているので，ますますややこしい．ちなみに，カタカナ表記はさらに厄介である．2019 年時点で米国で博士研究員をしていた私のかつての学生に，デンマーク人に発音してもらった音声ファイルを送ってもらったところ，私の耳には Lorentz ＝ ローランツ，Lorenz ＝ ローランス と聞こえた．彼によれば，そのデンマーク人には，本来はデンマークではなくドイツ系の名前だからこれが正しい発音かどうかは注意すべきだとの助言をうけたらしい．そこで知り合いのドイツ人にも発音してもらったところ，いずれもローレンツに聞こえた．彼によれば，ドイツ語では Lorentz と Lorenz は同じ発音であるとのこと．また，ローランツとローランスにしてしまうと，一層の混乱を招きかねないので，本書では，ローレンツとローレンスと区別して用いることにする．

を課すことで，マクスウェル方程式である (1.64) 式と (1.69) 式から

$$F^{\mu\nu}{}_{,\nu} = (A^{\nu,\mu} - A^{\mu,\nu})_{,\nu} = -\Box A^\mu = 4\pi J^\mu \tag{7.19}$$

のように A^μ に対する波動方程式が導かれる．

$\overline{h}^{\mu\nu}$ に対しても (7.18) 式に対応するゲージ条件を課すことで，その波動方程式を導くことができる．それを見るために，具体的に $x^{\mu'} = x^\mu + \xi^\mu$ (ただし $\xi^\mu \ll x^\mu$ とする) とおき，$g_{\alpha\beta}(x) \to g'_{\mu\nu}(x')$ への座標変換則を書き下すと

$$\eta_{\mu\nu} + h'_{\mu\nu} = \frac{\partial x^\alpha}{\partial x^{\mu'}} \frac{\partial x^\beta}{\partial x^{\nu'}} (\eta_{\alpha\beta} + h_{\alpha\beta})$$

$$\approx (\delta^\alpha{}_\mu - \xi^\alpha{}_{,\mu})(\delta^\beta{}_\nu - \xi^\beta{}_{,\nu})(\eta_{\alpha\beta} + h_{\alpha\beta}). \tag{7.20}$$

したがって，

$$h'_{\mu\nu} \approx h_{\mu\nu} - \xi_{\mu,\nu} - \xi_{\nu,\mu}, \quad h' \approx h - 2\xi_\mu{}^{,\mu}$$

$$\Rightarrow \quad \overline{h}'_{\mu\nu} = \overline{h}_{\mu\nu} - \xi_{\mu,\nu} - \xi_{\nu,\mu} + \eta_{\mu\nu}\xi_\beta{}^{,\beta}. \tag{7.21}$$

これらより，

$$\overline{h}'^{\mu\alpha}{}_{,\alpha} = \overline{h}^{\mu\alpha}{}_{,\alpha} - \xi^{\mu,\alpha}{}_\alpha + \underbrace{\eta^{\mu\alpha}\xi_\beta{}^{,\beta}{}_\alpha - \xi^{\alpha,\mu}{}_\alpha}_{=0} \tag{7.22}$$

となるので，その右辺が 0 となるように

$$\frac{\partial \overline{h}^{\mu\alpha}}{\partial x^\alpha} = \xi^{\mu,\alpha}{}_\alpha = \eta^{\alpha\beta}\xi^\mu{}_{,\beta\alpha} = \left(-\frac{\partial^2}{\partial t^2} + \Delta\right)\xi^\mu \equiv \Box \xi^\mu \tag{7.23}$$

を満たす ξ^μ を選べば，一般性を失うことなく以下のゲージ条件

$$\overline{h}^{\mu\alpha}{}_{,\alpha} = 0 \tag{7.24}$$

を課せる．これは (7.18) 式と同じ形であるから，まさにローレンスゲージに対応する．

線形化されたアインシュタイン方程式とその波動解 (7.24) 式のローレンスゲージを採用して，(7.17) 式に代入すれば，弱場近似の下でのアインシュタイン方程式は，波動方程式：

$$2G_{\mu\nu} = 16\pi G T_{\mu\nu} \quad \Rightarrow \quad -\overline{h}_{\mu\nu,\alpha}{}^\alpha = -\Box \overline{h}_{\mu\nu} = 16\pi G T_{\mu\nu} \tag{7.25}$$

に帰着する．この波動方程式の解は電磁気学の場合と同じく遅延解を用いて

$$\overline{h}_{\mu\nu}(t, \boldsymbol{x}) = \overline{h}^{(\mathrm{ret})}_{\mu\nu}(t, \boldsymbol{x}) + \overline{h}^{(\mathrm{in})}_{\mu\nu}(t, \boldsymbol{x}), \tag{7.26}$$

$$\overline{h}^{(\mathrm{ret})}_{\mu\nu}(t, \boldsymbol{x}) = 4G \int \frac{T_{\mu\nu}(t - |\boldsymbol{x} - \boldsymbol{x'}|, \boldsymbol{x'})}{|\boldsymbol{x} - \boldsymbol{x'}|} \, d^3x', \tag{7.27}$$

$$\Box \overline{h}_{\mu\nu}^{(\mathrm{in})}(t, \boldsymbol{x}) = 0 \tag{7.28}$$

と書ける．(7.27) 式は，4 次元座標 $(t, \boldsymbol{x})$ で定義された左辺 $\overline{h}_{\mu\nu}^{(\mathrm{ret})}(t, \boldsymbol{x})$ が，因果律にしたがって $\boldsymbol{x}'$ にあるソース項 $T_{\mu\nu}$ の時刻 $t - |\boldsymbol{x} - \boldsymbol{x}'|$ における値を空間積分した右辺によって決まることを示している．この情報伝達の遅れを示す添字が添字 ret で，遅延解 (retarded) に対応することを示す．

(7.27) 式は，4 次元座標 $(t, \boldsymbol{x})$ でグリーン関数を用いて (7.25) 式を解けば導くことができる．ただし，物理的には以下のように理解できる．まず，ニュートンの重力ポテンシャル $\varphi(\boldsymbol{x})$ が次のポアソン方程式：

$$\Delta \varphi = 4\pi G \rho \tag{7.29}$$

を満たすことから出発する．ここで $\rho(\boldsymbol{x})$ は座標 $\boldsymbol{x}$ における質量密度である．ところで，ニュートンの重力ポテンシャルは，座標 $\boldsymbol{x}'$ の点にある質量 (要素) に重力定数 G をかけ，そこまでの距離の逆数の重みをつけて足し合わせたものとなっている．これを積分型で書けば

$$\varphi(\boldsymbol{x}) = -G \int \frac{\rho(\boldsymbol{x}')}{|\boldsymbol{x} - \boldsymbol{x}'|} \, d^3 x' \tag{7.30}$$

となる．負号は重力が引力であることに対応している．この式の両辺は同じ時刻 t で定義されている．言い換えれば $\boldsymbol{x}'$ における影響が，空間的に異なる場所 $\boldsymbol{x}$ に瞬時に伝わることを意味するが，それは因果律と矛盾する．本来は，点 $\boldsymbol{x}$ の時刻 t における重力ポテンシャルの値は，時刻 $t - |\boldsymbol{x} - \boldsymbol{x}'|/c$ における点 $\boldsymbol{x}'$ の質量密度によって決まるべきだ．ここでは，重力が光速度で伝わることを仮定しているが，これこそ波動方程式 (7.25) の意味するところである．

これらを踏まえて (7.29) 式の解が (7.30) 式であることと合わせて考えれば，(7.25) 式の解が係数も含めて (7.27) 式で与えられることが理解できる．ただし，波動方程式 (7.25) には，真空を光速度で伝搬する波動解 $\overline{h}_{\mu\nu}^{(\mathrm{in})}$ を付け加える自由度が残っている．これが (7.28) 式に従う重力波にほかならない．

7.2 重力波の平面波解

以下では (7.28) 式の上添字 (in) を省略し，真空中を伝搬する重力波：

$$\Box \overline{h}_{\mu\nu} = 0 \tag{7.31}$$

を考える．まず，(7.31) 式の単色平面波解：

$$\overline{h}_{\mu\nu} = a_{\mu\nu} \exp\left(i k_\alpha x^\alpha\right) \tag{7.32}$$

を具体的に求めよう．ここで $a_{\mu\nu}$ は重力波の偏光テンソルと呼ばれ，その成分はすべて定数である．この $\overline{h}_{\mu\nu}$ は複素数であるが，電磁場 A^μ の場合と同様に，実際にはその実部をとるものとする．

7.2.1　TT ゲージ

$\overline{h}_{\mu\nu}$ は添字の入れ替えに対して対称だから，(7.32) 式より

$$a_{\mu\nu} = a_{\nu\mu}. \tag{7.33}$$

さらに，ローレンスゲージ条件 (7.24) 式より

$$a_{\mu\alpha} k^\alpha = 0 \tag{7.34}$$

が成り立つ．この 2 つの条件から，$a_{\mu\nu}$ は $10 - 4 = 6$ の独立な自由度を持つように思えるが，実際の自由度は 2 である．

これは，(7.23) 式でも示したように，(7.24) 式を満たす ξ^μ は一意的ではなく，$\Box \chi^\mu = 0$ を満たす 4 つの自由度 χ^μ を用いて，$\xi^\mu + \chi^\mu$ と選ぶこともできるからである．たとえば，具体的に

$$\chi^\mu = -i c^\mu \exp\left(i k_\alpha x^\alpha\right) \quad (c^\mu \text{は定数}) \tag{7.35}$$

とすれば，$\Box \chi^\mu = 0$ は満たされる．さらに，(7.21) 式で，ξ^μ を χ^μ に置き換えれば

$$a_{\mu\nu} \rightarrow a_{\mu\nu} - c_\mu k_\nu - c_\nu k_\mu + \eta_{\mu\nu} c^\beta k_\beta \tag{7.36}$$

となる．この式は，より直接的に $a_{\mu\nu}$ の 6 自由度のうち 4 つがゲージ自由度 c^μ に対応することを示している．したがって結局，重力波の独立な自由度は $10 - 4 - 4 = 2$ となる．

このように，重力波を表す $h_{\mu\nu}$ の 10 個の成分のうち，真の自由度は 2 であるから，それを指定するために 8 つの条件を課すことができる．通常は，TT (Transverse-Traceless) ゲージと呼ばれる

$$h_{\mu 0} = 0, \tag{7.37}$$

$$h_{ij}{}^{,j} = 0, \tag{7.38}$$

$$h^j{}_j = 0 \tag{7.39}$$

を採用する．(7.37) 式は重力波が空間成分しか持たないこと，(7.39) 式は重力波の成分のトレースが 0 (Traceless) であることを示す．この場合，(7.13) 式で定義した $\overline{h}_{\mu\nu}$

と $h_{\mu\nu}$ は一致するので,区別する必要がなくなる.

最後に (7.38) 式は,$h_{jk} \propto \exp(ik_\alpha x^\alpha)$ という平面波の場合には

$$k^j h_{ij} = 0 \tag{7.40}$$

に帰着する.つまり,h_{ij} が波数ベクトル $\boldsymbol{k}$ の方向と直交する (Transverse),すなわち重力波は横波であることがわかる.

7.2.2 重力波の偏光

さらに具体的に,振動数 w で z 方向 (x^3 方向) に進む単色平面波:

$$h_{\mu\nu}^{\mathrm{TT}} = a_{\mu\nu} \exp\left(-iw(t-z)\right) \tag{7.41}$$

を考えよう.(7.37) 式～(7.39) 式に代入すれば

$$a_{\mu 0} = 0, \quad a_{i3} = 0, \quad a_{11} + a_{22} = 0 \tag{7.42}$$

となるので,行列表示すれば

$$a_{\mu\nu} = \begin{pmatrix} 0 & 0 & 0 & 0 \\ 0 & a_{11} & a_{12} & 0 \\ 0 & a_{12} & -a_{11} & 0 \\ 0 & 0 & 0 & 0 \end{pmatrix}$$

$$\equiv a^+ \begin{pmatrix} 0 & 0 & 0 & 0 \\ 0 & 1 & 0 & 0 \\ 0 & 0 & -1 & 0 \\ 0 & 0 & 0 & 0 \end{pmatrix} + a^\times \begin{pmatrix} 0 & 0 & 0 & 0 \\ 0 & 0 & 1 & 0 \\ 0 & 1 & 0 & 0 \\ 0 & 0 & 0 & 0 \end{pmatrix}. \tag{7.43}$$

ここで,この重力波の 2 つの自由度 (偏光) に対応する成分の振幅を,$a^+ \equiv a_{11}$, $a^\times \equiv a_{12} = a_{21}$ とおいた.この添字 $+$ と $\times$ に対応する偏光は,それぞれプラスモードとクロスモードと呼ばれるが,その理由は以下の通りである.

(7.43) 式の偏光成分を持つ重力波が z 方向から入射したとすると,重力波が存在しない場合のミンコフスキー時空の空間的線素が

$$dl^2 = \delta_{ij} dx^i dx^j$$

$$\Rightarrow \ dl^2 = (\delta_{ij} + h_{ij}^{\mathrm{TT}}) dx^i dx^j$$

$$= (1 + a^+ \cos w(t-z))\, dx^2 + (1 - a^+ \cos w(t-z))\, dy^2 + dz^2$$

$$+ 2a^\times \cos w(t-z) dx dy \tag{7.44}$$

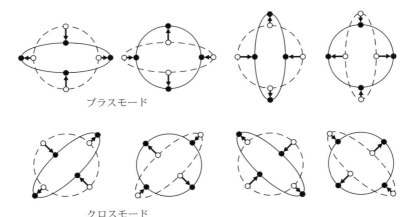

図 7.1 重力波の平面波解の独立な 2 つの偏光パターン：上がプラスモード ($a^+ \neq 0$, $a^\times = 0$), 下がクロスモード ($a^+ = 0$, $a^\times \neq 0$). それぞれの図において, 黒丸はその時刻での, 白丸はそれより過去の時刻での質点の位置を表しており, 時間が進むにつれて, 左から右のパターンへと繰り返し変化する. 黒丸の軌跡が + と × という記号に応じた変化パターンを示している.

と変化する. ただし, ここでは (7.41) 式が示す h_{ij}^{TT} の実部である $a_{ij}\cos w(t-z)$ だけを考慮した.

重力波の振幅はきわめて小さいので, (7.44) 式は, 計量がミンコフスキー時空のままであると解釈した場合, 2 点間の微小距離が

$$\begin{cases} dl^2 = \delta_{ij}dx'^i dx'^j, \\ dx' = \left(1 + \dfrac{a^+ \cos w(t-z)}{2}\right)dx + \dfrac{a^\times \cos w(t-z)}{2}dy, \\ dy' = \left(1 - \dfrac{a^+ \cos w(t-z)}{2}\right)dy + \dfrac{a^\times \cos w(t-z)}{2}dx, \\ dz' = dz \end{cases} \quad (7.45)$$

のように変化することを意味する.

たとえば, ある質点の周りに他の多くの質点が円上に並んでいるものとする. その面を xy 平面に選び, z 方向から重力波が入射した場合, 原点にある質点と他の質点との相対距離 $(dx, dy) \propto (\cos\theta, \sin\theta)$ は (7.45) 式に従って時間変化する. これを図示したのが図 7.1 である. まさに + と × という記号通りの変化パターンに対応する 2 つ

158   第 7 章　重力波

の独立な偏光モード a^+ と $a^\times$ を持つことがわかる.

7.3　重力波の四重極近似解

7.2 節では，重力波源から遠く離れた真空中を伝搬する重力波を考えた．本節では，時間変化する重力波源から放射される重力波の振幅を，線形化されたアインシュタイン方程式の遅延解である (7.27) 式 :

$$\overline{h}^{\mu\nu}(t,\boldsymbol{x}) = 4G \int \frac{T^{\mu\nu}(t-|\boldsymbol{x}-\boldsymbol{x'}|,\boldsymbol{x'})}{|\boldsymbol{x}-\boldsymbol{x'}|}\, d^3x' \tag{7.46}$$

から計算する．ただし，重力波源は非相対論的であり，ニュートン力学で記述できる運動をしているものとする．また，重力波源は R 程度の大きさの領域に局在化していると仮定する.

この仮定のもとでは，(7.46) 式より，重力波源から $r = |\boldsymbol{x}|\ (\gg R)$ だけ離れた波動域での重力波の振幅が近似的に

$$\overline{h}^{\mu\nu}(t,\boldsymbol{x}) \approx \frac{4G}{r} \int T^{\mu\nu}(t-r,\boldsymbol{x'})\, d^3x' \tag{7.47}$$

で与えられる.

さて，(7.46) 式からエネルギー運動量テンソル $T^{\mu\nu}$ 自身が $h^{\mu\nu}$ と同じオーダーの量であるとすれば，その保存則は

$$0 = T^{\mu\nu}{}_{;\nu} \approx T^{\mu\nu}{}_{,\nu} \tag{7.48}$$

と書ける [4]．この (7.48) 式を繰り返し用いれば

$$T^{00}{}_{,00} = -\left[T^{0l}{}_{,l}\right]_{,0} = -\left[T^{l0}{}_{,0}\right]_{,l} = T^{lm}{}_{,ml} \tag{7.49}$$

と変形できるので

$$\left[T^{00}x^j x^k\right]_{,00} = T^{lm}{}_{,ml}x^j x^k \tag{7.50}$$

が成り立つ．さらにこの式より

$$\begin{aligned}
\left[T^{lm}x^j x^k\right]_{,ml} &= T^{lm}{}_{,ml}x^j x^k + T^{lm}{}_{,m}(\delta^j_l x^k + x^j \delta^k_l) \\
&\quad + T^{lm}{}_{,l}(\delta^j_m x^k + x^j \delta^k_m) + T^{lm}(\delta^j_m \delta^k_l + \delta^j_l \delta^k_m) \\
&= \left[T^{00}x^j x^k\right]_{,00} + 2\left[T^{lj}x^k + T^{lk}x^j\right]_{,l} - 2T^{jk} \tag{7.51}
\end{aligned}$$

が導かれる.

---

[4] 実はこの近似は厳密には正しくなく，微妙な問題をはらむ．7.4 節を参照のこと.

(7.51) 式の両辺を体積積分すれば，左辺，および右辺第 2 項はガウスの定理より表面積分に帰着するが，重力波源が有限の領域に局在していれば，十分遠方で積分することでこの表面積分は無視できる．以上をまとめて以下を得る．

$$\overline{h}^{jk}(t, \boldsymbol{x}) \approx \frac{4G}{r} \int T^{jk} \, d^3 x'$$
$$= \frac{2G}{r} \frac{d^2}{dt^2} \int T^{00}(t-r, \boldsymbol{x}') x'^j x'^k \, d^3 x'. \tag{7.52}$$

重力波源が非相対論的であれば，$T^{00}(t-r, \boldsymbol{x}') \approx \rho(t-r, \boldsymbol{x}')$ と近似できるので，考えている領域の質量分布の四重極モーメント：

$$I^{jk}(t-r) = \int \rho(t-r, \boldsymbol{x}') x'^j x'^k \, d^3 x' \tag{7.53}$$

を用いれば，(7.52) 式が

$$\overline{h}^{jk}(t, \boldsymbol{x}) \approx \frac{2G}{c^4} \frac{1}{r} \frac{d^2 I^{jk}(t-r)}{dt^2} \tag{7.54}$$

と書き直される．ただし，このままでは (7.54) 式の左辺は TT ゲージにはなっていない．そこで，I_{jk} をトレースフリーにした換算四重極モーメント：

$$\mathcal{I}_{jk}(t-r) \equiv I_{jk} - \frac{1}{3} \delta_{jk} I = \int T^{00}(t-r, \boldsymbol{x}') \left(x'_j x'_k - \frac{1}{3} \delta_{jk} r'^2 \right) d^3 x' \tag{7.55}$$

を用いて

$$\overline{h}^{\mathrm{TT}jk}(t, \boldsymbol{x}) \approx \frac{2G}{c^4} \frac{1}{r} \frac{d^2 \mathcal{I}^{jk}(t-r)}{dt^2} \tag{7.56}$$

を定義する．(7.56) 式は，重力波の振幅が，重力波源の四重極モーメントの時間に関する 2 階微分で与えられることを示しており，四重極近似解と呼ばれている．

ところで，(7.37) 式より TT ゲージでは $\overline{h}^{\mu\nu}$ は空間成分以外は 0 である．一方で，(7.47) 式を用いて，静止している系の $\overline{h}^{00}$ を計算すれば，M を系の全質量として

$$\overline{h}^{00}(t, \boldsymbol{x}) = \frac{4G}{r} \int T^{00} \, d^3 x' \approx \frac{4GM}{r} \tag{7.57}$$

となる．したがって，(7.15) 式より

$$h_{00} = \overline{h}_{00} - \frac{1}{2} \overline{h} = \frac{2GM}{r} \tag{7.58}$$

となり，(この近似のレベルで) シュワルツシルト計量を再現する．

7.4 重力波によるエネルギー損失率

7.3 節で導いた四重極近似解を用いれば，重力波によって系から失われるエネルギーが計算できる．定性的には以下のようにして推定できる．まず，波動のエネルギー流束は波の振幅の時間微分の 2 乗に比例する (振幅と周波数の積の 2 乗と考えても良い) ので，(7.56) 式より

$$\left(\frac{d\bar{h}^{\mathrm{TT}jk}}{dt}\right)^2 \propto \left(\frac{\dddot{\mathcal{I}}^{jk}}{r}\right)^2 \tag{7.59}$$

となるであろう．これに表面積 $4\pi r^2$ をかければ，重力波によるエネルギー損失率として

$$L_{\mathrm{GW}} \propto \langle \dddot{\mathcal{I}}_{jk} \dddot{\mathcal{I}}^{jk} \rangle \tag{7.60}$$

が予想できる．ここで，$\langle\ \rangle$ は，考えている系の典型的な力学的時間スケールにわたって時間平均することを示す．

(7.60) 式の右辺の次元は，(質量 × 長さ^2/時間^3)^2 = (エネルギー /時間)^2 であるから，次元を合わせるためには，プランク光度：

$$L_{\mathrm{pl}} = \frac{m_{\mathrm{pl}}c^2}{t_{\mathrm{pl}}} = \frac{c^2\sqrt{\hbar c/G}}{\sqrt{\hbar G/c^5}} = \frac{c^5}{G} \approx 3.6 \times 10^{59}\ \mathrm{erg/s} \tag{7.61}$$

の逆数をかければよい．詳しい計算によれば[5]，さらに係数 1/5 が必要で

$$L_{\mathrm{GW}} = \frac{1}{5}\frac{G}{c^5} \langle \dddot{\mathcal{I}}_{jk} \dddot{\mathcal{I}}^{jk} \rangle \tag{7.62}$$

となる．重力波が単位時間あたりに運ぶエネルギーは，物質分布の四重極モーメントの 3 階の時間微分の 2 乗に比例するのである．これは重力波輻射の四重極公式として知られている．

実は (7.62) 式は正しいものの，今までの議論の範囲では整合的ではない．7.3 節では，

$$0 = T^{\mu\nu}{}_{;\nu} \approx T^{\mu\nu}{}_{,\nu} \tag{7.63}$$

を仮定した．しかし，この式で $\mu = 0$ を考え，両辺を重力波源を含む空間で体積積分すれば

$$\frac{\partial}{\partial t}\int T^{00}\,d^3x = -\int T^{0i}{}_{,i}\,d^3x = -\int T^{0i}\,dS_i \tag{7.64}$$

となるはずだ．ここで，2 つめの等号ではガウスの定理を用いた．物質場が孤立してい

---

[5] 『もうひとつの一般相対論入門』の 4.7 節．

る場合，境界を無限遠とすれば上式の右辺は 0 に漸近する．言い換えれば，重力波源となる系のエネルギーがその領域内で保存することになる．つまり，重力波が系のエネルギーを運び去る，すなわち (7.62) 式において $L_{\mathrm{GW}} \neq 0$ とは矛盾する．

まさにこの矛盾が，重力波の実在を巡る過去の論争と関係している．現在では，実際の物質系に対するエネルギー運動量テンソル $T^{\mu\nu}$ に加えて，

$$T^{\mu\nu}{}_{;\nu} = 0 \quad \Rightarrow \quad (T^{\mu\nu} + t^{\mu\nu})_{,\nu} = 0 \tag{7.65}$$

と変形できるような，重力場のエネルギー運動量擬テンソル $t^{\mu\nu}$ を導入すれば，それらの和としてのエネルギーと運動量が (ある条件のもとで) 保存することがわかっている [6]．とはいえ，共変的な重力場のエネルギー運動量テンソルが存在しないという事実は重要である．そもそもある有限な領域で積分して得られるエネルギーや運動量は，時空の一点で定義される局所的な物理量ではなくなってしまうため，一般相対論の出発点と言うべき，一般座標変換に対する不変性を満たしえない．一般相対論では，エネルギーや運動量のような基本的物理量を定義するのが困難なのである．

7.5 連星系からの重力波

7.5.1 円軌道の場合

(7.56) 式を用いて，連星系からの重力波を計算してみよう．連星をなす 2 つの質点の質量を m_1, m_2 とし，ニュートン力学に従って円運動をしている場合を考える (離心率の効果は 7.5.4 節で考察する)．

ケプラーの法則より，円軌道の軌道長半径 a と公転運動の角振動数 ω は

$$G(m_1 + m_2) = \omega^2 a^3 \tag{7.66}$$

を満たす (連星をなす天体の半径 R が a よりも十分小さい限り，それらを質点で近似してもよい)．したがって，原点をこれらの重心に取り適当に時間の原点 (あるいは，公転の位相) を選び軌道面を xy 平面とすれば，2 質点の座標は

$$\begin{cases} x_1 = \dfrac{m_2}{m_1 + m_2} a \cos(\omega t), \quad y_1 = \dfrac{m_2}{m_1 + m_2} a \sin(\omega t), \\ x_2 = -\dfrac{m_1}{m_1 + m_2} a \cos(\omega t), \quad y_2 = -\dfrac{m_1}{m_1 + m_2} a \sin(\omega t) \end{cases} \tag{7.67}$$

と書ける．

(7.67) 式を用いて系の四重極モーメント (7.53) 式を計算すれば，0 でない成分は以

---

[6] たとえば『もうひとつの一般相対論入門』の 4.5 〜 4.7 節を参照のこと．

下の通り.

$$
\begin{cases}
I_{xx} = m_1 x_1^2 + m_2 x_2^2 = \dfrac{m_1 m_2}{2(m_1 + m_2)} a^2 \left(1 + \cos(2\omega t)\right), \\[3mm]
I_{yy} = m_1 y_1^2 + m_2 y_2^2 = \dfrac{m_1 m_2}{2(m_1 + m_2)} a^2 \left(1 - \cos(2\omega t)\right), \\[3mm]
I_{xy} = I_{yx} = m_1 x_1 y_1 + m_2 x_2 y_2 = \dfrac{m_1 m_2}{2(m_1 + m_2)} a^2 \sin(2\omega t)
\end{cases}
\tag{7.68}
$$

となる. (7.68) 式からもまた直感的にも分かるように, 重力波の振動数は連星の公転角振動数 ω の 2 倍となる.

(7.68) 式に対応する四重極モーメントのトレース

$$
I = I_{xx} + I_{yy} = \frac{m_1 m_2}{m_1 + m_2} a^2
\tag{7.69}
$$

は定数なので, 時間微分を考える場合には, I^{jk} と $\mathcal{I}^{jk}$ は同じ結果を与える. そこで, (7.56) 式と (7.68) 式から, この連星系が放出する重力波が

$$
\overline{h}^{jk}(t, \boldsymbol{x}) \approx \frac{2G}{r} \frac{d^2 I^{jk}(t - r)}{dt^2}
$$

$$
= -\frac{4Ga^2 \omega^2 m_1 m_2}{(m_1 + m_2)r}
\begin{pmatrix}
\cos\left(2\omega(t - r)\right) & \sin\left(2\omega(t - r)\right) & 0 \\
\sin\left(2\omega(t - r)\right) & -\cos\left(2\omega(t - r)\right) & 0 \\
0 & 0 & 0
\end{pmatrix}
\tag{7.70}
$$

で与えられることがわかる.

確かに, (7.70) 式は, z 方向に進む重力波に対して TT ゲージとなっていることがわかる. また, ケプラーの法則:

$$
a = \left(\frac{G(m_1 + m_2)}{\omega^2}\right)^{1/3} = \left(\frac{G(m_1 + m_2)P^2}{4\pi^2}\right)^{1/3}
\tag{7.71}
$$

を用いて変形すれば, (7.70) 式の振幅は

$$
h = \frac{4Ga^2 \omega^2 m_1 m_2}{(m_1 + m_2)r} = \frac{2Gm_1 \times 2Gm_2}{ar} = \frac{r_{\mathrm{s}1} r_{\mathrm{s}2}}{ar}
\tag{7.72}
$$

にまとめられる. 連星を特徴づける典型的な長さスケールには, 2 つの質点のそれぞれのシュワルツシルト半径 $r_{\mathrm{s}1}$, $r_{\mathrm{s}2}$, 連星系の軌道長半径 a, 観測者までの距離 r の 4 つがある. 観測される重力波の無次元振幅 h は, その 4 つの長さの組み合わせで与えられる. たとえば, 天の川銀河系中心 (太陽系からの距離は約 $10\,\mathrm{kpc} \approx 3 \times 10^{17}\,\mathrm{km}$) にある $m_1 = m_2 = 1M_\odot$ の 2 つの中性子星が, 互いにその半径 $10\,\mathrm{km}$ 程度まで接近して公転する場合, 我々が観測する重力波の振幅は (7.72) 式より

$$h \approx \frac{3\,\mathrm{km} \times 3\,\mathrm{km}}{20\,\mathrm{km} \times 3 \times 10^{17}\,\mathrm{km}} \left(\frac{m_1}{1M_\odot}\right) \left(\frac{m_2}{1M_\odot}\right) \left(\frac{20\,\mathrm{km}}{a}\right) \left(\frac{10\,\mathrm{kpc}}{r}\right)$$

$$\sim 10^{-18} \left(\frac{m_1}{1M_\odot}\right) \left(\frac{m_2}{1M_\odot}\right) \left(\frac{20\,\mathrm{km}}{a}\right) \left(\frac{10\,\mathrm{kpc}}{r}\right) \tag{7.73}$$

となる. この典型的な値は, 地上で $1\,\mathrm{km}$ 離れた 2 点間の距離を $10^{-18}\,\mathrm{km}$, 言い換えればわずか原子核の大きさ程度だけ変化させることに対応する. 重力波の検出には, まさに極限計測の技術が不可欠であることが理解できるだろう.

(7.70) 式の重力波放射に伴う連星系のエネルギー損失率は (7.62) 式から計算できる. (7.68) 式より

$$\dddot{\mathcal{I}}^{jk}(t, \boldsymbol{x}) = \frac{4a^2\omega^3 m_1 m_2}{m_1 + m_2} \begin{pmatrix} \sin\left(2\omega(t-r)\right) & -\cos\left(2\omega(t-r)\right) & 0 \\ -\cos\left(2\omega(t-r)\right) & -\sin\left(2\omega(t-r)\right) & 0 \\ 0 & 0 & 0 \end{pmatrix} \tag{7.74}$$

となるので, (7.62) 式に代入すれば

$$L_{\mathrm{GW}} = \frac{1}{5}\frac{G}{c^5} \langle \dddot{\mathcal{I}}_{jk} \dddot{\mathcal{I}}^{jk} \rangle$$

$$= \frac{G}{5c^5} \left(\frac{4a^2\omega^3 m_1 m_2}{m_1 + m_2}\right)^2 \langle 2\sin^2\left(2\omega(t-r)\right) + 2\cos^2\left(2\omega(t-r)\right) \rangle$$

$$= \frac{32G}{5c^5} \frac{a^4\omega^6 m_1^2 m_2^2}{(m_1+m_2)^2} = \frac{32G^4}{5c^5} \frac{m_1^2 m_2^2(m_1+m_2)}{a^5} = \frac{32G^4}{5c^5} \frac{\mu^2 M^3}{a^5}. \tag{7.75}$$

ここで $\mu = m_1 m_2/(m_1 + m_2)$ と $M = m_1 + m_2$ は, 連星系の換算質量と全質量である.

(7.75) 式は, 軌道長半径 a を用いて書かれているが, これは直接観測量ではない. ケプラーの法則 (7.71) を用いて観測量である連星系の周期 P で書き直せば,

$$L_{\mathrm{GW}} = \frac{128 \times 2^{4/3} \pi^{10/3} G^{7/3}}{5c^5 P^{10/3}} M_{\mathrm{chirp}}^{10/3} \tag{7.76}$$

を得る. M_{chirp} は

$$M_{\mathrm{chirp}} \equiv \left(\frac{m_1 m_2}{m_1 + m_2}\right)^{3/5} (m_1 + m_2)^{2/5} \equiv \mu^{3/5} M^{2/5} \tag{7.77}$$

で定義され, チャープ質量と呼ばれる重力波データからの観測量である [7].

---

[7] チャープとは英語で鳥のさえずる音を意味する. 連星系が重力波によってエネルギーを失うにつれ, 公転周期が短くなりやがては合体する. その際の典型的な周波数は可聴域に対応するのだが, もちろんその音を直接聞くのは不可能である.

7.5.2 重力波放射と連星系の軌道進化

前節では，連星系が瞬間的にニュートン力学のケプラー運動の円軌道解で与えられるものと仮定した．実際には，重力波の放射によって軌道長半径は徐々に収縮する．本節では，連星系の運動がニュートン力学を用いて近似的に記述できる範囲で，その軌道進化を考察する．この場合，連星系の全エネルギー E と軌道長半径 a は

$$E = -\frac{G\mu M}{2a} \tag{7.78}$$

の関係を満たしながらともに時間変化すると考えてよい．したがって，重力波の放出の効果は

$$\frac{dE}{dt} = \frac{G\mu M}{2a^2}\frac{da}{dt} = -L_{\mathrm{GW}} \tag{7.79}$$

で記述できる．この式に (7.75) 式を代入して

$$\frac{da}{dt} = -\frac{64G^3}{5c^5}\frac{\mu M^2}{a^3} \tag{7.80}$$

を得る．

ここでケプラーの法則 $GMP^2 = 4\pi^2 a^3$ と組み合わせれば

$$2GMP\frac{dP}{dt} = 12\pi^2 a^2 \frac{da}{dt} = -\frac{64 \times 12G^3\pi^2}{5c^5}\frac{\mu M^2}{a} \tag{7.81}$$

となり，公転周期 P に対する微分方程式

$$\begin{aligned}
\frac{dP}{dt} &= -\frac{64 \times 6G^2\pi^2}{5c^5}\frac{\mu M}{P}\left(\frac{4\pi^2}{GMP^2}\right)^{1/3} \\
&= -\frac{384 \times (2\pi^4)^{2/3}}{5}\left(\frac{G\mu}{c^3 P}\right)\left(\frac{GM}{c^3 P}\right)^{2/3} \\
&= -\frac{384 \times (2\pi^4)^{2/3}}{5}\left(\frac{GM_{\mathrm{chirp}}}{c^3 P}\right)^{5/3}
\end{aligned} \tag{7.82}$$

が得られる．

これを書き直せば

$$\frac{dP}{dt} = -A\left(\frac{P_{\mathrm{c}}}{P}\right)^{5/3}, \tag{7.83}$$

ただし

$$A = \frac{384 \times (2\pi^4)^{2/3}}{5}(\approx 2580), \quad P_{\mathrm{c}} = \frac{GM_{\mathrm{chirp}}}{c^3} \tag{7.84}$$

となる．現在，公転周期 P_0 を持つ連星系の場合，(7.83) 式を解けば，

$$\frac{3}{8}\frac{dP^{8/3}}{dt} = -AP_{\mathrm{c}}^{5/3} \quad \Rightarrow \quad P^{8/3}(t) = P_0^{8/3} - \frac{8A}{3}P_{\mathrm{c}}^{5/3}t. \tag{7.85}$$

したがって，$P(\tau_{\mathrm{GW}}) = 0$ とすれば，今からこの連星系が合体するまでの時間 τ_{GW}

$$\tau_{\mathrm{GW}} = \frac{3}{8A}\left(\frac{P_0}{P_{\mathrm{c}}}\right)^{8/3} P_{\mathrm{c}} \tag{7.86}$$

を得る．ただし，現実の連星系は質点ではなく有限の大きさを持つし，a が小さくなるとここで考えているニュートン力学的近似は破綻するので，(7.86) 式は厳密なものではなく，定性的な推定に過ぎない (問題 [7.4]，問題 [7.5] 参照).

7.5.3　重力波放射の方向依存性

次に，波数ベクトル $\boldsymbol{k}$ 方向に伝わる平面重力波:

$$h_{jk} \propto e^{ik_\alpha x^\alpha} = e^{-iwt + i\boldsymbol{k}\cdot\boldsymbol{x}} \tag{7.87}$$

を考えて，放出される重力波の方向依存性を計算しよう．一般のテンソルを TT ゲージ化することは難しいが，この場合には，次の行列 [8]:

$$P_{lm} \equiv \delta_{lm} - \hat{k}_l \hat{k}_m \quad \left(\hat{k}_l \equiv \frac{k_l}{\sqrt{k^i k_i}} = \frac{k_l}{k}\right) \tag{7.88}$$

を用いれば，TT ゲージにおける重力波の振幅が以下で与えられる．

$$h_{ij}^{\mathrm{TT}} = P_i{}^k P_j{}^l h_{kl} - \frac{1}{2} P_{ij} P^{kl} h_{kl}. \tag{7.89}$$

実際，これらが $\hat{k}^i$ と $\hat{k}^j$ のいずれとも直交し，かつトレースが 0 のテンソルとなっていることは，直接計算すれば確かめることができる [9].

極座標表示して，$\hat{\boldsymbol{k}} = (\sin\theta\cos\varphi, \sin\theta\sin\varphi, \cos\theta)$ の方向に進む波を考える．この場合，(7.88) 式は次の行列:

$$P_{lm} = \begin{pmatrix} 1 - \sin^2\theta\cos^2\varphi & -\sin^2\theta\cos\varphi\sin\varphi & -\sin\theta\cos\theta\cos\varphi \\ -\sin^2\theta\cos\varphi\sin\varphi & 1 - \sin^2\theta\sin^2\varphi & -\sin\theta\cos\theta\sin\varphi \\ -\sin\theta\cos\theta\cos\varphi & -\sin\theta\cos\theta\sin\varphi & \sin^2\theta \end{pmatrix} \tag{7.90}$$

で与えられる．ただし円軌道の連星系は位相を除けば軸対称の系であるから，その軌道面上の x 軸の方向は自由に決めてよい．したがって，一般性を失うことなく $\varphi = 0$ とできるから，(7.90) 式は次のように簡単になる．

---

[8] この行列の添字は空間成分だけなので，その上げ下げは δ^{ij} と δ_{ij} を用いて行うものとする．

[9] C.W. Misner, K.S. Thorne & J.A. Wheeler, "Gravitation" (W.H. Freeman, 1972) §35.4 および『もうひとつの一般相対論』§4.7.3 参照のこと．

$$P_{lm} = \begin{pmatrix} \cos^2\theta & 0 & -\sin\theta\cos\theta \\ 0 & 1 & 0 \\ -\sin\theta\cos\theta & 0 & \sin^2\theta \end{pmatrix}. \tag{7.91}$$

(7.91) 式と (7.89) 式を用いて (7.70) 式を TT ゲージ化してみよう．まず

$P_i{}^k P_j{}^l h_{kl}$

$$= \begin{pmatrix} \cos^2\theta & 0 & -\sin\theta\cos\theta \\ 0 & 1 & 0 \\ -\sin\theta\cos\theta & 0 & \sin^2\theta \end{pmatrix} \begin{pmatrix} h_{xx} & h_{xy} & 0 \\ h_{xy} & h_{yy} & 0 \\ 0 & 0 & 0 \end{pmatrix} \begin{pmatrix} \cos^2\theta & 0 & -\sin\theta\cos\theta \\ 0 & 1 & 0 \\ -\sin\theta\cos\theta & 0 & \sin^2\theta \end{pmatrix}$$

$$= \begin{pmatrix} \cos^2\theta h_{xx} & \cos^2\theta h_{xy} & 0 \\ h_{xy} & h_{yy} & 0 \\ -\sin\theta\cos\theta h_{xx} & -\sin\theta\cos\theta h_{xy} & 0 \end{pmatrix} \begin{pmatrix} \cos^2\theta & 0 & -\sin\theta\cos\theta \\ 0 & 1 & 0 \\ -\sin\theta\cos\theta & 0 & \sin^2\theta \end{pmatrix}$$

$$= \begin{pmatrix} \cos^4\theta h_{xx} & \cos^2\theta h_{xy} & -\sin\theta\cos^3\theta h_{xx} \\ \cos^2\theta h_{xy} & h_{yy} & -\sin\theta\cos\theta h_{xy} \\ -\sin\theta\cos^3\theta h_{xx} & -\sin\theta\cos\theta h_{xy} & \sin^2\theta\cos^2\theta h_{xx} \end{pmatrix}. \tag{7.92}$$

また

$$P^{kl}h_{kl} = \cos^2\theta h_{xx} + h_{yy} \tag{7.93}$$

なので

$$h_{ij}^{\mathrm{TT}} = P_i{}^k P_j{}^l h_{kl} - \frac{1}{2} P_{ij} P^{kl} h_{kl}$$

$$= \begin{pmatrix} \cos^4\theta h_{xx} & \cos^2\theta h_{xy} & -\sin\theta\cos^3\theta h_{xx} \\ \cos^2\theta h_{xy} & h_{yy} & -\sin\theta\cos\theta h_{xy} \\ -\sin\theta\cos^3\theta h_{xx} & -\sin\theta\cos\theta h_{xy} & \sin^2\theta\cos^2\theta h_{xx} \end{pmatrix}$$

$$- \frac{\cos^2\theta h_{xx} + h_{yy}}{2} \begin{pmatrix} \cos^2\theta & 0 & -\sin\theta\cos\theta \\ 0 & 1 & 0 \\ -\sin\theta\cos\theta & 0 & \sin^2\theta \end{pmatrix}$$

$$= \begin{pmatrix} \cos^2\theta H_+ & \cos\theta H_\times & -\sin\theta\cos\theta H_+ \\ \cos\theta H_\times & -H_+ & -\sin\theta H_\times \\ -\sin\theta\cos\theta H_+ & -\sin\theta H_\times & \sin^2\theta H_+ \end{pmatrix}. \tag{7.94}$$

ただし,

$$H_+ \equiv \frac{\cos^2\theta h_{xx} - h_{yy}}{2}, \quad H_\times \equiv \cos\theta h_{xy} \tag{7.95}$$

である. (7.94) 式は明らかにトレースレスであり, $k^i = (\sin\theta, 0, \cos\theta)$ と直交している ($k^i h_{ij}^{\mathrm{TT}} = 0$) ことも容易に確認できるので, 確かに TT ゲージになっている.

(7.94) 式を用いて, 軌道面と直交した z 軸方向 ($\theta = 0$) に進む重力波を考えると,

$$\bar{h}_{ij}^{\mathrm{TT}}(t, \boldsymbol{x}) = \begin{pmatrix} (h_{xx} - h_{yy})/2 & h_{xy} & 0 \\ h_{xy} & -(h_{xx} - h_{yy})/2 & 0 \\ 0 & 0 & 0 \end{pmatrix} \tag{7.96}$$

となる. この場合 (7.70) 式より, $h_+ = (h_{xx} - h_{yy})/2 = h_{xx}$ で, $h_\times = h_{xy}$ である. さらに, $h_+^2 + h_\times^2 =$ 一定なので, 電磁波の場合と同様にこれを円偏光した重力波と呼ぶ.

一方, 連星の軌道面に沿った x 軸方向 ($\theta = \pi/2$) に進む重力波は

$$\bar{h}_{ij}^{\mathrm{TT}}(t, \boldsymbol{x}) = \begin{pmatrix} 0 & 0 & 0 \\ 0 & h_{yy}/2 & 0 \\ 0 & 0 & -h_{yy}/2 \end{pmatrix} \tag{7.97}$$

となり, h_+ モードだけの直線偏光である.

一般に, この z 軸に対して角度 θ の方向にいる観測者に対する重力波を, (7.94) 式を, y 軸まわりに, xz 面を θ だけ回転させればよい. $c \equiv \cos\theta, s \equiv \sin\theta$ と書くことにして具体的に計算すれば,

$$
\begin{aligned}
h_{ij}^{\prime\mathrm{TT}} &= \frac{\partial x_i'}{\partial x_k} \frac{\partial x_j'}{\partial x_l} h_{kl}^{\mathrm{TT}} \\
&= \begin{pmatrix} c & 0 & -s \\ 0 & 1 & 0 \\ s & 0 & c \end{pmatrix} \begin{pmatrix} c^2 H_+ & c H_\times & -sc H_+ \\ c H_\times & -H_+ & -s H_\times \\ -sc H_+ & -s H_\times & s^2 H_+ \end{pmatrix} \begin{pmatrix} c & 0 & s \\ 0 & 1 & 0 \\ -s & 0 & c \end{pmatrix} \\
&= \begin{pmatrix} c H_+ & H_\times & -s H_+ \\ c H_\times & -H_+ & -s H_\times \\ 0 & 0 & 0 \end{pmatrix} \begin{pmatrix} c & 0 & s \\ 0 & 1 & 0 \\ -s & 0 & c \end{pmatrix} = \begin{pmatrix} H_+ & H_\times & 0 \\ H_\times & -H_+ & 0 \\ 0 & 0 & 0 \end{pmatrix}.
\end{aligned} \tag{7.98}
$$

したがって, (7.70) 式の場合は + モードと × モードの振幅はそれぞれ

$$\begin{cases} H_+ = \dfrac{\cos^2\theta h_{xx} - h_{yy}}{2} = \dfrac{\cos 2\theta + 3}{4} h_{xx} \\[3mm] \qquad - \dfrac{4Ga^2\omega^2 m_1 m_2}{(m_1 + m_2)r} \dfrac{\cos 2\theta + 3}{4} \cos[2\omega(t - r)], \\[3mm] H_\times = \cos\theta h_{xy} = -\dfrac{4Ga^2\omega^2 m_1 m_2}{(m_1 + m_2)r} \cos\theta \sin[2\omega(t - r)] \end{cases} \tag{7.99}$$

となる.

7.5.4　軌道離心率の効果

7.5.1 節では，簡単化のために円軌道の連星系からの重力波を計算した．しかし，連星系の軌道は一般には楕円である．(7.82) 式のように公転周期の変化率は軌道長半径 $a^{5/2}$ に反比例することから，大きな離心率を持つ場合には，近点 $a(1 - e)$ 付近で大きな重力波を放出するため，円軌道を仮定した場合よりもはるかに大きな重力波放射が予想される．連星系の相対距離 r は，その軌道の離心率 e, 軌道長半径 a, 真近点角[10] f を用いて

$$r = \frac{a(1 - e^2)}{1 + e\cos f} \tag{7.100}$$

と書ける．したがって，軌道面を xy 平面とすれば，2 つの質点の座標は

$$\begin{cases} x_1 = \dfrac{m_2}{m_1 + m_2} r\cos f, \quad y_1 = \dfrac{m_2}{m_1 + m_2} r\sin f, \\[3mm] x_2 = -\dfrac{m_1}{m_1 + m_2} r\cos f, \quad y_2 = -\dfrac{m_1}{m_1 + m_2} r\sin f \end{cases} \tag{7.101}$$

で与えられる．円軌道の場合には，定数の位相を除いて $f = wt$ となるため，(7.101) 式は (7.67) 式に帰着する.

(7.101) 式を (7.53) 式に代入すれば，0 でない成分は以下の通り.

$$\begin{cases} I_{xx} = m_1 x_1^2 + m_2 x_2^2 = \mu r^2 \cos^2 f, \\[2mm] I_{yy} = m_1 y_1^2 + m_2 y_2^2 = \mu r^2 \sin^2 f, \\[2mm] I_{xy} = I_{yx} = m_1 x_1 y_1 + m_2 x_2 y_2 = \mu r^2 \sin f \cos f. \end{cases} \tag{7.102}$$

今の場合，f と r はいずれも時間の関数なので，それらの時間微分が必要となる．まず，角運動量の保存から

---

[10] 主星が位置する楕円軌道の焦点を原点として，近点の方向から測った伴星の角度．天体力学では true anomaly と呼ばれ，日本語では真近点角あるいは真近点離角と訳される.

$$\dot{f} = \frac{\sqrt{GMa(1-e^2)}}{r^2}. \tag{7.103}$$

次に (7.100) 式を微分して，(7.103) 式を代入すれば

$$\dot{r} = \frac{a(1-e^2)}{(1+e\cos f)^2}e\dot{f}\sin f = e\sin f\sqrt{\frac{GM}{a(1-e^2)}}. \tag{7.104}$$

これらを用いて，(7.102) 式の時間に関する 3 階微分までを計算すれば，以下の結果が得られる．

$$\begin{cases}
\dot{I}_{xx} = \mu(2r\dot{r}\cos^2 f - 2r^2\dot{f}\sin f\cos f) \\
\qquad = 2\mu\left(re\cos^2 f\sin f\sqrt{\frac{GM}{a(1-e^2)}} - \sqrt{GMa(1-e^2)}\cos f\sin f\right) \\
\qquad = -2\mu r\cos f\sin f\sqrt{\frac{GM}{a(1-e^2)}}, \\
\ddot{I}_{xx} = -2\mu\sqrt{\frac{GM}{a(1-e^2)}}(\dot{r}\cos f\sin f + r\dot{f}\cos 2f) \\
\qquad = -2\frac{G\mu M}{a(1-e^2)}(\cos 2f + e\cos^3 f), \\
\dddot{I}_{xx} = 2\frac{G\mu M}{a(1-e^2)}(2\sin 2f + 3e\sin f\cos^2 f)\dot{f}.
\end{cases} \tag{7.105}$$

$$\begin{cases}
\dot{I}_{yy} = 2\mu(r\dot{r}\sin^2 f + r^2\dot{f}\sin f\cos f) \\
\qquad = 2\mu\left(re\sin^3 f\sqrt{\frac{GM}{a(1-e^2)}} + \sqrt{GMa(1-e^2)}\sin f\cos f\right) \\
\qquad = 2\mu\sqrt{\frac{GM}{a(1-e^2)}}r(\sin f\cos f + e\sin f), \\
\ddot{I}_{yy} = 2\mu\sqrt{\frac{GM}{a(1-e^2)}}[\dot{r}\sin f(\cos f + e) + r\dot{f}(\cos 2f + e\sin f)] \\
\qquad = \frac{2G\mu M}{a(1-e^2)}(\cos 2f + e\cos f + e\cos^3 f + e^2), \\
\dddot{I}_{yy} = -\frac{2G\mu M}{a(1-e^2)}(2\sin 2f + e\sin f + 3e\cos^2 f\sin f)\dot{f}.
\end{cases} \tag{7.106}$$

$$\begin{cases} \dot{I}_{xy} = \mu(2r\dot{r}\sin f\cos f + r^2\dot{f}\cos 2f) \\ \qquad = \mu\sqrt{\dfrac{GM}{a(1-e^2)}}\,r(\cos 2f + e\cos f), \\ \ddot{I}_{xy} = \mu\sqrt{\dfrac{GM}{a(1-e^2)}}\,(\dot{r}(\cos 2f + e\cos f) - r\dot{f}(2\sin 2f + e\sin f)) \\ \qquad = -2\dfrac{G\mu M}{a(1-e^2)}(\sin 2f + e\sin f + e\sin f\cos^2 f), \\ \dddot{I}_{xy} = -2\dfrac{G\mu M}{a(1-e^2)}(2\cos 2f - e\cos f + 3e\cos^3 f)\dot{f}. \end{cases} \qquad (7.107)$$

これらのトレースについても

$$\dddot{I} = \dddot{I}_{xx} + \dddot{I}_{yy} = -\frac{2G\mu M}{a(1-e^2)}e\dot{f}\sin f. \qquad (7.108)$$

以上の表式を (7.62) 式に代入すれば,

$$\begin{aligned} L_{\mathrm{GW}} &= \frac{1}{5}\left\langle \dddot{\mathcal{I}}_{jk}\dddot{\mathcal{I}}^{jk}\right\rangle = \frac{1}{5}\left\langle \left(\dddot{I}_{jk} - \frac{1}{3}\delta_{jk}\dddot{I}\right)\left(\dddot{I}^{jk} - \frac{1}{3}\delta^{jk}\dddot{I}\right)\right\rangle \\ &= \frac{1}{5}\left\langle \dddot{I}_{jk}\dddot{I}^{jk} - \frac{1}{3}\dddot{I}\right\rangle = \frac{1}{5}\left\langle \dddot{I}_{xx}^2 + \dddot{I}_{yy}^2 + 2\dddot{I}_{xy}^2 - \frac{1}{3}\dddot{I}\right\rangle \\ &= \frac{8G^2\mu^2 M^2}{15a^2(1-e^2)^2}\left\langle [12(1+e\cos f)^2 + e^2\sin^2 f]\,\dot{f}^2\right\rangle \\ &= \frac{8G^3\mu^2 M^3}{15a^5(1-e^2)^5}\left\langle [12(1+e\cos f)^2 + e^2\sin^2 f]\,(1+e\cos f)^4\right\rangle \qquad (7.109) \end{aligned}$$

となる. ここで時間平均 $\langle\ \rangle$ は, 公転周期 $P = 2\pi\sqrt{a^3/GM}$ を用いて, 近点角 f に関する積分:

$$\begin{aligned} \langle F(f)\rangle &= \frac{1}{P}\int_0^P F(f)\,dt = \frac{\sqrt{GM/a^3}}{2\pi}\int_0^{2\pi} F(f)\,\frac{df}{\dot{f}} \\ &= \frac{(1-e^2)^{3/2}}{2\pi}\int_0^{2\pi}\frac{F(f)}{(1+e\cos f)^2}\,df \qquad (7.110) \end{aligned}$$

によって計算できる.

(7.109) 式の右辺の時間平均に対応する項は

$$\langle\cdots\rangle = \frac{(1-e^2)^{3/2}}{2\pi}\int_0^{2\pi}[12(1+e\cos f)^4 + e^2\sin^2 f(1+e\cos f)^2]\,df \qquad (7.111)$$

となる. 上式の右辺の被積分関数において, $\cos f$ の奇数次の項の積分は 0 になるため, それらを順次無視しながら変形すれば

$$12(1 + e\cos f)^4 + e^2(1 - \cos^2 f)(1 + 2e\cos f + e^2\cos^2 f)$$

$$= 12(1 + 6e^2\cos^2 f + e^4\cos^4 f) + e^2\left(1 + (e^2 - 1)\cos^2 f - e^2\cos^4 f\right)$$

$$= 12 + e^2 + (e^4 + 71e^2)\cos^2 f + 11e^4\cos^4 f. \tag{7.112}$$

さらに

$$\frac{1}{2\pi}\int_0^{2\pi}\cos^2 f\,df = \frac{1}{2\pi}\int_0^{2\pi}\frac{\cos 2f + 1}{2}\,df = \frac{1}{2}, \tag{7.113}$$

$$\frac{1}{2\pi}\int_0^{2\pi}\cos^4 f\,df = \frac{1}{2\pi}\int_0^{2\pi}\frac{\cos^2 2f + 2\cos 2f + 1}{4}\,df = \frac{3}{8} \tag{7.114}$$

を用いれば，(7.111) 式は

$$(1 - e^2)^{3/2}\left(12 + e^2 + \frac{e^4 + 71e^2}{2} + 11e^4 \times \frac{3}{8}\right)$$

$$= 12(1 - e^2)^{3/2}\left(1 + \frac{73}{24}e^2 + \frac{37}{96}e^4\right) \tag{7.115}$$

に帰着する．これを (7.109) 式に代入して，楕円軌道の連星系からの重力波のエネルギー放射率：

$$L_{\mathrm{GW}} = \frac{32}{5}\frac{G^3\mu^2 M^3}{a^5(1 - e^2)^{7/2}}\left(1 + \frac{73}{24}e^2 + \frac{37}{96}e^4\right)$$

$$= \frac{32}{5c^5}\frac{G^4 m_1^2 m_2^2(m_1 + m_2)}{a^5(1 - e^2)^{7/2}}\left(1 + \frac{73}{24}e^2 + \frac{37}{96}e^4\right) \tag{7.116}$$

を得る．ただし，2 つ目の等号では，今まで無視してきた G/c^5 をかけて正しい単位にした．もちろん円軌道 $(e = 0)$ の場合には，すでに導いた (7.75) 式を再現する．

7.6　調和振動子からの重力波

　地上の実験室でどの程度の振幅の重力波を発生することができるかを，調和振動子を例として考えてみよう．簡単化のために，質量 m の 2 つの質点が，原点を中心として z 軸に沿って l_0 だけ離れて置かれており，角振動数 ω，振幅 A で単振動しているとする．時間の原点を適当に選べば，それらの座標は

$$z_1 = \frac{l_0}{2} + A\sin\omega t, \quad z_2 = -\frac{l_0}{2} - A\sin\omega t \tag{7.117}$$

と書ける．この場合，(7.53) 式の 0 でない成分は，

$$I_{zz} = mz_1^2 + mz_2^2 = m\left(\frac{l_0^2}{2} + 2l_0 A\sin\omega t + 2A^2\sin^2\omega t\right)$$

172   第 7 章　重力波

$$= 2ml_0 A \sin \omega t - mA^2 \cos 2\omega t + 定数 \tag{7.118}$$

だけである.

さらに，四重極近似解 (7.54) 式より，h_{ij} の 0 でない成分も

$$h_{zz}(t, \boldsymbol{x}) = \frac{2G}{r} \frac{d^2 I_{zz}(t-r)}{dt^2}$$

$$= \frac{4G}{r} \left(2mA^2\omega^2 \cos 2\omega(t-r) - ml_0 A\omega^2 \sin \omega(t-r) \right) \tag{7.119}$$

だけである．これらの結果と，(7.88) 式と (7.89) 式を用いて，TT ゲージでの重力波を計算してみよう．

まず z 方向に進む重力波を考えると，$P_{lm} = \delta_{lm} - \delta_{lz}\delta_{mz}$ となるから，$P_{xx} = P_{yy} = 1$ でそれ以外は 0 である．したがって，(7.89) 式は

$$\overline{h}_{ij}^{\mathrm{TT}}(t, \boldsymbol{x}) = P_{iz}P_{jz}h_{zz} - \frac{1}{2}P_{ij}P^{zz}h_{zz} = 0 \tag{7.120}$$

となる．つまり z 方向に振動する質点系からは，z 方向に進む重力波は放出されない．

一方，振動方向と垂直である x 方向に進む重力波を考えれば，$P_{lm} = \delta_{lm} - \delta_{lx}\delta_{mx}$ となるから，$P_{yy} = P_{zz} = 1$ でそれ以外は 0 となる．したがって，(7.89) 式は

$$\overline{h}_{ij}^{\mathrm{TT}}(t, \boldsymbol{x}) = P_{iz}P_{jz}h_{zz} - \frac{1}{2}P_{ij}P^{zz}h_{zz} = -\frac{h_{zz}}{2} \begin{pmatrix} 0 & 0 & 0 \\ 0 & 1 & 0 \\ 0 & 0 & -1 \end{pmatrix}$$

$$= \frac{2G}{r} \left(ml_0 A\omega^2 \sin \omega(t-r) - 2mA^2\omega^2 \cos 2\omega(t-r) \right) \begin{pmatrix} 0 & 0 & 0 \\ 0 & 1 & 0 \\ 0 & 0 & -1 \end{pmatrix}. \tag{7.121}$$

この調和振動子は軸対称なので，x 方向に限らず，z 方向と直交する方向に進む重力波はすべて同様に，進行方向に垂直な向きに + モードだけを持つ．すなわち，直線偏光した重力波である．

実験室スケールに対応する (7.121) 式の典型的大きさは

$$\frac{2Gml_0 A\omega^2}{r} \sim 10^{-46} \left(\frac{m}{1\,\mathrm{kg}} \right) \left(\frac{l_0}{1\,\mathrm{m}} \right) \left(\frac{A}{1\,\mathrm{m}} \right) \left(\frac{\omega}{1\,\mathrm{s}^{-1}} \right)^2 \left(\frac{1\,\mathrm{km}}{r} \right) \tag{7.122}$$

とり，とてつもなく小さい [11].

---

[11] (7.122) 式は r が重力波の波長 c/ω よりも十分大きい場合に成り立つので，規格化に用いた数値は必ずしも適切ではないが，地上の実験室で人間が生み出せる重力波の振幅が著しく小さい事実に変わりはない．

7.7 重力波の直接検出

(7.122) 式と (7.73) 式で示したように，実験室はおろか，天体起源の重力であろうと，その信号はあまりに微弱であり，直接検出は絶望的だと考えられてきた．だからこそ逆に，極限計測を目指す実験物理学者達の闘志をかき立てる挑戦的課題だとも言える．

未だ重力波の存在に関する理論的論争が続いていた 1950 年代に，その直接検出に真剣に取り組んだ先駆者が，米国メリーランド大学の故ジョセフ・ウェーバーである．彼は，長さ 1.5 m で直径が $(0.6 \sim 1.0)$ m の円筒状のアルミ棒 4 つを，メリーランド大学と，そこから約 1000 km 離れたアルゴンヌ国立研究所に設置した．このアルミ棒の共振振動数は 1.66 kHz であった．地面振動やそれ以外の多くの雑音の影響で，アルミ棒は常にある程度振動しているが，遠く離れた独立な 2 点で同時に強い振動が検出されれば，それは天体起源の重力波である可能性が高い．ウェーバーは，1969 年 5 月 12 日から 12 月 14 日の期間中に，311 回の同時振動を検出し，これが銀河中心から放射されている重力波によるものだと発表した．

この衝撃的な発表は，世界中で重力波検出に真剣に取り組むグループを生み出した．東京大学の故平川浩正もその一人であり，日本の重力波検出実験で活躍している研究者の多くはその弟子，孫弟子さらには曾孫弟子にあたる．ただし，ウェーバーの結果は，その後の追観測では確認されず，重力波以外の雑音によるものだと解釈されている．

現在の重力波検出実験の主流は，ウェーバーが開発した共振型検出器ではなく，図 7.2 のようなレーザー干渉計検出器である．2 つの物体を互いに相互作用しない状態で遠く離し，重力波が通過する際のその距離 ξ_0 $(\approx 4\,\mathrm{km})$ の微小変化：

$$\Delta\xi_{\mathrm{GW}} \approx 4 \times 10^{-18} \left(\frac{h}{10^{-21}}\right) \left(\frac{\xi_0}{4\,\mathrm{km}}\right) \mathrm{m} \tag{7.123}$$

をレーザー干渉計を用いて精密測定する．ある特定の振動周波数だけに感度を持つ共振型とは異なり，$0.1 \sim 10$ kHz 程度の広い周波数領域をカバーできるため，より多様な天体現象からの重力波を探査できる．

米国の LIGO (Laser Interferometer Gravitational-Wave Observatory) は 1999 年に完成し，さまざまな調節を終えて 2002 年から 2010 年まで観測を行った．その後も，継続的に感度を向上させてきた．2015 年 9 月 18 日から 3 か月間，Advanced LIGO (アドバンスト ライゴ) と呼ばれる検出器で本格的な観測を行った (図 7.2 参照)．そして，協定世界時の 2015 年 9 月 14 日 9 時 50 分 45 秒に史上初の重力波イベント GW150914 を検出した．なんと，本格観測前の試験観測期間中の出来事だったのだ．図 7.3 に，観測された重力波振幅 h の時間変化を示す．重力波信号の正確な計算

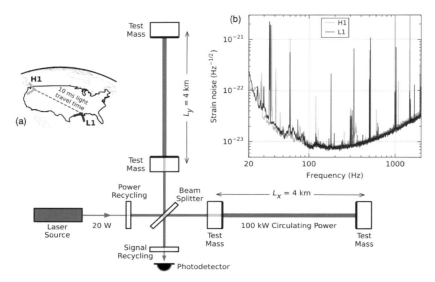

図 **7.2** 史上初の重力波検出を成し遂げたアドバンストライゴ. 約 3000 km 離れたワシントン州ハンフォード (H1) とルイジアナ州リビングストン (L1) の 2 地点に設置された, 独立な 2 つのレーザー干渉計からなる. この腕は 4 km の長さで, 通常は 2 つの腕を往復してきたレーザー光が互いに打ち消しあうように調整されている. 重力波が到来すると 2 つの腕の長さが微妙に変化するため, レーザー光はもはや打ち消しあわず, その長さの差に応じた出力信号が生じる. 右上は干渉系自体の雑音を周波数の関数として示したもので, 重力波信号に対する検出限界を与える. B.P. Abbott *et al.*, *Physical Review Letters*, **116** (2016) 061102.

は解析的には困難で, 本格的な数値シミュレーションが不可欠である. 上が実際の重力波信号, 中はそれを再現するブラックホール連星合体の数値シミュレーションで, 驚くべき一致が見て取れる. とはいえ, 合体直前までであれば 7.5.2 節の近似計算もかなり有効である (問題 [7.4], [7.5] 参照).

図 7.4 に示されているように, GW150914 の重力波信号の詳細な解析から, これは $z = 0.09^{+0.03}_{-0.04}$ にあるブラックホール連星 (質量 $36^{+5}_{-4}M_\odot$ と $29 \pm 4 M_\odot$) が合体し, 質量 $62 \pm 4 M_\odot$ の 1 つのブラックホールを形成した場合の重力波であることが明らかとなった. 合体前後でのブラックホールの質量差に対応する $3M_\odot$ ものエネルギーがわずか 0.1 秒程度の短時間で重力波として放射されたことになる.

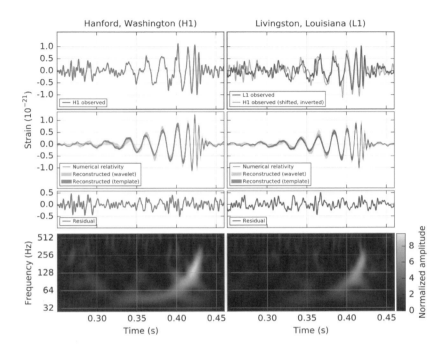

図 7.3 初めて検出された重力波イベント GW150914 の信号波形．干渉計自体のもつ雑音によるゆらぎをなくすために，35 〜 350 Hz の周波数帯のデータのみを選び出している．横軸の時刻は協定世界時（日本標準時より 9 時間遅れている）の 2015 年 9 月 14 日 09:50:45 を原点とした値．左がワシントン州ハンフォード (H1)，右がルイジアナ州リビングストン (L1) で得られたデータの解析結果．最上段の図は観測された重力波の振幅 h を 10^{-21} の単位としてプロットしたもの．GW150914 の信号はまず L1 に到着し，それから $6.9^{0.5}_{0.4}$ ミリ秒後に H1 に到着した．右上には，この時間差とともに干渉計の相対的な向きの違いを考慮して符号を反転させた H1 のデータをも重ねて示してあり，両者が驚くべき一致を示していることがわかる．2 段目の図は今回の信号を最もよく説明する数値相対論の結果で，2 種類の影で示しているのは 2 つの異なる手法で再構築された観測データの信号．最上段のデータと 2 段目の数値相対論の結果の残差が 3 段目の図に示されている．最下段はこの信号の持つ典型的周波数分布の時間変化を示したもの．人間の可聴域は 20 Hz から 20000 Hz 程度なので，この重力波信号の周波数はその可聴域にある（これが 7.5.1 節に登場したチャープという言葉の由来でもある）．B.P. Abbott *et al.*, *Physical Review Letters*, **116** (2016) 061102.

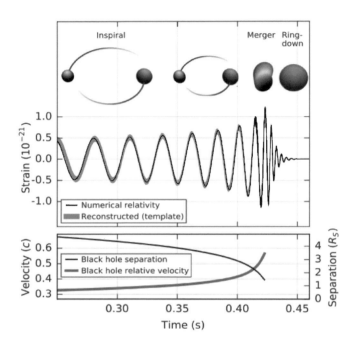

図 7.4 GW150914 の信号に対応するブラックホール連星合体．最上段はこのイベントに対応する想像図で，ブラックホール連星が重力波放出によってエネルギーを失いつつ互いに接近し，$t = 0.42$ 秒付近で合体しその後大きな変形を繰り返して振動しながら最終的に一つのブラックホールに落ち着く様子が示されている．中段は図 7.3 の H1 に対応する数値相対論の結果と再構築された観測データ．最下段は，ブラックホール連星同士の距離をそのシュワルツシルト半径を単位として測った値 (右軸) と，それらの実効的な相対速度を光速を単位として測った値 (左軸)．B.P. Abbott *et al.*, *Physical Review Letters*, **116** (2016) 061102.

　この重力波検出に決定的な貢献を行ったレイナー・ワイス，バリー・バリッシュ，キップ・ソーンの 3 名は，2017 年のノーベル物理学賞を受賞した．その後も，ブラックホール連星，さらには中性子星連星の合体による重力波が相次いで検出されており，今や，極限精密測定物理学から，重力波天文学の時代と飛躍的な変貌を遂げたことになる．

第 7 章の問題

[7.1] 1974 年，米国マサチューセッツ大学のジョゼフ・テイラーと大学院生ラッセル・ハルスは，プエルトリコにあるアレシボ電波望遠鏡を用いて，新たなパルサーを発見した．パルサーとは高速自転する中性子星が，その自転周期に対応した規則正しい電波パルスを発する天体である．彼らが発見したパルサー (PSR B1913+16) からの周期 59 msec のパルスは，その到着時刻の 7.75 時間の周期的変動から，そのパルサーが別の天体と連星をなしていることを示していた．後に，もう 1 つの天体もまた中性子星であることがわかり，史上初の中性子星連星の発見となった．さらに，20 年近くの観測の結果，この連星系の軌道パラメータが一般相対論の予言通りの変化を示したため，ハルスとテイラーは 1993 年のノーベル物理学賞を共同受賞した．この系の質量と軌道パラメータは以下の通りである [12]．

$$\begin{cases} m_1 = (1.4398 \pm 0.0002)M_\odot, \quad m_2 = (1.3886 \pm 0.0002)M_\odot, \\ P = 7.75 \text{ 時間}, \quad e = 0.6171334(5), \\ a = \left(\dfrac{G(m_1 + m_2)P^2}{4\pi^2}\right)^{1/3} \approx 1.95 \times 10^6 \text{ km}, \\ d = 6500\,\text{pc} \approx 6500 \times 3.1 \times 10^{13} \text{ km} = 2 \times 10^{17} \text{ km}. \end{cases} \tag{7.124}$$

また，その系の公転周期，軌道長半径，近点角の変化率も以下のように推定されている．

$$\frac{dP}{dt} = (-2.423 \pm 0.001) \times 10^{-12} \approx -76.5 \ \mu\sec/\text{yr}, \tag{7.125}$$

$$\frac{da}{dt} = 3.5\,\text{m/yr}, \tag{7.126}$$

$$\frac{d\omega}{dt} = 4.226598(5)^\circ/\text{yr}. \tag{7.127}$$

以下，$m_1 = m_2 = 1.4M_\odot$ と近似して，一般相対論的効果の予言と観測結果を比較する．まず，この連星系の離心率を無視して 7.5.1 節の結果を用いて，この連星系からの重力波輻射光度 L_{GW}，重力波の振幅の大きさ h，軌道パラメータ減少率 dP/dt を計算し，(7.125) 式と比較せよ．

---

[12] J.M. Weisberg, D.J. Nice and J.H. Taylor, *The Astrophysical Journal*, **722** (2010) 1030.

[7.2] 次に, 7.5.4 節で導いた離心率の効果を考慮した上で dP/dt を計算し, (7.125) 式と比較せよ.

[7.3] 5.6 節の結果を用いて, この系の近点移動率 $d\omega/dt$ を計算し, (7.127) 式と比較せよ.

[7.4] 図 7.3 と 7.4 のデータから, 重力波の信号が検出され始めた時点での連星ブラックホール GW150914 の公転周期は $P_0 \approx 0.06$ 秒であった. この連星ブラックホールは, $\tau_{\mathrm{GW}} \approx 0.15$ 秒後に, 重力波放射の結果合体した. 正確には数値シミュレーションに基づく計算が必要であるが, ここでは簡単化のために, この連星が等質量 m の 2 つのブラックホールからなっており, さらに合体直前までニュートン力学的近似が正しいものと仮定し, 7.5.2 節の結果を用いて m の値を概算してみよ.

[7.5] 連星ブラックホールの公転周期が P_0 のときの公転半径を a_0 とする. それ以降, 重力波放出に伴い a は徐々に減少し, やがてある長さ $a_{\min}$ 以下になると, 上述のニュートン力学的な 2 質点の運動という描像が破綻する. これは物理的には, ブラックホールはその質量に対応した特徴的な長さスケールを持ち, $a = 0$ になる以前に 2 つのブラックホールが実効的に合体するためである. GW150914 の場合, 合体までに放出される重力波によって, 問題 [7.4] で得られた質量 m の約一割に相当するエネルギーが系から失われたと考えられている. そこでかなり大胆ではあるが, a が a_0 から $a_{\min}$ になるまでは問題 [7.4] と同様にニュートン力学近似が正しく, かつその後放出される重力波によるエネルギー損失は無視した場合に, $a_{\min}$ と m の関係式を導け.

[7.6] 剛体の回転に伴う重力波を計算してみよう. まず剛体の静止系において, その質量の四重極モーメントが対角化されて, $I_{ij} = \mathrm{diag}(I_x, I_y, I_z)$ で与えられているとする. この系が z 軸の回りに角振動数 Ω で回転する場合, 観測者の座標系での剛体の四重極モーメントは

$$I_{ij} = \begin{pmatrix} \cos \Omega t & -\sin \Omega t & 0 \\ \sin \Omega t & \cos \Omega t & 0 \\ 0 & 0 & 1 \end{pmatrix} \begin{pmatrix} I_x & 0 & 0 \\ 0 & I_y & 0 \\ 0 & 0 & I_z \end{pmatrix} \begin{pmatrix} \cos \Omega t & \sin \Omega t & 0 \\ -\sin \Omega t & \cos \Omega t & 0 \\ 0 & 0 & 1 \end{pmatrix} \quad (7.128)$$

となる. これを具体的に計算して, (7.54) 式に代入し, その剛体が放射する重力波を求めよ. 特にこの剛体が軸対称である場合の重力波の性質を述べよ.

章末問題の解答

第 1 章

[1.1] (p.19) (ω, x) 平面上での角度 θ の回転は

$$\begin{pmatrix} \omega' \\ x' \end{pmatrix} = \begin{pmatrix} \cos\theta & \sin\theta \\ -\sin\theta & \cos\theta \end{pmatrix} \begin{pmatrix} \omega \\ x \end{pmatrix} \tag{A.1.1}$$

で与えられる．ここで $\omega,\ \omega'$ は純虚数，$x,\ x'$ は実数であることを考えると，θ は純虚数でなくてはならない．そこで $\theta = -i\psi$ とおくと

$$\cos\theta = \cosh\psi, \quad \sin\theta = -i\sinh\psi \tag{A.1.2}$$

より

$$\begin{pmatrix} \omega' \\ x' \end{pmatrix} = \begin{pmatrix} \cosh\psi & -i\sinh\psi \\ i\sinh\psi & \cosh\psi \end{pmatrix} \begin{pmatrix} \omega \\ x \end{pmatrix}. \tag{A.1.3}$$

これを (t, x) にもどすと (1.72) 式が得られる．(1.22) 式と比較すれば，

$$\cosh\psi = \gamma = \frac{1}{\sqrt{1-\beta^2}}, \quad \sinh\psi = \beta\gamma = \frac{\beta}{\sqrt{1-\beta^2}} \tag{A.1.4}$$

より

$$\tanh\psi = \beta \tag{A.1.5}$$

の関係が導ける．

[1.2] (p.20)

$$\Lambda^{(2)}(\psi_1)\Lambda^{(2)}(\psi_2)$$

$$= \begin{pmatrix} \cosh\psi_1\cosh\psi_2 + \sinh\psi_1\sinh\psi_2 & -\cosh\psi_1\sinh\psi_2 - \sinh\psi_1\cosh\psi_2 \\ -\sinh\psi_1\cosh\psi_2 - \cosh\psi_1\sinh\psi_2 & \cosh\psi_1\cosh\psi_2 + \sinh\psi_1\sinh\psi_2 \end{pmatrix}$$

$$= \begin{pmatrix} \cosh(\psi_1 + \psi_2) & -\sinh(\psi_1 + \psi_2) \\ -\sinh(\psi_1 + \psi_2) & \cosh(\psi_1 + \psi_2) \end{pmatrix}$$

$$= \Lambda^{(2)}(\psi_1 + \psi_2) \tag{A.1.6}$$

より積に関して閉じている．単位元 ($\psi = 0$)，逆元 ($\psi \Rightarrow -\psi$) が存在し，結合則が成り立つことは自明であるから $\Lambda^{(2)}(\psi)$ は群をなす．

[1.3] (p.20)　具体的な回転行列およびローレンツ変換の表式

$$R_y(\theta) = \begin{pmatrix} 1 & 0 & 0 & 0 \\ 0 & \cos\theta & 0 & -\sin\theta \\ 0 & 0 & 1 & 0 \\ 0 & \sin\theta & 0 & \cos\theta \end{pmatrix}, \quad R_z(\phi) = \begin{pmatrix} 1 & 0 & 0 & 0 \\ 0 & \cos\phi & \sin\phi & 0 \\ 0 & -\sin\phi & \cos\phi & 0 \\ 0 & 0 & 0 & 1 \end{pmatrix}, \tag{A.1.7}$$

$$\Lambda_z(\psi) = \begin{pmatrix} \cosh\psi & 0 & 0 & -\sinh\psi \\ 0 & 1 & 0 & 0 \\ 0 & 0 & 1 & 0 \\ -\sinh\psi & 0 & 0 & \cosh\psi \end{pmatrix} \tag{A.1.8}$$

等を (1.74) 式に直接代入すると，面倒ではあるが単純な計算の結果 (1.75) 式が得られる．

[1.4] (p.20)

$$\Lambda_y(\psi_2)\Lambda_x(\psi_1) = \begin{pmatrix} c_2 & 0 & -s_2 & 0 \\ 0 & 1 & 0 & 0 \\ -s_2 & 0 & c_2 & 0 \\ 0 & 0 & 0 & 1 \end{pmatrix} \begin{pmatrix} c_1 & -s_1 & 0 & 0 \\ -s_1 & c_1 & 0 & 0 \\ 0 & 0 & 1 & 0 \\ 0 & 0 & 0 & 1 \end{pmatrix}$$

$$= \begin{pmatrix} c_1 c_2 & -s_1 c_2 & -s_2 & 0 \\ -s_1 & c_1 & 0 & 0 \\ -c_1 s_2 & s_1 s_2 & c_2 & 0 \\ 0 & 0 & 0 & 1 \end{pmatrix}, \tag{A.1.9}$$

$$c_i \equiv \cosh(\psi_i), \quad s_i \equiv \sinh(\psi_i) \tag{A.1.10}$$

となる．(1.75) 式の行列は対称であるが，(A.1.9) 式は対称でないから，ローレンツブーストのみで書くことはできない．また，$1 \longleftrightarrow 2$ の変換に対しても対称でないから可換でもない．実は，これは"回転 ＋ ローレンツブースト"に分解できる．

[1.5] (p.21)　この慣性系を (t, x) とし，B とともに動く系を (t', x') とすると

$$\begin{pmatrix} t' \\ x' \end{pmatrix} = \begin{pmatrix} \gamma_B & -\beta_B \gamma_B \\ -\beta_B \gamma_B & \gamma_B \end{pmatrix} \begin{pmatrix} t \\ x \end{pmatrix} \tag{A.1.11}$$

より

$$\frac{x'}{t'} = \frac{x - \beta_B t}{t - \beta_B x} = \frac{x/t - \beta_B}{1 - \beta_B x/t}. \tag{A.1.12}$$

原点を

$$\frac{x'}{t'} = \beta, \quad \frac{x}{t} = \beta_A \tag{A.1.13}$$

となるように選ぶと

$$\beta = \frac{\beta_A - \beta_B}{1 - \beta_A \beta_B} \tag{A.1.14}$$

が得られる.

[1.6] (p.21) 問題 [1.5] の結果で $\beta_A = \beta_n$, $\beta_B = \beta_{n-1}$ とすると

$$\beta_n = \frac{\beta + \beta_{n-1}}{1 + \beta \beta_{n-1}}, \tag{A.1.15}$$

$$\frac{1 - \beta_n}{1 + \beta_n} = \frac{1 - \beta}{1 + \beta} \frac{1 - \beta_{n-1}}{1 + \beta_{n-1}} = \cdots = \left(\frac{1 - \beta}{1 + \beta}\right)^n \tag{A.1.16}$$

より

$$\beta_n = \frac{(1 + \beta)^n - (1 - \beta)^n}{(1 + \beta)^n + (1 - \beta)^n}. \tag{A.1.17}$$

したがって

$$|\beta_{n \to \infty}| = 1. \tag{A.1.18}$$

別の解き方としては, 物体 n の座標を (t_n, x_n) とすると

$$\begin{pmatrix} t_n \\ x_n \end{pmatrix} = \begin{pmatrix} \cosh\theta & -\sinh\theta \\ -\sinh\theta & \cosh\theta \end{pmatrix} \begin{pmatrix} t_{n-1} \\ x_{n-1} \end{pmatrix} = \begin{pmatrix} \cosh n\theta & -\sinh n\theta \\ -\sinh n\theta & \cosh n\theta \end{pmatrix} \begin{pmatrix} t_0 \\ x_0 \end{pmatrix}$$

$$\equiv \begin{pmatrix} \gamma_n & -\beta_n \gamma_n \\ -\beta_n \gamma_n & \gamma_n \end{pmatrix} \begin{pmatrix} t_0 \\ x_0 \end{pmatrix}. \tag{A.1.19}$$

よって

$$\beta_n = \tanh n\theta = \frac{e^{2n\theta} - 1}{e^{2n\theta} + 1}, \tag{A.1.20}$$

$$\beta = \tanh\theta = \frac{e^{2\theta} - 1}{e^{2\theta} + 1} \tag{A.1.21}$$

から同様に (A.1.17) 式:

$$\beta_n = \frac{(1 + \beta)^n - (1 - \beta)^n}{(1 + \beta)^n + (1 - \beta)^n}. \tag{A.1.22}$$

を導くこともできる.

[1.7] (p.21)　k^μ の変換則より，β で運動する観測者からみた $k^{\mu\,\prime}$ は

$$\begin{pmatrix} \omega' \\ k'_x \\ k'_y \end{pmatrix} = \begin{pmatrix} \gamma & -\beta\gamma & 0 \\ -\beta\gamma & \gamma & 0 \\ 0 & 0 & 1 \end{pmatrix} \begin{pmatrix} \omega \\ k_x \\ k_y \end{pmatrix} = \begin{pmatrix} \gamma\omega - \beta\gamma k_x \\ -\beta\gamma\omega + \gamma k_x \\ k_y \end{pmatrix} \tag{A.1.23}$$

で与えられる．そこで $\boldsymbol{k} = (k_x, k_y) = (-\omega\cos\theta, -\omega\sin\theta)$ を用いると

$$\begin{cases} \omega' = \gamma\omega(1 + \beta\cos\theta), \\ k'_x = -\omega'\cos\theta' = -\gamma\omega(\beta + \cos\theta), \\ k'_y = -\omega'\sin\theta' = -\omega\sin\theta. \end{cases} \tag{A.1.24}$$

したがって

$$\omega' = \gamma(1 + \beta\cos\theta)\omega, \quad \cos\theta' = \frac{\cos\theta + \beta}{1 + \beta\cos\theta}, \quad \sin\theta' = \frac{\sin\theta}{\gamma(1 + \beta\cos\theta)}. \tag{A.1.25}$$

また，

$$\cos\theta' - \cos\theta = \frac{\beta\sin^2\theta}{1 + \beta\cos\theta} > 0 \tag{A.1.26}$$

より，光源は観測者の進行方向側にずれて見える．特に，$\beta \ll 1$ のとき，$\theta - \theta' \equiv \Delta\theta \ll \theta$ であるから $\Delta\theta$ の 2 次以上の項を無視すれば

$$\cos\theta' - \cos\theta = -2\sin\frac{\theta' + \theta}{2}\sin\frac{\theta' - \theta}{2} \simeq \Delta\theta\sin\theta \simeq \beta\sin^2\theta. \tag{A.1.27}$$

ゆえに

$$\Delta\theta \simeq \beta\sin\theta. \tag{A.1.28}$$

なお，$\beta \ll 1$ のとき $\dfrac{\omega'}{\omega} = 1 + \beta\cos\theta$ より，非相対論的ドップラー効果の表式に帰着する．また，$\theta = \dfrac{\pi}{2}$ のとき $\dfrac{\omega'}{\omega} = \dfrac{1}{\sqrt{1 - \beta^2}} > 1$ となり，光源方向の相対速度が 0 でもドップラー効果が起こる (横ドップラー効果) ことがわかる．

[1.8] (p.21)　(1.78) 式より，S 系で dx 離れた 2 点を S′ 系における同時刻

$$t'_2 - t'_1 = dt' = \frac{t_2 - t_1 + v(x_2 - x_1)}{\sqrt{1 - v^2}} = \frac{dt + vdx}{\sqrt{1 - v^2}} = 0 \tag{A.1.29}$$

で測定すると，

$$dx' = \frac{dx + vdt}{\sqrt{1 - v^2}} = \frac{1 - v^2}{\sqrt{1 - v^2}}dx = \sqrt{1 - v^2}\,dx \tag{A.1.30}$$

(ローレンツ収縮)．一方，運動量は $dp^0 = 0$ より

$$dp^{x\,\prime} = \frac{dp^x + vdp^0}{\sqrt{1 - v^2}} = \frac{dp^x}{\sqrt{1 - v^2}}. \tag{A.1.31}$$

x 方向以外は不変なので，結局 $d^3x' = \sqrt{1-v^2}\,d^3x$. $d^3p' = \dfrac{d^3p}{\sqrt{1-v^2}}$ と合わせて，位相空間体積要素はローレンツ不変であることが示された.

[1.9] (p.22)　単に (1.78) 式の逆変換をすればよいだけなので，

$$\epsilon = \frac{\epsilon' - v\epsilon'\cos\theta'}{\sqrt{1-v^2}} = \frac{1-v\cos\theta'}{\sqrt{1-v^2}}\,\epsilon'. \tag{A.1.32}$$

[1.10] (p.22)　(1.79) 式と (A.1.32) 式より，

$$f'(\nu') = f(\nu) = \frac{1}{\exp(h\nu/k_{\mathrm B}T_0)-1} \equiv \frac{1}{\exp(h\nu'/k_{\mathrm B}T')-1}. \tag{A.1.33}$$

$$T'(\theta') = \left(\frac{\nu'}{\nu}\right)T_0 = \frac{\sqrt{1-v^2}}{1-v\cos\theta'}\,T_0. \tag{A.1.34}$$

つまり，S′ 系においてもやはり CMB は熱分布の形をするが，観測される "温度" は，(A.1.34) 式のような方向依存性を持つことになる.

[1.11] (p.22)　地球の公転運動の速度は

$$v_{\mathrm E} = \frac{2\pi \times 1.\text{A.U.}}{365.25\ \text{日}} \approx \frac{2\pi \times 1.5 \times 10^8\,\text{km}}{365.25 \times 24 \times 3600\ \text{秒}} \approx 30\,\text{km/s} \approx 10^{-4}c. \tag{A.1.35}$$

一方，$v \ll c$ の場合，$T_{\max} \approx \left(1+\dfrac{v}{c}\right)T_0$, $T_{\min} \approx \left(1-\dfrac{v}{c}\right)T_0$ であるから，

$$\left(\frac{\Delta T}{T}\right)_{\mathrm E} \approx \frac{v_{\mathrm E}}{c} \sim 10^{-4}. \tag{A.1.36}$$

[1.12] (p.23)　観測されているデータから予想される CMB 系に対する速度は，$v \approx 360\,\text{km/s}$. したがって，この結果は，太陽 (系) 自身が CMB 系に対して運動していることを意味する. 実は，太陽 (系) の銀河系内での相対運動，銀河系の局所銀河群内での相対運動は比較的よく理解されているので，それらを差し引いた結果として，局所銀河群が CMB 系に対して約 600 km/s で運動しているものと解釈されている.

[1.13] (p.23)　(1.84) 式と (A.1.32) 式より，

$$I'(\epsilon') = \frac{\epsilon'^3}{\epsilon^3}\,I(\epsilon) \propto \left(\frac{\epsilon'}{\epsilon}\right)^{3+p}\epsilon'^{-p} = \left(\frac{\sqrt{1-v^2}}{1-v\cos\theta'}\right)^{3+p}\epsilon'^{-p}. \tag{A.1.37}$$

したがって，

$$\left(\frac{\Delta I_{\mathrm{CXB}}}{I_{\mathrm{CXB}}}\right)_{\mathrm E} \approx (3+p)v_{\mathrm E} \approx 3.3 \times 10^{-4}. \tag{A.1.38}$$

　この議論は，宇宙線に対する我々の運動を検出するというアイデアのもとに，A. H. Compton と I. A. Getting によって最初に発表された (*Physical Review*, **47** (1935) 817) ので，宇宙線業界ではコンプトン-ゲッティング効果と呼ばれている.

第 2 章

[2.1] (p.44)　(2.73) 式を用いると

$$\nabla_{\beta'} \boldsymbol{e}_{\alpha'} = \frac{\partial x^\lambda}{\partial x^{\beta'}} \nabla_\lambda \left(\frac{\partial x^\gamma}{\partial x^{\alpha'}} \boldsymbol{e}_\gamma \right) = \frac{\partial x^\lambda}{\partial x^{\beta'}} \frac{\partial x^\gamma}{\partial x^{\alpha'}} \Gamma^\mu{}_{\gamma\lambda} \boldsymbol{e}_\mu + \frac{\partial x^\lambda}{\partial x^{\beta'}} \frac{\partial^2 x^\gamma}{\partial x^\lambda \partial x^{\alpha'}} \boldsymbol{e}_\gamma. \quad \text{(A.2.1)}$$

ここで，第 1 項の添字を $\gamma \Rightarrow \rho,\ \mu \Rightarrow \gamma$ と変更すれば

$$\begin{aligned}
\nabla_{\beta'} \boldsymbol{e}_{\alpha'} &= \left(\frac{\partial x^\lambda}{\partial x^{\beta'}} \frac{\partial x^\rho}{\partial x^{\alpha'}} \Gamma^\gamma{}_{\rho\lambda} + \frac{\partial^2 x^\gamma}{\partial x^{\beta'} \partial x^{\alpha'}} \right) \boldsymbol{e}_\gamma \\
&= \left(\frac{\partial x^{\mu'}}{\partial x^\gamma} \frac{\partial x^\lambda}{\partial x^{\beta'}} \frac{\partial x^\rho}{\partial x^{\alpha'}} \Gamma^\gamma{}_{\rho\lambda} + \frac{\partial x^{\mu'}}{\partial x^\gamma} \frac{\partial^2 x^\gamma}{\partial x^{\beta'} \partial x^{\alpha'}} \right) \boldsymbol{e}_{\mu'} \\
&= \boldsymbol{e}_{\mu'} \Gamma^{\mu'}{}_{\alpha'\beta'}.
\end{aligned} \quad \text{(A.2.2)}$$

したがって (2.72) 式が得られた．

[2.2] (p.44)

$$\begin{aligned}
A^{\alpha'}{}_{;\beta'} &\equiv A^{\alpha'}{}_{,\beta'} + \Gamma^{\alpha'}{}_{\gamma'\beta'} A^{\gamma'} \\
&= \frac{\partial x^\nu}{\partial x^{\beta'}} \frac{\partial}{\partial x^\nu} \left(\frac{\partial x^{\alpha'}}{\partial x^\mu} A^\mu \right) + \frac{\partial x^{\gamma'}}{\partial x^\lambda} A^\lambda \frac{\partial x^{\alpha'}}{\partial x^\mu} \left(\frac{\partial x^\rho}{\partial x^{\gamma'}} \frac{\partial x^\nu}{\partial x^{\beta'}} \Gamma^\mu{}_{\rho\nu} + \frac{\partial^2 x^\mu}{\partial x^{\gamma'} \partial x^{\beta'}} \right) \\
&= \frac{\partial x^{\alpha'}}{\partial x^\mu} \frac{\partial x^\nu}{\partial x^{\beta'}} \left(A^\mu{}_{,\nu} + \Gamma^\mu{}_{\rho\nu} A^\rho \right) \\
&\quad + \left(\frac{\partial^2 x^{\alpha'}}{\partial x^\mu \partial x^\nu} \frac{\partial x^\nu}{\partial x^{\beta'}} + \frac{\partial x^{\gamma'}}{\partial x^\mu} \frac{\partial x^{\alpha'}}{\partial x^\nu} \frac{\partial^2 x^\nu}{\partial x^{\gamma'} \partial x^{\beta'}} \right) A^\mu.
\end{aligned} \quad \text{(A.2.3)}$$

ここで第 2 項の括弧の中は

$$\frac{\partial}{\partial x^\mu} \left(\frac{\partial x^{\alpha'}}{\partial x^\nu} \frac{\partial x^\nu}{\partial x^{\beta'}} \right) = \frac{\partial \delta^{\alpha'}{}_{\beta'}}{\partial x^\mu} = 0. \quad \text{(A.2.4)}$$

よって (2.74) 式が得られる．

[2.3] (p.44)　（必要条件）

(2.72) 式の変換性より，ある点 x で $\Gamma^\mu{}_{\alpha\beta} = 0$ ならば，右辺第 2 項のみが残る．したがって $\Gamma^{\mu'}{}_{\alpha'\beta'} = \Gamma^{\mu'}{}_{\beta'\alpha'}$ となる．

（十分条件）

いま考えている点を原点にとり，x^μ という座標系で

$$\Gamma^\mu{}_{\alpha\beta}(x=0) = \Gamma^\mu{}_{\beta\alpha}(x=0) \quad \text{(A.2.5)}$$

であるとする．以下の座標変換

$$x^\mu \Rightarrow x^{\mu'} = x^\mu + \frac{1}{2} G^\mu{}_{\alpha\beta} x^\alpha x^\beta \quad \text{(A.2.6)}$$

を考えて，$x^{\mu'} = 0$ において $\Gamma^{\mu'}{}_{\alpha'\beta'}(x'=0) = 0$ とできるかどうかを調べる．$G^{\mu}{}_{\alpha\beta}$ は $x^{\alpha}x^{\beta}$ という α と β について対称なものとの縮約をとっているので，反対称成分があってもこの変換には寄与しない．したがって $G^{\mu}{}_{\alpha\beta}$ は α, β について対称であるとしてよい．

このとき，逐次近似で逆変換を求めると

$$x^{\mu} = x^{\mu'} - \frac{1}{2}G^{\mu}{}_{\alpha\beta}x^{\alpha'}x^{\beta'} \tag{A.2.7}$$

なので (2.72) 式に出てくる微分を $x^{\mu} = x^{\mu'} = 0$ で評価すると

$$\left.\frac{\partial x^{\mu'}}{\partial x^{\rho}}\right|_{x=0} = \delta^{\mu}{}_{\rho}, \quad \left.\frac{\partial x^{\lambda}}{\partial x^{\alpha'}}\right|_{x'=0} = \delta^{\lambda}{}_{\alpha}, \quad \left.\frac{\partial^2 x^{\gamma}}{\partial x^{\alpha'}\partial x^{\beta'}}\right|_{x'=0} = -G^{\mu}{}_{\alpha\beta}. \tag{A.2.8}$$

したがって (2.72) 式から

$$\left.\Gamma^{\mu'}{}_{\alpha'\beta'}\right|_{x'=0} = \delta^{\mu}{}_{\rho}\delta^{\lambda}{}_{\alpha}\delta^{\sigma}{}_{\beta}\Gamma^{\rho}{}_{\lambda\sigma}\Big|_{x=0} + \delta^{\mu}{}_{\gamma}(-G^{\gamma}{}_{\alpha\beta}) = \Gamma^{\mu}{}_{\alpha\beta}\Big|_{x=0} - G^{\mu}{}_{\alpha\beta}. \tag{A.2.9}$$

ゆえに $\Gamma^{\mu}{}_{\alpha\beta}(x=0) = \Gamma^{\mu}{}_{\beta\alpha}(x=0)$ という条件が成り立てば，$G^{\mu}{}_{\alpha\beta} = \Gamma^{\mu}{}_{\alpha\beta}$ $(x=0)$ とおくことで $\Gamma^{\mu'}{}_{\alpha'\beta'}(x'=0) = 0$ とできる．

[2.4] (p.44)　(2.52) 式より，A^{μ} の平行移動後の成分は

$$A^{\mu}_{||}(x+\Delta x) = A^{\mu}(x) - \Gamma^{\mu}{}_{\alpha\beta}A^{\alpha}(x)\Delta x^{\beta}. \tag{A.2.10}$$

一方

$$g_{\mu\nu}(x+\Delta x) = g_{\mu\nu}(x) + g_{\mu\nu,\beta}\Delta x^{\beta} \tag{A.2.11}$$

である．これらを (2.75) 式に代入すると

$$(g_{\mu\nu} + g_{\mu\nu,\beta}\Delta x^{\beta})(A^{\mu} - \Gamma^{\mu}{}_{\alpha\beta}A^{\alpha}\Delta x^{\beta})(A^{\nu} - \Gamma^{\nu}{}_{\alpha\beta}A^{\alpha}\Delta x^{\beta})$$

$$= g_{\mu\nu}A^{\mu}A^{\nu}. \tag{A.2.12}$$

Δx に関して 2 次の項を無視して整理すると

$$A^{\mu}A^{\nu}\Delta x^{\beta}(g_{\mu\nu,\beta} - g_{\alpha\nu}\Gamma^{\alpha}{}_{\mu\beta} - g_{\mu\alpha}\Gamma^{\alpha}{}_{\nu\beta}) = 0. \tag{A.2.13}$$

任意の A^{μ} に対してこの式が成り立つことを要請すると括弧の中はゼロでなくてはならない．ここで，

$$\Gamma_{\nu\mu\beta} \equiv g_{\nu\alpha}\Gamma^{\alpha}{}_{\mu\beta} \tag{A.2.14}$$

とすると，添字を適当につけかえて

$$g_{\mu\nu,\alpha} = \Gamma_{\nu\mu\alpha} + \Gamma_{\mu\nu\alpha}, \tag{A.2.15}$$

$$g_{\mu\alpha,\nu} = \Gamma_{\alpha\mu\nu} + \Gamma_{\mu\alpha\nu}, \tag{A.2.16}$$

$$g_{\alpha\nu,\mu} = \Gamma_{\nu\alpha\mu} + \Gamma_{\alpha\nu\mu}. \tag{A.2.17}$$

したがって $\Gamma_{\alpha\beta\gamma} = \Gamma_{\alpha\gamma\beta}$ ならば

$$\Gamma_{\mu\alpha\nu} = \frac{1}{2}(g_{\mu\nu,\alpha} + g_{\mu\alpha,\nu} - g_{\alpha\nu,\mu}) \tag{A.2.18}$$

となり，μ の添字を上げれば (2.76) 式が得られる.

■補足説明　$g_{\alpha\beta} = \boldsymbol{e}_\alpha \cdot \boldsymbol{e}_\beta$ なので，空間の任意の一点において $\boldsymbol{e}_{\mu'} \cdot \boldsymbol{e}_{\nu'} = \eta_{\mu\nu}$ となるような座標をとることは常に可能である（$g_{\alpha\beta}$ の独立成分の数：10 $\longleftrightarrow$ $\dfrac{\partial x^{\mu'}}{\partial x^\alpha}$ の独立成分の数：16）. つまり，空間の任意の点のまわりで，局所的にミンコフスキー計量と一致するような座標系を選ぶことができる. これを「局所ローレンツ系」と呼ぶ.

　また，$\Gamma^\mu{}_{\alpha\beta}$ は 4 × 10＝40 個の独立成分を持つが，これは $g_{\alpha\beta,\gamma}$ の独立成分と同じ数で，実際に問題 [2.3] と問題 [2.4] の結果からわかるように，$\Gamma^\mu{}_{\alpha\beta}\Big|_{\mathrm{P}} = 0 \longleftrightarrow g_{\alpha\beta,\gamma}\Big|_{\mathrm{P}} = 0$ が成り立つ. つまり，クリストッフェル記号を接続係数に選ぶことにすれば，空間の任意の一点で $\Gamma^\mu{}_{\alpha\beta}$，および $g_{\mu\nu}$ の 1 階微分を同時にゼロとする座標系（局所慣性系）が必ず存在することを保証する.

　まとめれば，局所ローレンツ系は，物理的には局所慣性系に対応する. つまり，

$$\Gamma^\mu{}_{\alpha\beta} \text{ に対する要請：} (2.75) \text{ 式} + (2.77) \text{ 式} \longleftrightarrow \text{局所慣性系の存在}$$

という関係にある.

[2.5] (p.45)

$$g_{\alpha\beta;\gamma} = g_{\alpha\beta,\gamma} - \Gamma^\mu{}_{\alpha\gamma}g_{\mu\beta} - \Gamma^\mu{}_{\beta\gamma}g_{\alpha\mu} = g_{\alpha\beta,\gamma} - \Gamma_{\beta\alpha\gamma} - \Gamma_{\alpha\beta\gamma} \tag{A.2.19}$$

より (A.2.18) 式を用いれば

$$g_{\alpha\beta;\gamma} = 0. \tag{A.2.20}$$

一方

$$(g_{\alpha\mu}g^{\mu\beta})_{;\gamma} = g_{\alpha\mu;\gamma}g^{\mu\beta} + g_{\alpha\mu}g^{\mu\beta}{}_{;\gamma} = g_{\alpha\mu}g^{\mu\beta}{}_{;\gamma}, \tag{A.2.21}$$

$$(g_{\alpha\mu}g^{\mu\beta})_{;\gamma} = (\delta_\alpha{}^\beta)_{;\gamma} = 0 \tag{A.2.22}$$

より

$$g_{\alpha\mu}g^{\mu\beta}{}_{;\gamma} = 0. \tag{A.2.23}$$

したがって

$$g^{\nu\alpha}g_{\alpha\mu}g^{\mu\beta}{}_{;\gamma} = \delta^\nu{}_\mu g^{\mu\beta}{}_{;\gamma} = g^{\nu\beta}{}_{;\gamma} = 0. \tag{A.2.24}$$

[2.6] (p.45)　あらゆる点 x のまわりで時空がミンコフスキー的であるような座標系をとることができるから，この場合，$g_{\mu\nu}$ の座標変換性より次式が成り立つ.

$$g_{\mu'\nu'} = \frac{\partial x^\alpha}{\partial x^{\mu'}}\frac{\partial x^\beta}{\partial x^{\nu'}}g_{\alpha\beta} = \eta_{\mu'\nu'}. \tag{A.2.25}$$

この両辺の行列式をとると

$$g = \left(\det\left(\frac{\partial x}{\partial x'}\right)\right)^{-2}(-1) < 0. \tag{A.2.26}$$

[2.7] (p.45)　計量テンソル $g_{\alpha\beta}$ の第 α 行と第 β 列とを除いてできる行列式に $(-1)^{\alpha+\beta}$ をかけてできる余因子のつくる行列 (余因子行列) を $\tilde{g}^{\alpha\beta}$ とする。余因子行列は，定義より

$$\tilde{g}^{\mu\nu}g_{\nu\alpha} = g\delta^{\mu}{}_{\alpha} \tag{A.2.27}$$

を満たすので

$$\tilde{g}^{\mu\nu} = gg^{\mu\nu} \tag{A.2.28}$$

という関係にある。g の x^{μ} に関する偏微分は，行列式の定義から

$$\frac{\partial g}{\partial x^{\mu}} = \tilde{g}^{\alpha\beta}\frac{\partial g_{\alpha\beta}}{\partial x^{\mu}} \tag{A.2.29}$$

なので

$$\frac{\partial g}{\partial x^{\mu}} = gg^{\alpha\beta}\frac{\partial g_{\alpha\beta}}{\partial x^{\mu}} \tag{A.2.30}$$

が得られる。問題 [2.6] で示した $g < 0$ を考慮すると，この式は

$$\frac{\partial}{\partial x^{\alpha}}\left(\ln(-g)\right) = g^{\mu\nu}\frac{\partial g_{\mu\nu}}{\partial x^{\alpha}} \tag{A.2.31}$$

と変形される。また，(2.76) 式を用いると

$$2\Gamma^{\mu}{}_{\alpha\mu} = g^{\mu\nu}(g_{\nu\alpha,\mu} + g_{\nu\mu,\alpha} - g_{\alpha\mu,\nu}) = g^{\mu\nu}g_{\mu\nu,\alpha} \tag{A.2.32}$$

が示される。(2.81) 式の右辺は，この結果を用いて変形すれば

$$A^{\mu}{}_{,\mu} + \frac{1}{\sqrt{-g}}\frac{-1}{2\sqrt{-g}}\frac{\partial g}{\partial x^{\mu}}A^{\mu} = A^{\mu}{}_{,\mu} + \Gamma^{\alpha}{}_{\mu\alpha}A^{\mu} \tag{A.2.33}$$

となり，その左辺と一致することがわかる。

[2.8] (p.45)　(2.82) 式と (2.83) 式より，$R_{\alpha\beta\gamma\delta}$ について (α,β)，(γ,δ) のペアの添字で同じものがあればその成分はゼロとなるから，独立成分の数はたかだか $({}_n\mathrm{C}_2)^2$ 個である。(2.84) 式において (β,γ,δ) のどれかが同じ場合，(2.82) 式か (2.83) 式のいずれかに帰着するから，(2.84) 式の独立な数は $n \times {}_n\mathrm{C}_3$。したがって

$$\begin{aligned}
({}_n\mathrm{C}_2)^2 - n \times {}_n\mathrm{C}_3 &= \left(\frac{n(n-1)}{2}\right)^2 - n \times \frac{n(n-1)(n-2)}{6}\\
&= \frac{n^2(n^2-1)}{12}
\end{aligned} \tag{A.2.34}$$

が独立な成分の数である。特に $n = 4$ の場合，20 個である。

[2.9] (p.45)

$$R_{\alpha\beta\gamma\delta} = -R_{\beta\alpha\gamma\delta} = R_{\beta\gamma\delta\alpha} + R_{\beta\delta\alpha\gamma} = -R_{\gamma\beta\delta\alpha} - R_{\delta\beta\alpha\gamma}$$

$$= R_{\gamma\delta\alpha\beta} + R_{\gamma\alpha\beta\delta} + R_{\delta\alpha\gamma\beta} + R_{\delta\gamma\beta\alpha}$$

$$= 2R_{\gamma\delta\alpha\beta} + R_{\alpha\gamma\delta\beta} + R_{\alpha\delta\beta\gamma} = 2R_{\gamma\delta\alpha\beta} - R_{\alpha\beta\gamma\delta} \tag{A.2.35}$$

より (2.86) 式が得られる.

ある点 x において $\Gamma^\mu{}_{\alpha\beta}(x) = 0$ となるような座標系をとる. $R^\mu{}_{\alpha\beta\gamma}$ の定義式 (2.59) を ν で微分してから $\Gamma^\mu{}_{\alpha\beta} = 0$ とおくと,

$$R^\mu{}_{\alpha\beta\gamma;\nu} = \Gamma^\mu{}_{\alpha\gamma,\beta\nu} - \Gamma^\mu{}_{\alpha\beta,\gamma\nu} \tag{A.2.36}$$

となる. 添字を適当につけかえて加えると (2.87) 式を導くことができる.

[2.10] (p.46) (a) $n = 1$ のとき, $R_{\alpha\beta\gamma\delta}$ の自由度は 0. 実際可能な成分は R_{1111} のみだが, これは対称性より 0 となる.

(b) $n = 2$ のとき, 自由度は 1. したがって,

$$R_{\alpha\beta\gamma\delta} = (g_{\alpha\gamma}g_{\beta\delta} - g_{\alpha\delta}g_{\beta\gamma})f \tag{A.2.37}$$

という形になるはず. この f の値は

$$R = R^\mu{}_\mu = R^{\mu\alpha}{}_{\mu\alpha} = (g^\mu{}_\mu g^\alpha{}_\alpha - g^\mu{}_\alpha g^\alpha{}_\mu)f = (2 \times 2 - 2)f = 2f \tag{A.2.38}$$

より $f = \dfrac{R}{2}$. よって

$$R_{\alpha\beta\gamma\delta} = \frac{1}{2}(g_{\alpha\gamma}g_{\beta\delta} - g_{\alpha\delta}g_{\beta\gamma})R. \tag{A.2.39}$$

(c) $n = 3$ のとき, $R_{\alpha\beta\gamma\delta}$ の独立成分の数は 6. 一方, $n = 3$ の場合 $R_{\alpha\beta}$ も 6 つの独立成分を持つから, $R_{\alpha\beta\gamma\delta}$ は $R_{\alpha\beta}$ の線形結合 (ただし, その係数は $g_{\alpha\beta}$ を含む) で書き直せるはず. (b) と同じく対称性より,

$$R_{\alpha\beta\gamma\delta} = a(g_{\alpha\gamma}R_{\beta\delta} - g_{\beta\gamma}R_{\alpha\delta} - g_{\alpha\delta}R_{\beta\gamma} + g_{\beta\delta}R_{\alpha\gamma})$$

$$+ b(g_{\alpha\gamma}g_{\beta\delta} - g_{\alpha\delta}g_{\beta\gamma})R \tag{A.2.40}$$

とおいて縮約すると

$$R_{\beta\delta} = R^\alpha{}_{\beta\alpha\delta} = a(\delta^\alpha{}_\alpha R_{\beta\delta} - g_{\beta\alpha}R^\alpha{}_\delta - \delta^\alpha{}_\delta R_{\beta\alpha} + g_{\beta\delta}R^\alpha{}_\alpha) + b(\delta^\alpha{}_\alpha g_{\beta\delta} - \delta^\alpha{}_\delta g_{\beta\alpha})R$$

$$= a(3R_{\beta\delta} - R_{\beta\delta} - R_{\beta\delta} + g_{\beta\delta}R) + b(3g_{\beta\delta} - g_{\beta\delta})R$$

$$= aR_{\beta\delta} + (a + 2b)g_{\beta\delta}R. \tag{A.2.41}$$

よって, $a = 1$, $b = -\dfrac{1}{2}$. すなわち

$$R_{\alpha\beta\gamma\delta} = g_{\alpha\gamma}R_{\beta\delta} - g_{\beta\gamma}R_{\alpha\delta} - g_{\alpha\delta}R_{\beta\gamma} + g_{\beta\delta}R_{\alpha\gamma} - \frac{1}{2}(g_{\alpha\gamma}g_{\beta\delta} - g_{\alpha\delta}g_{\beta\gamma})R. \tag{A.2.42}$$

[2.11] (p.46) $\bar{g}^{\mu\nu} = \phi^{-2}g^{\mu\nu}$ に注意すると,

$$\Gamma^{\mu}{}_{\alpha\beta} = \frac{1}{2} g^{\mu\nu}(g_{\nu\alpha,\beta} + g_{\nu\beta,\alpha} - g_{\alpha\beta,\nu}) \tag{A.2.43}$$

より

$$\bar{\Gamma}^{\mu}{}_{\alpha\beta} = \Gamma^{\mu}{}_{\alpha\beta} + \frac{1}{\phi}(\phi_{,\beta}\delta^{\mu}{}_{\alpha} + \phi_{,\alpha}\delta^{\mu}{}_{\beta} - \phi^{,\mu}g_{\alpha\beta})$$

$$= \Gamma^{\mu}{}_{\alpha\beta} + ((\ln\phi)_{,\beta}\delta^{\mu}{}_{\alpha} + (\ln\phi)_{,\alpha}\delta^{\mu}{}_{\beta} - (\ln\phi)^{,\mu}g_{\alpha\beta}). \tag{A.2.44}$$

以降，$\Phi \equiv \ln\phi$ とおく．$R^{\mu}{}_{\alpha\beta\gamma}$ は

$$R^{\mu}{}_{\alpha\beta\gamma} = \Gamma^{\mu}{}_{\alpha\gamma,\beta} - \Gamma^{\mu}{}_{\alpha\beta,\gamma} + \Gamma^{\mu}{}_{\lambda\beta}\Gamma^{\lambda}{}_{\alpha\gamma} - \Gamma^{\mu}{}_{\lambda\gamma}\Gamma^{\lambda}{}_{\alpha\beta} \tag{A.2.45}$$

であるので，

$$\bar{\Gamma}^{\mu}{}_{\alpha\gamma,\beta} = \Gamma^{\mu}{}_{\alpha\gamma,\beta} + \Phi_{,\gamma\beta}\delta^{\mu}{}_{\alpha} + \Phi_{,\beta\alpha}\delta^{\mu}{}_{\gamma} - \Phi^{,\mu}{}_{,\beta}g_{\alpha\gamma} - \Phi^{,\mu}g_{\alpha\gamma,\beta} \tag{A.2.46}$$

および

$$\bar{\Gamma}^{\mu}{}_{\lambda\beta}\bar{\Gamma}^{\lambda}{}_{\alpha\gamma}$$

$$= \Gamma^{\mu}{}_{\lambda\beta}\Gamma^{\lambda}{}_{\alpha\gamma} + \Gamma^{\lambda}{}_{\alpha\gamma}(\Phi_{,\beta}\delta^{\mu}{}_{\lambda} + \Phi_{,\lambda}\delta^{\mu}{}_{\beta} - \Phi^{,\mu}g_{\lambda\beta})$$

$$\quad + \Gamma^{\mu}{}_{\lambda\beta}(\Phi_{,\gamma}\delta^{\lambda}{}_{\alpha} + \Phi_{,\alpha}\delta^{\lambda}{}_{\gamma} - \Phi^{,\lambda}g_{\alpha\gamma})$$

$$\quad + (\Phi_{,\beta}\delta^{\mu}{}_{\lambda} + \Phi_{,\lambda}\delta^{\mu}{}_{\beta} - \Phi^{,\mu}g_{\lambda\beta})(\Phi_{,\gamma}\delta^{\lambda}{}_{\alpha} + \Phi_{,\alpha}\delta^{\lambda}{}_{\gamma} - \Phi^{,\lambda}g_{\alpha\gamma}) \tag{A.2.47}$$

から，β と γ に関して対称な項を消すなどの計算をすると，

$$\bar{R}^{\mu}{}_{\alpha\beta\gamma} - R^{\mu}{}_{\alpha\beta\gamma} = \delta^{\mu}{}_{\gamma}\left(\Phi_{,\alpha\beta} - \Phi_{,\lambda}\Gamma^{\lambda}{}_{\alpha\beta} - \Phi_{,\alpha}\Phi_{,\beta} + \frac{1}{2}\Phi_{,\lambda}\Phi^{,\lambda}g_{\alpha\beta}\right)$$

$$\quad - \delta^{\mu}{}_{\beta}\left(\Phi_{,\alpha\gamma} - \Phi_{,\lambda}\Gamma^{\lambda}{}_{\alpha\gamma} - \Phi_{,\alpha}\Phi_{,\gamma} + \frac{1}{2}\Phi_{,\lambda}\Phi^{,\lambda}g_{\alpha\gamma}\right)$$

$$\quad - g_{\alpha\gamma}\left(\Phi^{,\mu}{}_{,\beta} + \Phi^{,\lambda}\Gamma^{\mu}{}_{\lambda\beta} - \Phi^{,\mu}\Phi_{,\beta} + \frac{1}{2}\Phi_{,\lambda}\Phi^{,\lambda}\delta^{\mu}{}_{\beta}\right)$$

$$\quad + g_{\alpha\beta}\left(\Phi^{,\mu}{}_{,\gamma} + \Phi^{,\lambda}\Gamma^{\mu}{}_{\lambda\gamma} - \Phi^{,\mu}\Phi_{,\gamma} + \frac{1}{2}\Phi_{,\lambda}\Phi^{,\lambda}\delta^{\mu}{}_{\gamma}\right)$$

$$\quad - \Phi^{,\mu}(g_{\alpha\gamma,\beta} - g_{\alpha\beta,\gamma} + \Gamma_{\beta\alpha\gamma} - \Gamma_{\gamma\alpha\beta})$$

$$= \delta^{\mu}{}_{\gamma}(\Phi_{,\alpha;\beta} - \Phi_{,\alpha}\Phi_{,\beta} + \frac{1}{2}\Phi_{,\lambda}\Phi^{,\lambda}g_{\alpha\beta})$$

$$\quad - \delta^{\mu}{}_{\beta}\left(\Phi_{,\alpha;\gamma} - \Phi_{,\alpha}\Phi_{,\gamma} + \frac{1}{2}\Phi_{,\lambda}\Phi^{,\lambda}g_{\alpha\gamma}\right)$$

$$\quad - g_{\alpha\gamma}\left(\Phi^{,\mu}{}_{;\beta} - \Phi^{,\mu}\Phi_{,\beta} + \frac{1}{2}\Phi_{,\lambda}\Phi^{,\lambda}\delta^{\mu}{}_{\beta}\right)$$

$$\quad + g_{\alpha\beta}\left(\Phi^{,\mu}{}_{;\gamma} - \Phi^{,\mu}\Phi_{,\gamma} + \frac{1}{2}\Phi_{,\lambda}\Phi^{,\lambda}\delta^{\mu}{}_{\gamma}\right)$$

$$= \delta^{\mu}{}_{\gamma}\sigma_{\alpha\beta} - \delta^{\mu}{}_{\beta}\sigma_{\alpha\gamma} - g_{\alpha\gamma}\sigma^{\mu}{}_{\beta} + g_{\alpha\beta}\sigma^{\mu}{}_{\gamma} \tag{A.2.48}$$

となる．ここで，$\sigma_{\alpha\beta} \equiv \Phi_{,\alpha;\beta} - \Phi_{,\alpha}\Phi_{,\beta} + \dfrac{1}{2}\Phi_{,\lambda}\Phi^{,\lambda}g_{\alpha\beta}$ である．

次に，$R_{\alpha\beta} = R^\mu{}_{\alpha\mu\beta}$ より，

$$\bar{R}_{\alpha\beta} = R_{\alpha\beta} + \delta^\mu{}_\beta\sigma_{\alpha\mu} - \delta^\mu{}_\mu\sigma_{\alpha\beta} - g_{\alpha\beta}\sigma^\mu{}_\mu + g_{\alpha\mu}\sigma^\mu{}_\beta$$

$$= R_{\alpha\beta} - 2\sigma_{\alpha\beta} - g_{\alpha\beta}\sigma^\mu{}_\mu$$

$$= R_{\alpha\beta} - 2\Phi_{,\alpha;\beta} - g_{\alpha\beta}\Phi^{,\mu}{}_{;\mu} + 2\Phi_{,\alpha}\Phi_{,\beta} - 2g_{\alpha\beta}\Phi^{,\mu}\Phi_{,\mu}. \tag{A.2.49}$$

また，$R = R^\beta{}_\beta = g^{\alpha\beta}R_{\alpha\beta}$ より

$$\bar{R} = \bar{g}^{\alpha\beta}\bar{R}_{\alpha\beta} = \phi^{-2}g^{\alpha\beta}(R_{\alpha\beta} - 2\sigma_{\alpha\beta} - g_{\alpha\beta}\sigma^\mu{}_\mu) = \phi^{-2}(R - 6\sigma^\mu{}_\mu)$$

$$= \phi^{-2}(R - 6\Phi^{,\mu}{}_{;\mu} - 6\Phi^{,\mu}\Phi_{,\mu}). \tag{A.2.50}$$

[2.12] (p.46)　添字 α と β について対称でない項のみに注目する．

$$A^\mu{}_{;\beta} = A^\mu{}_{,\beta} + \Gamma^\mu{}_{\lambda\beta}A^\lambda, \tag{A.2.51}$$

$$A^\mu{}_{;\beta\alpha} = (A^\mu{}_{;\beta})_{,\alpha} + \Gamma^\mu{}_{\lambda\alpha}A^\lambda{}_{;\beta} - \Gamma^\nu{}_{\beta\alpha}A^\mu{}_{;\nu}$$

$$= A^\mu{}_{,\beta\alpha} + \Gamma^\mu{}_{\lambda\beta,\alpha}A^\lambda + \Gamma^\mu{}_{\lambda\beta}A^\lambda{}_{,\alpha} + \Gamma^\mu{}_{\lambda\alpha}A^\lambda{}_{;\beta} - \Gamma^\nu{}_{\beta\alpha}A^\mu{}_{;\nu}$$

$$= A^\mu{}_{,\beta\alpha} + (\Gamma^\mu{}_{\lambda\beta,\alpha} + \Gamma^\mu{}_{\rho\alpha}\Gamma^\rho{}_{\lambda\beta})A^\lambda$$

$$+ (\Gamma^\mu{}_{\lambda\beta}A^\lambda{}_{,\alpha} + \Gamma^\mu{}_{\lambda\alpha}A^\lambda{}_{,\beta}) - \Gamma^\nu{}_{\beta\alpha}A^\mu{}_{;\nu}. \tag{A.2.52}$$

この式の最後の結果のなかで添字 α と β について対称でないのは第 2 項のみなので，それを反対称化すれば，

$$A^\mu{}_{;\beta\alpha} - A^\mu{}_{;\alpha\beta} = (\Gamma^\mu{}_{\lambda\beta,\alpha} - \Gamma^\mu{}_{\lambda\alpha,\beta} + \Gamma^\mu{}_{\rho\alpha}\Gamma^\rho{}_{\lambda\beta} - \Gamma^\mu{}_{\rho\beta}\Gamma^\rho{}_{\lambda\alpha})A^\lambda \tag{A.2.53}$$

となる．この右辺は $R^\mu{}_{\lambda\alpha\beta}A^\lambda$ に等しい．

第 3 章

[3.1] (p.55)　問題 [2.8] でみたように，一般に n 次元空間では，$R_{\alpha\beta\gamma\delta}$ は $\dfrac{n^2(n^2-1)}{12}$ の独立成分を持つ．特に今の場合，$n = 2$ なので独立成分は 1 つしかない．したがって，

$$R_{\theta\varphi\theta\varphi} = g_{\theta\mu}R^\mu{}_{\varphi\theta\varphi} = g_{\theta\theta}R^\theta{}_{\varphi\theta\varphi} = a^2 R^\theta{}_{\varphi\theta\varphi} \tag{A.3.1}$$

を求めればよい．

まず計量テンソルの成分を具体的に書き下すと，

$$g_{\mu\nu} = \begin{pmatrix} a^2 & 0 \\ 0 & a^2\sin^2\theta \end{pmatrix}, \quad g^{\mu\nu} = \begin{pmatrix} 1/a^2 & 0 \\ 0 & 1/(a^2\sin^2\theta) \end{pmatrix}. \tag{A.3.2}$$

クリストッフェル記号を計算するには，これを直接 (2.47) 式に代入すればよい．ただし，この方法では特に対称性が高い空間の場合には，いろいろと計算した挙げ句，結局 0 になってしまうことが多く，無駄な計算ばかりになる．一方，以下のように測地線方程式が変分法から導かれることを用いてクリストッフェル記号を計算することにすれば，0 となる成分は初めから登場せず，計算を効率的に行うことができる．

$$\delta I = \delta \int (\dot{\theta}^2 + \sin^2 \theta \dot{\varphi}^2)\, d\tau = 0 \tag{A.3.3}$$

より

$$\frac{d}{d\tau}\left(\frac{\partial l}{\partial \dot{\theta}}\right) - \frac{\partial l}{\partial \theta} = 2\ddot{\theta} - 2\sin\theta\cos\theta\dot{\varphi}^2 = 0$$

$$\Rightarrow \Gamma^{\theta}{}_{\varphi\varphi} = -\sin\theta\cos\theta, \tag{A.3.4}$$

$$\frac{d}{d\tau}\left(\frac{\partial l}{\partial \dot{\varphi}}\right) - \frac{\partial l}{\partial \varphi} = \frac{d}{d\tau}(2\sin^2\theta\dot{\varphi}) = 2\sin^2\theta\ddot{\varphi} + 4\sin\theta\cos\theta\dot{\theta}\dot{\varphi} = 0$$

$$\Rightarrow \Gamma^{\varphi}{}_{\theta\varphi} = \Gamma^{\varphi}{}_{\varphi\theta} = \frac{\cos\theta}{\sin\theta}. \tag{A.3.5}$$

ここで

$$R^{\alpha}{}_{\beta\gamma\delta} = \partial_{\gamma}\Gamma^{\alpha}{}_{\beta\delta} - \partial_{\delta}\Gamma^{\alpha}{}_{\beta\gamma} + \Gamma^{\alpha}{}_{\lambda\gamma}\Gamma^{\lambda}{}_{\beta\delta} - \Gamma^{\alpha}{}_{\lambda\delta}\Gamma^{\lambda}{}_{\beta\gamma} \tag{A.3.6}$$

なので，

$$R^{\theta}{}_{\varphi\theta\varphi} = \partial_{\theta}\Gamma^{\theta}{}_{\varphi\varphi} - \partial_{\varphi}\Gamma^{\theta}{}_{\varphi\theta} + \Gamma^{\theta}{}_{\lambda\theta}\Gamma^{\lambda}{}_{\varphi\varphi} - \Gamma^{\theta}{}_{\lambda\varphi}\Gamma^{\lambda}{}_{\varphi\theta}$$

$$= (-\sin\theta\cos\theta)_{,\theta} - 0 + 0 + \sin\theta\cos\theta\frac{\cos\theta}{\sin\theta} = \sin^2\theta. \tag{A.3.7}$$

よって，

$$R_{\theta\varphi\theta\varphi} = a^2\sin^2\theta, \tag{A.3.8}$$

$$R = R^{\alpha}{}_{\alpha} = R^{\mu\alpha}{}_{\mu\alpha} = R^{\theta\varphi}{}_{\theta\varphi} + R^{\varphi\theta}{}_{\varphi\theta} = 2 \times \frac{\sin^2\theta}{a^2\sin^2\theta} = \frac{2}{a^2}. \tag{A.3.9}$$

[3.2] (p.55)　この場合，$g_{\mu\nu}$ が定数なので，$\Gamma^{\mu}{}_{\alpha\beta}$ はすべて 0．よって $R_{\alpha\beta\gamma\delta} = R = 0$．

[3.3] (p.55)　図 3.1 を眺めれば，

$$ds^2 = (a\,d\phi)^2 + ((b + a\sin\phi)d\theta)^2 = a^2 d\phi^2 + (b + a\sin\phi)^2 d\theta^2. \tag{A.3.10}$$

2 次元では，リーマンテンソルの独立成分は 1 つ．したがって

$$R_{\theta\phi\theta\phi} = g_{\theta\mu}R^{\mu}{}_{\phi\theta\phi} = (b + a\sin\phi)^2 R^{\theta}{}_{\phi\theta\phi} \tag{A.3.11}$$

を求めればよい．問題 [3.1] と同じく変分法を用いることにする．

$l = a^2\dot{\phi}^2 + (b + a\sin\phi)^2\dot{\theta}^2$ より，

$$\frac{d}{d\tau}\left(\frac{\partial l}{\partial \dot\phi}\right) - \frac{\partial l}{\partial \phi} = 2a^2\ddot\phi - 2(b + a\sin\phi)a\cos\phi\dot\theta^2 = 0$$

$$\Rightarrow \ddot\phi - \frac{\cos\phi}{a}(b + a\sin\phi)\dot\theta^2 = 0$$

$$\Rightarrow \Gamma^\phi{}_{\theta\theta} = -\frac{\cos\phi}{a}(b + a\sin\phi), \quad \Gamma^\phi{}_{\phi\phi} = \Gamma^\phi{}_{\phi\theta} = 0. \tag{A.3.12}$$

$$\frac{d}{d\tau}\left(\frac{\partial l}{\partial \dot\theta}\right) - \frac{\partial l}{\partial \theta} = 2\frac{d}{d\tau}\left((b + a\sin\phi)^2\dot\theta\right)$$

$$= 2\left(2(b + a\sin\phi)a\cos\phi\dot\phi\dot\theta + (b + a\sin\phi)^2\ddot\theta\right) = 0$$

$$\Rightarrow \ddot\theta + \frac{2a\cos\phi}{b + a\sin\phi}\dot\theta\dot\phi = 0. \tag{A.3.13}$$

よって

$$\Gamma^\theta{}_{\theta\phi} = \frac{a\cos\phi}{b + a\sin\phi}, \tag{A 3.14}$$

$$R^\theta{}_{\phi\theta\phi} = \partial_\theta \Gamma^\theta{}_{\phi\phi} - \partial_\phi \Gamma^\theta{}_{\phi\theta} + \Gamma^\theta{}_{\lambda\theta}\Gamma^\lambda{}_{\phi\phi} - \Gamma^\theta{}_{\lambda\phi}\Gamma^\lambda{}_{\phi\theta}$$

$$= -\frac{\partial}{\partial\phi}\left(\frac{a\cos\phi}{b + a\sin\phi}\right) - \left(\frac{a\cos\phi}{b + a\sin\phi}\right)^2 = \frac{a\sin\phi}{b + a\sin\phi}. \tag{A.3.15}$$

したがって

$$R_{\theta\phi\theta\phi} = a\sin\phi(b + a\sin\phi). \tag{A.3.16}$$

[3.4] (p.56) u^0 に対する測地線方程式は

$$\frac{du^0}{d\tau} + \Gamma^0{}_{\mu\nu}\frac{dx^\mu}{d\tau}\frac{dx^\nu}{d\tau} = 0. \tag{A.3.17}$$

ここで

$$\Gamma^0{}_{\mu\nu} = \frac{1}{2}g^{0\gamma}\left(g_{\gamma\mu,\nu} + g_{\gamma\nu,\mu} - g_{\mu\nu,\gamma}\right) = \frac{1}{2}g_{\mu\nu,0} \tag{A.3.18}$$

なので, $\Gamma^0{}_{\mu\nu}$ は $\mu = 0$ あるいは $\nu = 0$ の場合は 0. それ以外の場合,

$$\Gamma^0{}_{ij} = \frac{1}{2}2a\dot a\gamma_{ij} = a\dot a\gamma_{ij}. \tag{A.3.19}$$

したがって

$$\frac{du^0}{d\tau} + a\dot a\gamma_{ij}\frac{dx^i}{d\tau}\frac{dx^j}{d\tau} = 0. \tag{A.3.20}$$

[3.5] (p.56) u^μ の定義より $u^\mu u_\mu = -1$, すなわち

$$u^\mu u_\mu = -(u^0)^2 + a^2\gamma_{ij}\frac{dx^i}{d\tau}\frac{dx^j}{d\tau} = -1 \tag{A.3.21}$$

であるから，(A.3.20) 式は，

$$\frac{du^0}{d\tau} + \frac{\dot{a}}{a}\left((u^0)^2 - 1\right) = 0 \tag{A.3.22}$$

に帰着する．これを $f \equiv (u^0)^2 - 1$ に対する式に変換すると

$$\frac{df}{dt} + 2\frac{\dot{a}}{a}f = 0. \tag{A.3.23}$$

したがって，$f \propto a^{-2}$．一方 4 元運動量 $p^\mu = mu^\mu$ は $p^\mu p_\mu = -m^2$ を満たすから

$$f = (u^0)^2 - 1 = \frac{(p^0)^2 - m^2}{m^2} = \frac{p^i p_i}{m^2} \equiv \left(\frac{p}{m}\right)^2 \propto a^{-2}. \tag{A.3.24}$$

すなわち $p \propto a^{-1}$ が導かれた．この結果は相対論的粒子に対しては自明であろう．つまり，相対論的あるいは非相対論的であるにかかわらず，一様等方宇宙では相互作用しない粒子の運動量はスケール因子に逆比例して減少する．一方，エネルギーに関しては，相対論的粒子の場合は $E = pc \propto a^{-1}$，非相対論的粒子の場合は $E = \frac{p^2}{2m} \propto a^{-2}$ と異なる依存性を持つことに注意せよ．

[3.6] (p.56)　$\mathscr{I}_1$ についてのオイラー-ラグランジュ方程式を書き下せばよい．

$$\frac{d}{d\tau}\frac{\partial \mathscr{I}_1}{\partial \dot{z}^\alpha} - \frac{\partial \mathscr{I}_1}{\partial z^\alpha} = 0, \tag{A.3.25}$$

$$\frac{d}{d\tau}\left(\frac{m}{2}(g_{\alpha\nu}\dot{z}^\nu + g_{\mu\alpha}\dot{z}^\mu) + qA_\alpha\right) - \frac{1}{2}mg_{\mu\nu,\alpha}\dot{z}^\mu\dot{z}^\nu - qA_{\mu,\alpha}\dot{z}^\mu = 0, \tag{A.3.26}$$

$$mg_{\alpha\nu}\ddot{z}^\nu + \frac{m}{2}(g_{\alpha\nu,\mu} + g_{\mu\alpha,\nu} - g_{\mu\nu,\alpha})\dot{z}^\mu\dot{z}^\nu + q(A_{\alpha,\mu} - A_{\mu,\alpha})\dot{z}^\mu = 0. \tag{A.3.27}$$

これをまとめると

$$\frac{d^2 z^\mu}{d\tau^2} + \Gamma^\mu{}_{\alpha\beta}\frac{dz^\alpha}{d\tau}\frac{dz^\beta}{d\tau} = \frac{q}{m}g^{\mu\alpha}F_{\alpha\beta}\frac{dz^\beta}{d\tau} = \frac{q}{m}F^\mu{}_\beta\frac{dz^\beta}{d\tau}. \tag{A.3.28}$$

自由粒子に対する測地線の場合とは異なり，右辺は 0 でなく，電磁相互作用のローレンツ力に対応する項が導かれたことになる（問題 [3.7] 参照）．

[3.7] (p.56)　3.2 節の議論，特に (3.23) 式の結果から，(A.3.28) 式の左辺の空間成分は

$$\frac{d^2 z^i}{dt^2} + \frac{\partial \varphi}{\partial z^i} \tag{A.3.29}$$

となる．同じく右辺の空間成分は

$$\frac{q}{m}\,g^{i\alpha}F_{\alpha\beta}\frac{dz^\beta}{d\tau} \approx \frac{q}{m}F^i{}_0\frac{dt}{d\tau} + \frac{q}{m}F^i{}_j v^j \approx \frac{q}{m}F^i{}_0 + \frac{q}{m}F^i{}_j v^j$$

$$= \frac{q}{m}\left(E^i + (\boldsymbol{v} \times \boldsymbol{B})^i\right) \tag{A.3.30}$$

となる．したがって，問題 [3.6] で得られた電磁場中の荷電粒子の運動方程式 (A.3.28) が，弱い重力場中の非相対論的極限では (3.45) 式に帰着することが示された．

第 4 章

[4.1] (p.73)　流体の運動量 (密度) の第 i 成分の時間変化を考える:

$$\frac{\partial(\rho v^i)}{\partial t} = \rho\,\frac{\partial v^i}{\partial t} + v^i\,\frac{\partial \rho}{\partial t}. \tag{A.4.1}$$

右辺第 1 項をオイラー方程式 (4.79), 第 2 項を連続の式 (4.78) を用いてそれぞれ変形し, (4.81)
式の π^{ij} の定義を用いると

$$\frac{\partial(\rho v^i)}{\partial t} = -\rho v^j v^i{}_{,j} - p^{,i} - v^i(\rho v^j)_{,j} = -p^{,i} - (\rho v^i v^j)_{,j} = -\pi^{ij}{}_{,j}. \tag{A.4.2}$$

したがって, (4.80) 式が得られた.

[4.2] (p.74)

$$T^{\mu\nu} = au^\mu u^\nu + bg^{\mu\nu} \tag{A.4.3}$$

を流体の静止系 $\{x^{\hat\alpha}\}$ で評価すると, $\hat0\hat0$ 成分から $a - b = \rho$, $\hat i\hat i$ 成分から $0 + b = p$ となる. したがって, 一般共変性より

$$T^{\mu\nu} = (\rho + p)u^\mu u^\nu + pg^{\mu\nu}. \tag{A.4.4}$$

[4.3] (p.74)　$T^{\mu\nu} = \Lambda^\mu{}_{\hat\alpha}\Lambda^\nu{}_{\hat\beta}T^{\hat\alpha\hat\beta}$ をとにかく丁寧に計算すればよい.

$$T^{00} = \Lambda^0{}_{\hat0}\Lambda^0{}_{\hat0}T^{\hat0\hat0} + \sum_i(\Lambda^0{}_{\hat i})^2 T^{\hat i\hat i}$$

$$= (u^0)^2\rho + \sum_i(u^i)^2 p = (u^0)^2\rho + (-1 + (u^0)^2)p = (u^0)^2(\rho + p) - p, \tag{A.4.5}$$

$$T^{0k} = \Lambda^0{}_{\hat0}\Lambda^k{}_{\hat0}\rho + \sum_i(\Lambda^0{}_{\hat i}\Lambda^k{}_{\hat i})p = u^0 u^k\rho + p\sum_i u^i\left(\delta_{ki} + u^k u^i\frac{1}{u^0 + 1}\right)$$

$$= u^0 u^k\rho + u^k p\left(1 + \frac{(u^0)^2 - 1}{u^0 + 1}\right) = u^0 u^k(\rho + p), \tag{A.4.6}$$

$$T^{kl} = \Lambda^k{}_{\hat0}\Lambda^l{}_{\hat0}\rho + \sum_i(\Lambda^k{}_{\hat i}\Lambda^l{}_{\hat i})p$$

$$= u^k u^l\rho + p\underbrace{\sum_i\left(\delta_{ik} + \frac{u^i u^k}{u^0 + 1}\right)\left(\delta_{il} + \frac{u^i u^l}{u^0 + 1}\right)}_{\substack{=\delta_{kl} + 2\frac{u^l u^k}{u^0+1} + \frac{u^k u^l}{(u^0+1)^2}(-1+(u^0)^2) \\ =\delta_{kl} + u^l u^k}} = u^k u^l(\rho + p) + p\,\delta_{kl}. \tag{A.4.7}$$

これらをまとめると, 特殊相対論では

$$T^{\mu\nu} = (\rho + p)u^\mu u^\nu + p\eta^{\mu\nu} \tag{A.4.8}$$

が得られる. $\eta^{\mu\nu}$ を $g^{\mu\nu}$ に置き換えれば, 一般相対論での結果 (A.4.4) 式に帰着する.

[4.4] (p.74) まず

$$T^{\mu\nu}{}_{;\nu} = (\rho+p)_{,\nu}u^\mu u^\nu + (\rho+p)u^\mu{}_{;\nu}u^\nu + (\rho+p)u^\mu u^\nu{}_{;\nu} + p_{,\nu}g^{\mu\nu} = 0. \quad (A.4.9)$$

また，$u_\mu u^\mu = g_{\mu\alpha}u^\alpha u^\mu = -1$ なので $u_\mu u^\mu{}_{;\nu} = 0$. これらを使うと，

$$u_\mu T^{\mu\nu}{}_{;\nu} = -(\rho+p)_{,\nu}u^\nu + (\rho+p)(u_\mu u^\mu{}_{;\nu}u^\nu - u^\nu{}_{;\nu}) + p_{,\nu}u^\nu$$

$$= -(\rho u^\nu)_{;\nu} - pu^\nu{}_{;\nu} = 0. \quad (A.4.10)$$

すなわち，

$$(\rho u^\alpha)_{;\alpha} + pu^\alpha{}_{;\alpha} = 0. \quad (A.4.11)$$

これはエネルギー保存則に対応する.

また，$P^\alpha{}_\beta u^\beta = (\delta^\alpha{}_\beta + u^\alpha u_\beta)u^\beta = u^\alpha - u^\alpha = 0$ なので，

$$P^\alpha{}_\mu T^{\mu\nu}{}_{;\nu} = P^\alpha{}_\mu(\rho+p)u^\mu{}_{;\nu}u^\nu + P^\alpha{}_\mu p_{,\nu}g^{\mu\nu}$$

$$= (\rho+p)(u^\alpha{}_{;\nu}u^\nu + u^\alpha u_\mu u^\mu{}_{;\nu}u^\nu) + P^{\alpha\nu}p_{,\nu}$$

$$= (\rho+p)u^\alpha{}_{;\nu}u^\nu + (g^{\alpha\nu} + u^\alpha u^\nu)p_{,\nu} = 0. \quad (A.4.12)$$

これはオイラー方程式に対応し，一般相対論的な完全流体の運動方程式である.

[4.5] (p.75) $F_{\mu\nu} = A_{\nu;\mu} - A_{\mu;\nu} = A_{\nu,\mu} - A_{\mu,\nu}$ なので，今の場合 $\mathscr{L}_{\rm em}\sqrt{-g}$ は $g^{\mu\nu}{}_{,\alpha}$ を含まないことに注意して，

$$T_{\mu\nu} = -\frac{2}{\sqrt{-g}}\frac{\partial\mathscr{L}_{\rm em}}{\partial g^{\mu\nu}}\sqrt{-g} - \frac{2}{\sqrt{-g}}\underbrace{\frac{\partial\sqrt{-g}}{\partial g^{\mu\nu}}}_{=-\frac{\sqrt{-g}}{2}g_{\mu\nu}}\mathscr{L}_{\rm em}$$

$$= -2\times\left(-\frac{1}{16\pi}\right)\times 2F_\mu{}^\gamma F_{\nu\gamma} - \frac{1}{16\pi}F^{\alpha\beta}F_{\alpha\beta}g_{\mu\nu}$$

$$= \frac{1}{4\pi}\left(F_\mu{}^\gamma F_{\nu\gamma} - \frac{1}{4}g_{\mu\nu}F^{\alpha\beta}F_{\alpha\beta}\right). \quad (A.4.13)$$

これが (4.8) 式に与えた結果である.

[4.6] (p.75)

$$F_{\alpha\beta;\gamma} + F_{\beta\gamma;\alpha} + F_{\gamma\alpha;\beta}$$

$$= (A_{\beta;\alpha\gamma} - A_{\alpha;\beta\gamma}) + (A_{\gamma;\beta\alpha} - A_{\beta;\gamma\alpha}) + (A_{\alpha;\gamma\beta} - A_{\gamma;\alpha\beta})$$

$$= (A_{\alpha;\gamma\beta} - A_{\alpha;\beta\gamma}) + (A_{\beta;\alpha\gamma} - A_{\beta;\gamma\alpha}) + (A_{\gamma;\beta\alpha} - A_{\gamma;\alpha\beta})$$

$$= A^\lambda(R_{\alpha\lambda\beta\gamma} + R_{\beta\lambda\gamma\alpha} + R_{\gamma\lambda\alpha\beta}) = -A^\lambda(R_{\lambda\alpha\beta\gamma} + R_{\lambda\beta\gamma\alpha} + R_{\lambda\gamma\alpha\beta}) = 0. \quad (A.4.14)$$

最後の等号は (2.82) 式を用いた. この結果より

$$4\pi T^{\mu\nu}{}_{;\nu} = \left(F^{\mu\gamma} F^{\nu}{}_{\gamma} - \frac{g^{\mu\nu}}{4} F^{\alpha\beta} F_{\alpha\beta} \right)_{;\nu}$$

$$= F^{\mu\gamma}{}_{;\nu} F^{\nu}{}_{\gamma} + F^{\mu\gamma} F^{\nu}{}_{\gamma;\nu} - \frac{g^{\mu\nu}}{2} F^{\alpha\beta} F_{\alpha\beta;\nu}$$

$$= F^{\mu\beta;\alpha} F_{\alpha\beta} + F^{\mu}{}_{\beta} F^{\alpha\beta}{}_{;\alpha} - \frac{1}{2} F_{\alpha\beta} F^{\alpha\beta;\mu}$$

$$= F_{\alpha\beta} \left(F^{\mu\beta;\alpha} - \frac{1}{2} F^{\alpha\beta;\mu} \right) + F^{\mu}{}_{\beta} F^{\alpha\beta}{}_{;\alpha}$$

$\Downarrow$ $F^{\mu\beta}$ が添字に対して反対称であることより

$$= \frac{F_{\alpha\beta}}{2} (F^{\mu\beta;\alpha} - F^{\beta\mu;\alpha} - F^{\alpha\beta;\mu}) + F^{\mu}{}_{\beta} F^{\alpha\beta}{}_{;\alpha}$$

$\Downarrow$ 再び $F^{\alpha\beta}$ の添字に対する反対称性より

$$= \frac{F_{\beta\alpha}}{2} (F^{\mu\alpha;\beta} + F^{\beta\mu;\alpha} + F^{\alpha\beta;\mu}) + F^{\mu}{}_{\beta} F^{\alpha\beta}{}_{;\alpha}$$

$\Downarrow$ (A.4.14) 式より

$$= F^{\mu}{}_{\beta} F^{\alpha\beta}{}_{;\alpha} = 0. \tag{A.4.15}$$

よって

$$F^{\alpha\beta}{}_{;\alpha} = 0. \tag{A.4.16}$$

(A.4.14) 式と (A.4.16) 式は，真空中のマクスウェル方程式である．

[4.7] (p.75)

$$\frac{\partial}{\partial x^\beta} (\sqrt{-g} P^{\alpha\beta}) = P^{\alpha\beta} \frac{\partial \sqrt{-g}}{\partial x^\beta} + \sqrt{-g} P^{\alpha\beta}{}_{,\beta}$$

$$= P^{\alpha\beta} \times \frac{1}{2} \sqrt{-g} g^{\mu\nu} \frac{\partial g_{\mu\nu}}{\partial x^\beta} + \sqrt{-g} P^{\alpha\beta}{}_{,\beta}$$

$$= \sqrt{-g} \left(P^{\alpha\beta}{}_{,\beta} + \frac{1}{2} g^{\mu\nu} g_{\mu\nu,\beta} P^{\alpha\beta} \right)$$

$$= \sqrt{-g} \left(P^{\alpha\beta}{}_{;\beta} - \Gamma^{\alpha}{}_{\gamma\beta} P^{\gamma\beta} - \Gamma^{\beta}{}_{\gamma\beta} P^{\alpha\gamma} + \frac{g^{\mu\nu}}{2} g_{\mu\nu,\gamma} P^{\alpha\gamma} \right). \tag{A.4.17}$$

ここで，右辺の最後の 2 項について

$$- \Gamma^{\beta}{}_{\gamma\beta} P^{\alpha\gamma} + \frac{g^{\mu\nu}}{2} g_{\mu\nu,\gamma} P^{\alpha\gamma} = P^{\alpha\gamma} g^{\beta\nu} \left(\frac{1}{2} g_{\beta\nu,\gamma} - \Gamma_{\nu\gamma\beta} \right)$$

$$= \frac{P^{\alpha\gamma} g^{\beta\nu}}{2} (g_{\beta\nu,\gamma} - g_{\nu\gamma,\beta} - g_{\nu\beta,\gamma} + g_{\gamma\beta,\nu}) = 0 \tag{A.4.18}$$

であるので，

$$P^{\alpha\beta}{}_{;\beta} = \frac{1}{\sqrt{-g}} \frac{\partial}{\partial x^\beta} (\sqrt{-g} P^{\alpha\beta}) + \Gamma^{\alpha}{}_{\mu\nu} P^{\mu\nu}. \tag{A.4.19}$$

[4.8] (p.75)　まず

$$I_1 = \int \mathscr{I}_1 \, d\tau = \int \left(\frac{1}{2} m g_{\mu\nu}(z) \frac{dz^\mu}{d\tau} \frac{dz^\nu}{d\tau} + q A_\mu(z) \frac{dz^\mu}{d\tau} \right) d\tau$$

$$= \int \left(\int \left(\frac{1}{2} m g_{\mu\nu}(x) \frac{dz^\mu}{d\tau} \frac{dz^\nu}{d\tau} + q A_\mu(x) \frac{dz^\mu}{d\tau} \right) \delta_D^{(4)}(x - z) \, d\tau \right) d^4 x$$

$$\equiv \int \tilde{\mathscr{I}}_1 \, d^4 x \tag{A.4.20}$$

である．したがって，$\tilde{\mathscr{I}}_1$ は $A_{\mu,\nu}$ を含まず，$\mathscr{I}_2$ は A_μ を含まないことから，系の A_μ に関するオイラー-ラグランジュ方程式：

$$\frac{\partial}{\partial A_\mu}(\tilde{\mathscr{I}}_1 + \sqrt{-g}\mathscr{I}_2) - \frac{\partial}{\partial x^\nu} \left(\frac{\partial}{\partial A_{\mu,\nu}}(\tilde{\mathscr{I}}_1 + \sqrt{-g}\mathscr{I}_2) \right) = 0 \tag{A.4.21}$$

は，

$$\frac{\partial \tilde{\mathscr{I}}_1}{\partial A_\mu} = \frac{\partial}{\partial x^\nu} \left(\sqrt{-g} \frac{\partial \mathscr{I}_2}{\partial A_{\mu,\nu}} \right) \tag{A.4.22}$$

に等しい．

$$\frac{\partial \tilde{\mathscr{I}}_1}{\partial A_\mu} = q \int \frac{dz^\mu}{d\tau} \delta_D^{(4)}(x - z) \, d\tau, \tag{A.4.23}$$

$$\frac{\partial \mathscr{I}_2}{\partial A_{\mu,\nu}} = -\frac{1}{16\pi} \left(g^{\alpha\gamma} g^{\beta\delta} (\delta^\mu{}_\beta \delta^\nu{}_\alpha - \delta^\mu{}_\alpha \delta^\nu{}_\beta) F_{\gamma\delta} \right) \times 2$$

$$= -\frac{1}{8\pi}(F^{\nu\mu} - F^{\mu\nu}) = \frac{1}{4\pi} F^{\mu\nu}. \tag{A.4.24}$$

これらをまとめると

$$\Rightarrow \frac{\partial}{\partial x^\nu}(\sqrt{-g} F^{\mu\nu}) = 4\pi q \int \frac{dz^\mu}{d\tau} \delta_D^{(4)}(x - z) \, d\tau$$

$$\|$$

$$\sqrt{-g}(F^{\mu\nu}{}_{;\nu} - \underbrace{\Gamma^\mu{}_{\alpha\beta} F^{\alpha\beta}}_{=0 \ (F^{\alpha\beta}\text{は反対称})}). \tag{A.4.25}$$

したがって，

$$F^{\mu\nu}{}_{;\nu} = 4\pi q \int \frac{dz^\mu}{d\tau} \frac{\delta_D^{(4)}(x - z(\tau))}{\sqrt{-g(x)}} \, d\tau \equiv 4\pi j^\mu. \tag{A.4.26}$$

これは，電流が存在する場合のマクスウェル方程式になっている．

[4.9] (p.75)

$$T_1^{\mu\nu} = -\frac{2}{\sqrt{-g}} \left(\frac{\partial}{\partial x^\alpha} \frac{\partial \tilde{\mathscr{I}}_1}{\partial g^{\mu\nu}{}_{,\alpha}} - \frac{\partial \tilde{\mathscr{I}}_1}{\partial g^{\mu\nu}} \right)$$

$$= \frac{2}{\sqrt{-g}} \frac{m}{2} \int \delta^\mu{}_\alpha \delta^\nu{}_\beta \frac{dz^\alpha}{d\tau} \frac{dz^\beta}{d\tau} \delta_D^{(4)}(x-z)\,d\tau = m \int \frac{dz^\mu}{d\tau} \frac{dz^\nu}{d\tau} \frac{\delta_D^{(4)}(x-z)}{\sqrt{-g(x)}}\,d\tau. \tag{A.4.27}$$

[4.10] (p.75)　まず，問題 [4.7] で導いた (4.90) 式より

$$T_1^{\mu\nu}{}_{;\nu} = \frac{1}{\sqrt{-g}} \frac{\partial}{\partial x^\nu}(\sqrt{-g}\,T_1^{\mu\nu}) + \Gamma^\mu{}_{\alpha\beta} T_1^{\alpha\beta}. \tag{A.4.28}$$

この右辺第 1 項は

$$\frac{\partial}{\partial x^\nu}\left(\int \frac{dz^\mu}{d\tau} \frac{dz^\nu}{d\tau} \delta_D^{(4)}(x-z)\,d\tau\right) = \int \frac{dz^\mu}{d\tau} \frac{dz^\nu}{d\tau} \frac{\partial}{\partial x^\nu}\left(\delta_D^{(4)}(x-z)\right)\,d\tau$$

$$= -\int \frac{dz^\mu}{d\tau} \frac{dz^\nu}{d\tau} \frac{\partial}{\partial z^\nu}\left(\delta_D^{(4)}(x-z)\right)\,d\tau = -\int \frac{dz^\mu}{d\tau} \frac{d}{d\tau}\left(\delta_D^{(4)}(x-z)\right)\,d\tau$$

$$= \int \frac{d^2 z^\mu}{d\tau^2} \delta_D^{(4)}(x-z)\,d\tau \tag{A.4.29}$$

と変形される．さらに (A.3.28) 式を用いると

$$T_1^{\mu\nu}{}_{;\nu} = \frac{m}{\sqrt{-g}} \int \frac{d^2 z^\mu}{d\tau^2} \delta_D^{(4)}(x-z)\,d\tau + \Gamma^\mu{}_{\alpha\beta} \int \frac{m}{\sqrt{-g}} \frac{dz^\alpha}{d\tau} \frac{dz^\beta}{d\tau} \delta_D^{(4)}(x-z)\,d\tau$$

$$= \frac{q}{\sqrt{-g}} \int F^\mu{}_\beta \frac{dz^\beta}{d\tau} \delta_D^{(4)}(x-z)\,d\tau$$

$$= F^\mu{}_\beta \int q \frac{dz^\beta}{d\tau} \frac{\delta_D^{(4)}(x-z)}{\sqrt{-g}}\,d\tau = F^\mu{}_\beta j^\beta \tag{A.4.30}$$

となる．一方，問題 [4.6] の (A.4.15) 式の変形において，電磁波のエネルギー運動量テンソル $T_2^{\mu\nu}$ に対しては，

$$4\pi T_2^{\mu\nu}{}_{;\nu} = -F^\mu{}_\alpha F^{\alpha\beta}{}_{;\beta} \tag{A.4.31}$$

が成り立つことが示されている．これと (A.4.26) 式を組み合わせて最終的に

$$4\pi(T_1^{\mu\nu} + T_2^{\mu\nu})_{;\nu} = F^\mu{}_\alpha(4\pi j^\alpha - F^{\alpha\beta}{}_{;\beta}) = 0 \tag{A.4.32}$$

が示される．

第 5 章

[5.1] (p.115)　(5.174) 式に対するオイラー-ラグランジュ方程式は測地線方程式と一致するはずだから，それらから $\Gamma^\alpha{}_{\beta\gamma}$ の成分を読みとればよい．

$$\frac{\partial \mathscr{S}}{\partial t} - \frac{d}{d\tau} \frac{\partial \mathscr{S}}{\partial (dt/d\tau)} = 0 \tag{A.5.1}$$

より

$$-\dot{\nu}e^{\nu}\left(\frac{dt}{d\tau}\right)^2 + \dot{\lambda}e^{\lambda}\left(\frac{dr}{d\tau}\right)^2 + \frac{d}{d\tau}\left(2e^{\nu}\frac{dt}{d\tau}\right) = 0. \tag{A.5.2}$$

整理すると

$$\frac{d^2t}{d\tau^2} + \frac{\dot{\nu}}{2}\left(\frac{dt}{d\tau}\right)^2 + \nu'\frac{dt}{d\tau}\frac{dr}{d\tau} + \frac{\dot{\lambda}}{2}e^{\lambda-\nu}\left(\frac{dr}{d\tau}\right)^2 = 0. \tag{A.5.3}$$

これを測地線の方程式:

$$\frac{d^2t}{d\tau^2} + \Gamma^t{}_{\alpha\beta}\frac{dx^\alpha}{d\tau}\frac{dx^\beta}{d\tau} = 0 \tag{A.5.4}$$

と比べて, $\Gamma^t{}_{\alpha\beta}$ のゼロでない成分を読み取れば

$$\Gamma^t{}_{tt} = \frac{\dot{\nu}}{2}, \quad \Gamma^t{}_{tr} = \frac{\nu'}{2}, \quad \Gamma^t{}_{rr} = \frac{\dot{\lambda}}{2}e^{\lambda-\nu}. \tag{A.5.5}$$

他の成分についても同様にすれば (5.176) 式の結果が得られる.

[5.2] (p.115)   (5.176) 式を (5.177) 式に代入して

$$R_{tt} = \Gamma^\alpha{}_{tt,\alpha} - \Gamma^\alpha{}_{t\alpha,t} + \Gamma^\alpha{}_{tt}\Gamma^\beta{}_{\alpha\beta} - \Gamma^\alpha{}_{t\beta}\Gamma^\beta{}_{t\alpha}$$

$$= \Gamma^t{}_{tt,t} + \Gamma^r{}_{tt,r} - \Gamma^t{}_{tt,t} - \Gamma^r{}_{tr,t}$$

$$\quad + \Gamma^t{}_{tt}\Gamma^t{}_{tt} + \Gamma^t{}_{tt}\Gamma^r{}_{tr} + \Gamma^r{}_{tt}\Gamma^t{}_{rt} + \Gamma^r{}_{tt}\Gamma^r{}_{rr} + \Gamma^r{}_{tt}\Gamma^\theta{}_{r\theta} + \Gamma^r{}_{tt}\Gamma^\phi{}_{r\phi}$$

$$\quad - \Gamma^t{}_{tt}\Gamma^t{}_{tt} - \Gamma^t{}_{tr}\Gamma^r{}_{tt} - \Gamma^r{}_{tt}\Gamma^t{}_{tr} - \Gamma^r{}_{tr}\Gamma^r{}_{tr}$$

$$= -\frac{\ddot{\lambda}}{2} + \frac{\dot{\lambda}(\dot{\nu}-\dot{\lambda})}{4} + e^{\nu-\lambda}\left(\frac{\nu''}{2} + \frac{\nu'(\nu'-\lambda')}{4} + \frac{\nu'}{r}\right). \tag{A.5.6}$$

同様にして

$$R_{tr} = \frac{\dot{\lambda}}{r} \tag{A.5.7}$$

を得る.

[5.3] (p.116)   真空解だから $G^t{}_t = 0$ より

$$e^{-\lambda}\left(\frac{\lambda'}{r} - \frac{1}{r^2}\right) + \frac{1}{r^2} = 0. \tag{A.5.8}$$

$G^r{}_r = 0$ より

$$e^{-\lambda}\left(\frac{\nu'}{r} + \frac{1}{r^2}\right) - \frac{1}{r^2} = 0. \tag{A.5.9}$$

これらを加えて

$$\lambda' + \nu' = 0 \tag{A.5.10}$$

が得られるので, 時間のみに依存する関数 f を用いて

$$\lambda + \nu = f(t) \tag{A.5.11}$$

と書ける. 一方, $e^{-\nu}dt^2$ において t を $\tilde{t} = T(t)$ と変数変換すると

200　　　　　　　　　　　　　　　　章末問題の解答

$$e^{-\nu}dt^2 = e^{-\nu}\frac{d\tilde{t}^2}{\dot{T}^2} = \exp(-\nu - \ln\dot{T}^2)\,d\tilde{t}^{\,2} \equiv e^{-\tilde{\nu}}\,d\tilde{t}^{\,2} \tag{A.5.12}$$

とおけるので，$-\ln\dot{T}^2 = f(t)$ となるような $T(t)$ を使えば，$-\tilde{\nu}(\tilde{t}) = \lambda$ となる．ところが，$G^t{}_r = 0$ より，$\dot{\lambda} = 0$ だから λ は時間に依存しない．したがって，球対称真空解の計量は，座標変換によって時間に依存しない形にできることが証明された．

[5.4] (p.116)　(A.5.8) 式より

$$e^{-\lambda}\left(\frac{\lambda'}{r} - \frac{1}{r^2}\right) + \frac{1}{r^2} = 0$$

$$\Rightarrow\quad e^{-\lambda}(1 - r\lambda') = (re^{-\lambda})' = 1 \quad\Rightarrow\quad re^{-\lambda} = r + C. \tag{A.5.13}$$

ここで C は積分定数である．したがって

$$e^{-\lambda} = e^{\nu} = 1 + \frac{C}{r} \tag{A.5.14}$$

ニュートン極限を考えれば

$$g_{00} = -e^{\nu} = -1 - \frac{C}{r} \simeq -1 - 2\phi = -1 - 2\left(-\frac{GM}{r}\right) \tag{A.5.15}$$

が成り立つはずなので，$C = -2GM$ であることがわかる．ゆえに

$$e^{-\lambda} = e^{\nu} = 1 - \frac{2GM}{r} \tag{A.5.16}$$

となり，(5.179) 式を得る．

[5.5] (p.116)　(5.180) 式の被積分関数に $U = U_0 + \delta U$ を代入して展開し，δU の最低次までとると

$$\frac{j/r^2}{\sqrt{2(E-U) - j^2/r^2}} \approx \frac{j/r^2}{\sqrt{2(E-U_0) - j^2/r^2}}\left(1 - \frac{1}{2}\frac{-2\delta U}{2(E-U_0) - j^2/r^2}\right)$$

$$= \frac{j/r^2}{\sqrt{2(E-U_0) - j^2/r^2}} + \frac{j\delta U/r^2}{[2(E-U_0) - j^2/r^2]^{3/2}}. \tag{A.5.17}$$

したがって，(5.181) 式を得る．

[5.6] (p.116)　ケプラー運動では軌道は閉じるので 2π となる．あるいは，(5.54) 式を代入して

$$2\int_{r_-}^{r_+} dr\,\frac{j/r^2}{\sqrt{2(E-U_0) - j^2/r^2}} = 2\int_0^{\pi} d\varphi_{\rm N} = 2\pi \tag{A.5.18}$$

でもよい．もっと真面目に計算したければ，(5.63) 式を代入して

$$2(E-U_0) - j^2/r^2 = \frac{2E}{r^2}(r - r_+)(r - r_-) = 2|E|\left(\frac{a(1+e)}{r} - 1\right)\left(1 - \frac{a(1-e)}{r}\right)$$

$$= 2|E|\frac{e^2}{1-e^2}\sin^2\varphi_{\rm N} = \left(\frac{eGM}{j}\right)^2\sin^2\varphi_{\rm N}. \tag{A.5.19}$$

一方，(5.63) 式より

$$\frac{dr}{d\varphi_N} = a(1-e^2)\frac{e\sin\varphi_N}{(1+e\cos\varphi_N)^2}, \quad \frac{j}{r^2} = j\frac{(1+e\cos\varphi_N)^2}{a^2(1-e^2)^2}. \tag{A.5.20}$$

これらをまとめれば

$$\frac{j/r^2}{\sqrt{2(E-U_0)-j^2/r^2}}\,dr = \frac{j}{eGM\sin\varphi_N}\times j\frac{e\sin\varphi_N}{a(1-e^2)}\,d\varphi_N$$

$$= \frac{j^2}{aGM}\frac{d\varphi_N}{1-e^2} = d\varphi_N \tag{A.5.21}$$

となり (A.5.18) 式に一致することが確認できる.

[5.7] (p.117) (5.182) 式より

$$2\int_{r_-}^{r_+} dr\,\frac{j\delta U/r^2}{(2(E-U_0)-j^2/r^2)^{3/2}}$$

$$= -2GMj^2\frac{\partial}{\partial j}\left(\int_{r_-}^{r_+}\frac{dr}{r^3\sqrt{2(E-U_0)-j^2/r^2}}\right). \tag{A.5.22}$$

この大括弧の中の積分は, (A.5.18) 式と同様の変数変換によって

$$\int_{r_-}^{r_+}\frac{dr}{r^3\sqrt{2(E-U_0)-j^2/r^2}} = \int_0^\pi\frac{1}{r^3}\frac{d\varphi_N}{j/r^2} = \int_0^\pi\frac{d\varphi_N}{jr}$$

$$= \frac{GM}{j^3}\int_0^\pi(1+e\cos\varphi_N)\,d\varphi_N = \frac{\pi GM}{j^3} \tag{A.5.23}$$

となる. ここで,

$$r = \frac{a(1-e^2)}{1+e\cos\varphi_N} = \frac{j^2/GM}{1+e\cos\varphi_N} \tag{A.5.24}$$

を用いた. これらをまとめると,

$$2\int_{r_-}^{r_+}dr\,\frac{j\delta U/r^2}{(2(E-U_0)-j^2/r^2)^{3/2}}$$

$$= -2GMj^2\frac{\partial}{\partial j}\left(\frac{\pi GM}{j^3}\right) = \frac{6\pi G^2M^2}{j^2} = \frac{6\pi GM}{a(1-e^2)} \tag{A.5.25}$$

となり, (5.69) 式と一致することが確認できた.

しかし, この計算に用いた (5.182) 式はかなり技巧的と言わざるをえない. そもそもケプラー運動の軌道は (A.5.21) 式で与えられているので, 仮に計算が面倒であってもそれを素直に代入する方がずっとすっきりしているように思えてくる. そこで具体的に, (A.5.19) 式と (A.5.21) 式を用いて, 第 2 項の被積分関数を変形すれば

$$\frac{j\delta U/r^2}{(2(E-U_0)-j^2/r^2)^{3/2}}\,dr = \frac{\delta U}{2(E-U_0)-j^2/r^2}\,d\varphi_N$$

$$= -\frac{GMj^2}{r^3}\frac{j^2}{e^2G^2M^2\sin^2\varphi_N}\,d\varphi_N = -\frac{j^4}{e^2GM\sin^2\varphi_N}\frac{d\varphi_N}{r^3}$$

$$= -\frac{a^2(1-e^2)^2G^2M^2}{e^2GM\sin^2\varphi_N}\frac{(1+e\cos\varphi_N)^3}{a^3(1-e^2)^3}\,d\varphi_N$$

$$= -\frac{GM}{a(1-e^2)e^2}\frac{(1+e\cos\varphi_{\mathrm{N}})^3}{\sin^2\varphi_{\mathrm{N}}}\,d\varphi_{\mathrm{N}} \tag{A.5.26}$$

となる．ところが，これを φ_{N} について 0 から 2π まで積分すれば発散してしまう．つまり，(5.182) 式は，計算をスマートにやるためのみならず，発散を防ぐために導入したものだったのだ．しかし逆に言えば，このままではこの結果が本当に正しいのかどうか気になってくる．

[5.8] (p.117)　(5.54) 式において，$r_{\mathrm{s}} \Rightarrow (1+2E)r_{\mathrm{s}}$ かつ $j^2 \Rightarrow j^2 - r_{\mathrm{s}}^2$ とおけば，(5.186) 式と一致することがわかる．したがって，$r = r(\tilde{\varphi})$ は (5.56) 式と (5.57) 式から

$$a = \frac{r_{\mathrm{s}}}{4|E|} \quad\Rightarrow\quad a' = \frac{(1+2E)r_{\mathrm{s}}}{4|E|} \tag{A.5.27}$$

$$e = \sqrt{1 - 8\frac{|E|j^2}{r_{\mathrm{s}}^2}} \quad\Rightarrow\quad e' = \sqrt{1 - 8\frac{|E|(j^2 - r_{\mathrm{s}}^2)}{(1+2E)^2 r_{\mathrm{s}}^2}} \tag{A.5.28}$$

を軌道長半径，離心率とする楕円となる．

[5.9] (p.118)　$\tilde{\varphi}$ が 0 から 2π まで変化する際の，φ の変化分は

$$\Delta\varphi \approx \left(1 + \frac{r_{\mathrm{s}}^2}{2j^2}\right)\int_0^{2\pi}\left(1 + \frac{r_{\mathrm{s}}}{2r}\right)d\tilde{\varphi}$$

$$= \left(1 + \frac{r_{\mathrm{s}}^2}{2j^2}\right)\int_0^{2\pi}\left(1 + \frac{r_{\mathrm{s}}}{2}\frac{1 + e'\cos\tilde{\varphi}}{a'(1 - e'^2)}\right)d\tilde{\varphi}$$

$$= \left(1 + \frac{r_{\mathrm{s}}^2}{2j^2}\right)\left(2\pi + \frac{r_{\mathrm{s}}}{2}\frac{2\pi}{a'(1 - e'^2)}\right) \tag{A.5.29}$$

となる．したがって，

$$\Delta\varphi - 2\pi \approx \frac{r_{\mathrm{s}}^2}{j^2}\pi + \frac{\pi r_{\mathrm{s}}}{a'(1 - e'^2)}. \tag{A.5.30}$$

ここで，

$$E \equiv \frac{\varepsilon^2 - 1}{2} = \frac{1}{2}\left(\left(1 - \frac{r_{\mathrm{s}}}{r}\right)^2\left(\frac{dt}{d\tau}\right)^2 - 1\right)$$

$$\approx \frac{1}{2}\left(\left(\frac{dt}{d\tau}\right)^2 - 2\frac{r_{\mathrm{s}}}{r}\left(\frac{dt}{d\tau}\right)^2 - 1\right) \approx O\left(\frac{r_{\mathrm{s}}}{r}\right) \ll 1 \tag{A.5.31}$$

かつ

$$\frac{j}{r_{\mathrm{s}}} \approx \frac{r}{r_{\mathrm{s}}}\sqrt{\frac{r_{\mathrm{s}}}{r}} \approx O\left(\sqrt{\frac{r}{r_{\mathrm{s}}}}\right) \gg 1 \tag{A.5.32}$$

なので，$a' \approx a$，$e' \approx e$ とし，$j^2 = a(1 - e^2)r_{\mathrm{s}}/2$ を代入すれば

$$\Delta\varphi - 2\pi \approx \frac{3\pi r_{\mathrm{s}}}{a(1 - e^2)} = \frac{6\pi GM}{a(1 - e^2)} \tag{A.5.33}$$

となり，すでに得られた (5.69) 式と一致する．

[5.10] (p.118)　$f(r; r_0, r_{\mathrm{s}})$ は $\dfrac{dt}{dr}$ にほかならない．(5.190) 式と (5.192) 式から，

$$\frac{dt}{dr} = \frac{1}{1 - r_{\rm s}/r} \frac{1}{\sqrt{1 - (1 - r_{\rm s}/r)b^2/r^2}}. \tag{A.5.34}$$

(A.5.34) 式に (5.195) 式を代入すれば

$$f(r; r_0, r_{\rm s}) = \frac{dt}{dr} = \left(1 - \frac{r_{\rm s}}{r}\right)^{-1} \left(1 - \frac{r_0^2}{r^2} \frac{1 - r_{\rm s}/r}{1 - r_{\rm s}/r_0}\right)^{-1/2} \tag{A.5.35}$$

を得る.

[5.11] (p.119)

$$1 - \frac{r_0^2}{r^2} \frac{1 - r_{\rm s}/r}{1 - r_{\rm s}/r_0} \approx 1 - \frac{r_0^2}{r^2} \left(1 - \frac{r_{\rm s}}{r} + \frac{r_{\rm s}}{r_0}\right) = \left(1 - \frac{r_0^2}{r^2}\right)\left(1 - \frac{r_0 r_{\rm s}}{r(r + r_0)}\right) \tag{A.5.36}$$

に注意して展開すれば,

$$f(r; r_0, r_{\rm s}) \approx \left(1 + \frac{r_{\rm s}}{r}\right)\left(1 - \frac{r_0^2}{r^2}\right)^{-1/2}\left(1 + \frac{r_0 r_{\rm s}}{2r(r + r_0)}\right)$$

$$\approx \left(1 - \frac{r_0^2}{r^2}\right)^{-1/2}\left(1 + \frac{r_{\rm s}}{r} + \frac{r_0 r_{\rm s}}{2r(r + r_0)}\right). \tag{A.5.37}$$

[5.12] (p.119)

$$\Delta t(r_1, r_0) \approx \int_{r_0}^{r_1} dr \left(\frac{r}{\sqrt{r^2 - r_0^2}} + \frac{r_{\rm s}}{\sqrt{r^2 - r_0^2}} + \frac{r_0 r_{\rm s}}{2(r + r_0)\sqrt{r^2 - r_0^2}}\right). \tag{A.5.38}$$

第 3 項は, $x = \sqrt{r - r_0}$ と変数変換すると

$$\int_{r_0}^{r_1} dr \frac{r_0 r_{\rm s}}{2(r + r_0)\sqrt{r^2 - r_0^2}} = r_0 r_{\rm s} \int_0^{\sqrt{r_1 - r_0}} \frac{dx}{(x^2 + 2r_0)^{3/2}}. \tag{A.5.39}$$

これらに (5.197) 式を用いると,

$$\Delta t(r_1, r_0) \approx \sqrt{r_1^2 - r_0^2} + r_{\rm s} \ln\left(\frac{r_1 + \sqrt{r_1^2 - r_0^2}}{r_0}\right) + \frac{r_{\rm s}}{2}\sqrt{\frac{r_1 - r_0}{r_1 + r_0}}. \tag{A.5.40}$$

[5.13] (p.119)　一般相対論的補正は,

$$2\left(\Delta t(r_1, r_0) - \sqrt{r_1^2 - r_0^2} + \Delta t(r_2, r_0) - \sqrt{r_2^2 - r_0^2}\right) \approx 2r_{\rm s}\left(\ln\frac{4r_1 r_2}{r_0^2} + 1\right) \tag{A.5.41}$$

で, 最大となるのは, $r_0 = R_\odot$ となる場合. これに数値を代入すると, 240 マイクロ秒となる.

第 6 章

[6.1] (p.142)　問題 [5.1] で用いた方法に従い,

$$\mathscr{S} \equiv -\left(\frac{dt}{d\tau}\right)^2 + a^2 W\left(\frac{dx}{d\tau}\right)^2 + a^2 x^2 \left(\frac{d\theta}{d\tau}\right)^2 + a^2 x^2 \sin^2\theta\left(\frac{d\varphi}{d\tau}\right)^2 \tag{A.6.1}$$

を変分すればよい. 以下, $' \equiv \dfrac{d}{d\tau}$, $\cdot \equiv \dfrac{d}{dt}$ とおくことにする.

(a) $\dfrac{\partial \mathscr{S}}{\partial t} - \dfrac{d}{d\tau}\left(\dfrac{\partial \mathscr{S}}{\partial t'}\right) = 0$ より,

$$2a\dot{a}\left(Wx'^2 + x^2\theta'^2 + x^2\sin^2\theta\varphi'^2\right) + 2t'' = 0 \tag{A.6.2}$$

$$\Rightarrow \quad \Gamma^0{}_{00} = \Gamma^0{}_{0i} = 0, \quad \Gamma^0{}_{ij} = a\dot{a}\widetilde{g}_{ij} = \dfrac{\dot{a}}{a}g_{ij}. \tag{A.6.3}$$

(b) $\dfrac{\partial \mathscr{S}}{\partial x} - \dfrac{d}{d\tau}\left(\dfrac{\partial \mathscr{S}}{\partial x'}\right) = 0$ より,

$$\left(a^2\dfrac{\partial W}{\partial x}x'^2 + 2a^2x\theta'^2 + 2a^2x\sin^2\theta\varphi'^2\right) - 2(a^2Wx')' = 0 \tag{A.6.4}$$

$$\Rightarrow \quad x'' + \dfrac{1}{2W}\dfrac{\partial W}{\partial x}x'^2 + 2\dfrac{\dot{a}}{a}x't' - \dfrac{x}{W}\theta'^2 - \dfrac{x\sin^2\theta}{W}\varphi'^2 = 0. \tag{A.6.5}$$

したがって

$$\begin{cases} \Gamma^x{}_{00} = 0, \quad \Gamma^x{}_{0x} = \dfrac{\dot{a}}{a}, \\[2mm] \Gamma^x{}_{xx} = \dfrac{1}{2W}\dfrac{\partial W}{\partial x}, \quad \Gamma^x{}_{\theta\theta} = -\dfrac{x}{W}, \quad \Gamma^x{}_{\varphi\varphi} = -\dfrac{x\sin^2\theta}{W}. \end{cases} \tag{A.6.6}$$

(c) $\dfrac{\partial \mathscr{S}}{\partial\theta} - \dfrac{d}{d\tau}\left(\dfrac{\partial \mathscr{S}}{\partial\theta'}\right) = 0$ より,

$$2a^2x^2\sin\theta\cos\theta\varphi'^2 - 2(a^2x^2\theta')' = 0 \tag{A.6.7}$$

$$\Rightarrow \quad \theta'' + 2\dfrac{\dot{a}}{a}\theta't' + 2\dfrac{1}{x}x'\theta' - \sin\theta\cos\theta\varphi'^2 = 0. \tag{A.6.8}$$

したがって

$$\Gamma^\theta{}_{00} = 0, \quad \Gamma^\theta{}_{0\theta} = \dfrac{\dot{a}}{a}, \quad \Gamma^\theta{}_{\theta x} = \dfrac{1}{x}, \quad \Gamma^\theta{}_{\varphi\varphi} = -\sin\theta\cos\theta. \tag{A.6.9}$$

(d) $\dfrac{\partial \mathscr{S}}{\partial\varphi} - \dfrac{d}{d\tau}\left(\dfrac{\partial \mathscr{S}}{\partial\varphi'}\right) = 0$ より,

$$(a^2x^2\sin^2\theta\varphi')' = 0 \quad \Rightarrow \quad \varphi'' + 2\dfrac{\dot{a}}{a}t'\varphi' + 2\dfrac{1}{x}x'\varphi' + 2\cot\theta\,\theta'\varphi' = 0 \tag{A.6.10}$$

したがって

$$\Gamma^\varphi{}_{0\varphi} = \dfrac{\dot{a}}{a}, \quad \Gamma^\varphi{}_{x\varphi} = \dfrac{1}{x}, \quad \Gamma^\varphi{}_{\theta\varphi} = \cot\theta. \tag{A.6.11}$$

[6.2] (p.143) 問題 [6.1] とは異なり, 以下では, $' \equiv \dfrac{d}{dx}$ の意味で用いることにする. (A.6.3)〜(A.6.11) 式を (6.86) 式に代入すればよい.

$$R_{00} = \Gamma^\alpha{}_{00,\alpha} - \Gamma^\alpha{}_{0\alpha,0} + \Gamma^\alpha{}_{00}\Gamma^\beta{}_{\alpha\beta} - \Gamma^\alpha{}_{0\beta}\Gamma^\beta{}_{0\alpha} = -(\Gamma^i{}_{0i})_{,0} - \left(\dfrac{\dot{a}}{a}\right)^2\delta^i{}_j\delta^j{}_i$$

$$= -3\dfrac{d}{dt}\left(\dfrac{\dot{a}}{a}\right) - 3\left(\dfrac{\dot{a}}{a}\right)^2 = -3\dfrac{\ddot{a}a - \dot{a}^2}{a^2} - 3\left(\dfrac{\dot{a}}{a}\right)^2 = -3\dfrac{\ddot{a}}{a}, \tag{A.6.12}$$

$$R_{0i} = \Gamma^\alpha{}_{0i,\alpha} - \Gamma^\alpha{}_{0\alpha,i} + \Gamma^\alpha{}_{0i}\Gamma^\beta{}_{\alpha\beta} - \Gamma^\alpha{}_{0\beta}\Gamma^\beta{}_{i\alpha}$$

$$= \Gamma^j{}_{0i}\Gamma^\beta{}_{j\beta} - \Gamma^k{}_{0j}\Gamma^j{}_{ik} = \left(\frac{\dot a}{a}\right)\Gamma^\beta{}_{i\beta} - \left(\frac{\dot a}{a}\right)\Gamma^j{}_{ij} = 0, \tag{A.6.13}$$

$$R_{ij} = \widetilde{R}_{ij} + \Gamma^0{}_{ij,0} - \Gamma^0{}_{i0,j} + \Gamma^0{}_{ij}\Gamma^\beta{}_{0\beta} + \Gamma^\alpha{}_{ij}\Gamma^0{}_{\alpha 0} - \Gamma^0{}_{i\beta}\Gamma^\beta{}_{j0} - \Gamma^\alpha{}_{i0}\Gamma^0{}_{j\alpha}$$

$$= \widetilde{R}_{ij} + \frac{d(a\dot a)}{dt}\widetilde{g}_{ij} + \Gamma^0{}_{ij}\cdot 3\left(\frac{\dot a}{a}\right) - \Gamma^0{}_{ij}\left(\frac{\dot a}{a}\right) - \left(\frac{\dot a}{a}\right)\Gamma^0{}_{ji}$$

$$= \widetilde{R}_{ij} + \frac{d(a\dot a)}{dt}\widetilde{g}_{ij} + \left(\frac{\dot a}{a}\right)a\dot a\widetilde{g}_{ij} = \widetilde{R}_{ij} + (a\ddot a + 2\dot a^2)\widetilde{g}_{ij}. \tag{A.6.14}$$

[6.3] (p.143)　(A.6.12)〜(A.6.14) 式のトレースをとればよい.

$$R \equiv R^\alpha{}_\alpha = g^{\alpha\beta}R_{\alpha\beta} = g^{00}R_{00} + g^{ij}R_{ij}$$

$$= -R_{00} + \frac{\widetilde{g}^{ij}}{a^2}(\widetilde{R}_{ij} + (a\ddot a + 2\dot a^2)\widetilde{g}_{ij}) = 3\frac{\ddot a}{a} + 3\left(\frac{\ddot a}{a} + 2\left(\frac{\dot a}{a}\right)^2\right) + \frac{1}{a^2}\widetilde{g}^{ij}\widetilde{R}_{ij}$$

$$= 6\frac{\ddot a}{a} + 6\left(\frac{\dot a}{a}\right)^2 + \frac{1}{a^2}\widetilde{R}, \tag{A.6.15}$$

$$\widetilde{R} \equiv \widetilde{g}^{ij}\widetilde{R}_{ij} = \frac{\widetilde{R}_{xx}}{W} + \frac{\widetilde{R}_{\theta\theta}}{x^2} + \frac{\widetilde{R}_{\varphi\varphi}}{x^2\sin^2\theta}$$

$$= \frac{W'}{xW^2} + \frac{2}{x^2}\left(\frac{xW'}{2W^2} + 1 - \frac{1}{W}\right) = \frac{2W'}{xW^2} + \frac{2}{x^2}\left(1 - \frac{1}{W}\right). \tag{A.6.16}$$

[6.4] (p.143)　(A.6.16) 式において $f \equiv \dfrac{1}{W}$ と置き換えて, $\widetilde{R} = 6K$ を f に対する微分方程式に書き換える.

$$-\frac{2}{x}f' + \frac{2}{x^2}(1 - f) = 6K \quad \Rightarrow \quad (xf)' = 1 - 3Kx^2. \tag{A.6.17}$$

これを積分すると, C を積分定数として

$$xf = x - Kx^3 + C \quad \Rightarrow \quad W(x) = \frac{1}{f} = \frac{1}{1 - Kx^2 + C/x}. \tag{A.6.18}$$

$x \ll 1$ では局所的にユークリッド的であるべきなので, この定数 C は 0 でなくてはならない. したがって

$$W(x) = \frac{1}{1 - Kx^2}. \tag{A.6.19}$$

[6.5] (p.143)　問題 [6.3] の結果に $W(x) = \dfrac{1}{1 - Kx^2}$ を代入すると,

$$\widetilde{R}_{ij} = 2K\widetilde{g}_{ij} \tag{A.6.20}$$

となるから, (A.6.12)〜(A.6.15) 式は

$$R_{00} = -3\frac{\ddot a}{a}, \quad R_{0i} = 0, \quad R_{ij} = (a\ddot a + 2\dot a^2 + 2K)\widetilde{g}_{ij}, \tag{A.6.21}$$

$$R = 6\frac{\ddot{a}}{a} + 6\left(\frac{\dot{a}}{a}\right)^2 + \frac{6K}{a^2}. \tag{A.6.22}$$

したがって，アインシュタインテンソルは以下の通りである．

$$\begin{cases} G_{00} = R_{00} + \dfrac{R}{2} = 3\left(\dfrac{\dot{a}}{a}\right)^2 + 3\dfrac{K}{a^2}, \\[2mm] G_{0i} = 0, \\[2mm] G_{ij} = \left(\dfrac{\ddot{a}}{a} + 2\left(\dfrac{\dot{a}}{a}\right)^2 + 2\dfrac{K}{a^2} - 3\dfrac{\ddot{a}}{a} - 3\left(\dfrac{\dot{a}}{a}\right)^2 - 3\dfrac{K}{a^2}\right)g_{ij} \\[2mm] \qquad = -\left(2\dfrac{\ddot{a}}{a} + \left(\dfrac{\dot{a}}{a}\right)^2 + \dfrac{K}{a^2}\right)g_{ij}. \end{cases} \tag{A.6.23}$$

[6.6] (p.144)　(6.94) 式の $(0, i)$ 成分の両辺を (A.6.23) 式と (6.93) 式を用いてそれぞれ評価すると

$$G_{0i} + \Lambda g_{0i} = 0 = -8\pi G q_i \quad \Rightarrow \quad q_i = 0. \tag{A.6.24}$$

また，(i, j) 成分を考えると，(A.6.23) 式より $G_{ij} \propto g_{ij}$ であるから，π_{ij} もまた g_{ij} に比例する必要がある．ところが π_{ij} はトレースレステンソルなので，これが可能なのは π_{ij} が恒等的に 0 になる場合のみである．したがって，共動系で見た $T_{\mu\nu}$ の成分は

$$T_{00} = \rho, \quad T_{0i} = 0, \quad T_{ij} = p g_{ij}. \tag{A.6.25}$$

これを，u_μ を用いて共変的に書くと

$$T_{\mu\nu} = (\rho + p)u_\mu u_\nu + p g_{\mu\nu} \tag{A.6.26}$$

となり，完全流体の場合の形に定まってしまうことが示された．

[6.7] (p.144)　(A.6.23) 式と (A.6.26) 式をアインシュタイン方程式：

$$G_{\mu\nu} + \Lambda g_{\mu\nu} = 8\pi G T_{\mu\nu} \tag{A.6.27}$$

に代入する．まず (0,0) 成分は

$$3\left(\frac{\dot{a}}{a}\right)^2 + 3\frac{K}{a^2} - \Lambda = 8\pi G\rho \quad \Rightarrow \quad \left(\frac{\dot{a}}{a}\right)^2 + \frac{K}{a^2} - \frac{\Lambda}{3} = \frac{8\pi G}{3}\rho. \tag{A.6.28}$$

これが 6.3 節の (6.20) 式である．また，(i, j) 成分は

$$-\left(2\frac{\ddot{a}}{a} + \left(\frac{\dot{a}}{a}\right)^2 + \frac{K}{a^2}\right)g_{ij} + \Lambda g_{ij} = 8\pi G p g_{ij}$$

$$\Rightarrow \quad \frac{\ddot{a}}{a} = -\frac{1}{2}\left(\left(\frac{\dot{a}}{a}\right)^2 + \frac{K}{a^2}\right) + \frac{\Lambda}{2} - 4\pi G p. \tag{A.6.29}$$

(A.6.29) 式に (A.6.28) 式を代入して

$$\frac{\ddot{a}}{a} = -\frac{4\pi G}{3}(\rho + 3p) + \frac{\Lambda}{3}. \tag{A.6.30}$$

これは 6.3 節の (6.21) 式である．

[6.8] (p.144)

$$\overbrace{(q\cos\theta\times 2)}^{\text{運動量変化}}\times\overbrace{(v\cos\theta\times\Delta t\times\Delta S)}^{\text{通過粒子束}}\times\frac{1}{\Delta S\Delta t}=2qv\cos^2\theta. \tag{A.6.31}$$

[6.9] (p.145)　(6.97) 式を q で微分すると

$$\frac{d\varepsilon}{dq}=\frac{qc^2}{\sqrt{q^2c^2+m^2c^4}}. \tag{A.6.32}$$

一方,

$$q=\frac{mv}{\sqrt{1-v^2/c^2}}\quad\Rightarrow\quad q^2\left(1-\frac{v^2}{c^2}\right)=m^2v^2. \tag{A.6.33}$$

したがって,

$$v=\sqrt{\frac{q^2}{m^2+q^2/c^2}}=\frac{qc^2}{\sqrt{m^2c^4+q^2c^2}}=\frac{d\varepsilon}{dq}. \tag{A.6.34}$$

[6.10] (p.145)　この系において, 運動量 $q\sim q+dq$ を持つ粒子の状態数密度は

$$g\times\frac{dV_q}{h^3}=\frac{g}{h^3}q^2\,dq\,\sin\theta\,d\theta d\varphi \tag{A.6.35}$$

なので,

$$n=\frac{g}{h^3}\iiint f(q)q^2\,dq\,\sin\theta\,d\theta d\varphi=\frac{4\pi g}{h^3}\int_0^\infty f(q)q^2\,dq,$$

$$\rho=\frac{g}{h^3}\iiint\left(\varepsilon(q)+mc^2\right)f(q)q^2\,dq\,\sin\theta\,d\theta d\varphi$$

$$=\frac{4\pi g}{h^3}\int_0^\infty\left(\varepsilon(q)+mc^2\right)f(q)q^2\,dq. \tag{A.6.36}$$

また, (6.96) 式と (6.98) 式を用いれば, 圧力は

$$p=\frac{g}{h^3}\iiint 2q\frac{d\varepsilon}{dq}f(q)q^2\,dq\cos^2\theta\sin\theta\,d\theta d\varphi$$

$$=\frac{4\pi g}{h^3}\underbrace{\int_0^{\frac{\pi}{2}}\cos^2\theta\sin\theta\,d\theta}_{=\frac{1}{3}}\int_0^\infty q^3\frac{d\varepsilon}{dq}f(q)\,dq=\frac{4\pi g}{3h^3}\int_0^\infty q^3\frac{d\varepsilon}{dq}f(q)\,dq. \tag{A.6.37}$$

[6.11] (p.145)　まず, (6.99) 式と (6.102) 式より

$$n=\frac{4\pi g}{h^3}\int_0^\infty\exp\left(-\frac{\varepsilon-\mu}{k_BT}\right)q^2\,dq. \tag{A.6.38}$$

また, (6.101) 式と (6.102) 式より

$$\int_0^\infty\frac{d\varepsilon}{dq}q^3\exp\left(-\frac{\varepsilon-\mu}{k_BT}\right)dq=\int_0^\infty q^3(-k_BT)\frac{d}{dq}\left(\exp\left(-\frac{\varepsilon-\mu}{k_BT}\right)\right)dq$$

$$= \underbrace{-q^3 k_{\mathrm{B}} T \exp\left(-\frac{\varepsilon - \mu}{k_{\mathrm{B}} T}\right)\Big|_0^\infty}_{=0} + 3k_{\mathrm{B}} T \int_0^\infty q^2 \exp\left(-\frac{\varepsilon - \mu}{k_{\mathrm{B}} T}\right) dq. \tag{A.6.39}$$

この 2 つの式を組み合わせると

$$p = \frac{4\pi g}{3h^3} \cdot 3k_{\mathrm{B}} T \int_0^\infty q^2 \exp\left(-\frac{\varepsilon - \mu}{k_{\mathrm{B}} T}\right) dq = k_{\mathrm{B}} T n. \tag{A.6.40}$$

[6.12] (p.145)　光子は, $\mu = 0$, $g = 2$, $\varepsilon = qc$ なので, (6.100) 式にプランクの分布関数 (1.80) 式) を代入して

$$\rho_\gamma = \frac{8\pi}{h^3} \frac{1}{c^3} \int_0^\infty d\varepsilon \frac{\varepsilon^3}{\exp(\varepsilon/k_{\mathrm{B}} T) - 1}$$

$$= \frac{8\pi}{h^3 c^3} (k_{\mathrm{B}} T)^4 \int_0^\infty \frac{x^3}{e^x - 1} dx = \frac{8\pi^5 k_{\mathrm{B}}^4}{15 h^3 c^3} T^4. \tag{A.6.41}$$

ただし, ここで

$$\int_0^\infty \frac{x^3}{e^x - 1} dx = \Gamma(4)\zeta(4) = 3! \times \frac{\pi^4}{90} = \frac{\pi^4}{15} \tag{A.6.42}$$

を用いた. 同様に, (6.101) 式に光子の場合の関係式 $\dfrac{d\varepsilon}{dq} = c$ を代入すると, 容易に

$$p_\gamma = \frac{1}{3} \rho_\gamma \tag{A.6.43}$$

が示される.

[6.13] (p.146)　(6.106) 式を積分形で書くと

$$\int d\tau = \int \sqrt{\frac{a}{\Omega_{\mathrm{m}} + (1 - \Omega_{\mathrm{m}})a}} \, da. \tag{A.6.44}$$

ここで $a = \dfrac{\Omega_{\mathrm{m}}}{1 - \Omega_{\mathrm{m}}} f$ と変数変換すると

$$\int d\tau = \int \sqrt{\frac{\Omega_{\mathrm{m}} f/(1 - \Omega_{\mathrm{m}})}{\Omega_{\mathrm{m}}(1 + f)}} \frac{\Omega_{\mathrm{m}}}{1 - \Omega_{\mathrm{m}}} \, df = \frac{\Omega_{\mathrm{m}}}{(1 - \Omega_{\mathrm{m}})^{\frac{3}{2}}} \int \sqrt{\frac{f}{1 + f}} \, df. \tag{A.6.45}$$

さらに $f = \sinh^2\left(\dfrac{\theta}{2}\right)$ とすれば, (A.6.45) 式は解析的に積分できる.

$$\int \sqrt{\frac{f}{1 + f}} \, df = \int \sqrt{\frac{\sinh^2(\theta/2)}{\cosh^2(\theta/2)}} \, 2 \sinh\left(\frac{\theta}{2}\right) \cosh\left(\frac{\theta}{2}\right) \frac{d\theta}{2}$$

$$= \int \sinh^2\left(\frac{\theta}{2}\right) d\theta = \int \frac{\cosh\theta - 1}{2} \, d\theta = \frac{\sinh\theta - \theta}{2}. \tag{A.6.46}$$

これらをまとめると,

$$\begin{cases} a = \dfrac{\Omega_{\mathrm{m}}}{1 - \Omega_{\mathrm{m}}} \sinh^2\left(\dfrac{\theta}{2}\right) = \dfrac{\Omega_{\mathrm{m}}}{2(1 - \Omega_{\mathrm{m}})}(\cosh\theta - 1), \\[3mm] \tau = \dfrac{\Omega_{\mathrm{m}}}{2(1 - \Omega_{\mathrm{m}})^{3/2}}(\sinh\theta - \theta). \end{cases} \tag{A.6.47}$$

[6.14] (p.146)　$a = \left(\dfrac{\Omega_{\mathrm{m}}}{1 - \Omega_{\mathrm{m}}}\right)^{\frac{1}{3}} f$ と変数変換すると，(6.108) 式は

$$\left(\frac{\Omega_{\mathrm{m}}}{1 - \Omega_{\mathrm{m}}}\right)^{\frac{2}{3}} \left(\frac{df}{d\tau}\right)^2 = \Omega_{\mathrm{m}}^{\frac{2}{3}} (1 - \Omega_{\mathrm{m}})^{\frac{1}{3}} \left(\frac{1}{f} + f^2\right)$$

$$\Rightarrow \frac{df}{d\tau} = (1 - \Omega_{\mathrm{m}})^{\frac{1}{2}} \sqrt{\frac{1 + f^3}{f}}. \tag{A.6.48}$$

さらに $g \equiv f^3$ とおけば

$$\frac{dg}{d\tau} = 3f^2 \frac{df}{d\tau} = 3(1 - \Omega_{\mathrm{m}})^{\frac{1}{2}} \sqrt{g(1 + g)} \tag{A.6.49}$$

$$\Rightarrow \int d\tau = \frac{1}{3(1 - \Omega_{\mathrm{m}})^{\frac{1}{2}}} \int \frac{dg}{\sqrt{g(1 + g)}}. \tag{A.6.50}$$

(A.6.50) 式は $g = \sinh^2\theta$ とおくと，解析的に積分できて

$$\int \frac{2\sinh\theta\cosh\theta}{\sqrt{\sinh^2\theta(1 + \sinh^2\theta)}}\, d\theta = 2\theta \quad \Rightarrow \quad \tau = \frac{2\theta}{3\sqrt{1 - \Omega_{\mathrm{m}}}}. \tag{A.6.51}$$

これらをまとめると，

$$a(\tau) = \left(\frac{\Omega_{\mathrm{m}}}{1 - \Omega_{\mathrm{m}}}\right)^{\frac{1}{3}} \sinh^{\frac{2}{3}}\theta$$

$$= \left(\frac{\Omega_{\mathrm{m}}}{1 - \Omega_{\mathrm{m}}}\right)^{\frac{1}{3}} \sinh^{\frac{2}{3}}\left(\frac{3\sqrt{1 - \Omega_{\mathrm{m}}}}{2}\tau\right). \tag{A.6.52}$$

[6.15] (p.146)　宇宙定数が 0 のモデルの場合，(A.6.47) 式より現在の θ_0 の値は

$$1 = \frac{\Omega_{\mathrm{m}}}{2(1 - \Omega_{\mathrm{m}})}(\cosh\theta_0 - 1) \tag{A.6.53}$$

となる．したがって

$$\begin{cases} \cosh\theta_0 = \dfrac{2(1 - \Omega_{\mathrm{m}})}{\Omega_{\mathrm{m}}} + 1 = \dfrac{2 - \Omega_{\mathrm{m}}}{\Omega_{\mathrm{m}}}, \\[3mm] \sinh\theta_0 = \sqrt{\cosh^2\theta_0 - 1} = \dfrac{2\sqrt{1 - \Omega_{\mathrm{m}}}}{\Omega_{\mathrm{m}}}. \end{cases} \tag{A.6.54}$$

(A.6.54) 式から e^{θ_0} を求めると

$$\frac{e^{\theta_0} + e^{-\theta_0}}{2} = \frac{2 - \Omega_{\mathrm{m}}}{\Omega_{\mathrm{m}}} \quad \Rightarrow \quad (e^{\theta_0})^2 - \frac{4 - 2\Omega_{\mathrm{m}}}{\Omega_{\mathrm{m}}} e^{\theta_0} + 1 = 0. \tag{A.6.55}$$

$e^{\theta_0} > 0$ であるから，この式の解は

$$e^{\theta_0} = \frac{2 - \Omega_{\mathrm{m}} + 2\sqrt{1 - \Omega_{\mathrm{m}}}}{\Omega_{\mathrm{m}}}. \tag{A.6.56}$$

(A.6.56) 式を (A.6.47) 式の 2 つめの式に代入すると

$$H_0 t_0 = \frac{\Omega_{\mathrm{m}}}{2(1 - \Omega_{\mathrm{m}})^{3/2}} \left(\frac{2\sqrt{1 - \Omega_{\mathrm{m}}}}{\Omega_{\mathrm{m}}} - \ln \frac{2 - \Omega_{\mathrm{m}} + 2\sqrt{1 - \Omega_{\mathrm{m}}}}{\Omega_{\mathrm{m}}} \right)$$

$$= \frac{1}{1 - \Omega_{\mathrm{m}}} - \frac{\Omega_{\mathrm{m}}}{2(1 - \Omega_{\mathrm{m}})^{3/2}} \ln \frac{2 - \Omega_{\mathrm{m}} + 2\sqrt{1 - \Omega_{\mathrm{m}}}}{\Omega_{\mathrm{m}}}. \tag{A.6.57}$$

空間曲率が 0 の宇宙モデルの場合も (A.6.52) 式を用いて同じ方針で計算すればよい.

$$1 = \left(\frac{\Omega_{\mathrm{m}}}{1 - \Omega_{\mathrm{m}}} \right)^{\frac{1}{3}} \left(\sinh \frac{3\sqrt{1 - \Omega_{\mathrm{m}}}}{2} \tau_0 \right)^{\frac{2}{3}} \quad \Rightarrow \quad \left(\sinh \frac{3\sqrt{1 - \Omega_{\mathrm{m}}}}{2} \tau_0 \right)^2 = \frac{1 - \Omega_{\mathrm{m}}}{\Omega_{\mathrm{m}}}$$

$$\Rightarrow \quad \frac{\cosh(3\sqrt{1 - \Omega_{\mathrm{m}}} \tau_0) - 1}{2} = \frac{1 - \Omega_{\mathrm{m}}}{\Omega_{\mathrm{m}}}. \tag{A.6.58}$$

ここで $\theta_0 = 3\sqrt{1 - \Omega_{\mathrm{m}}} \tau_0$ とおくと

$$\cosh \theta_0 = \frac{2(1 - \Omega_{\mathrm{m}})}{\Omega_{\mathrm{m}}} + 1 = \frac{2 - \Omega_{\mathrm{m}}}{\Omega_{\mathrm{m}}}. \tag{A.6.59}$$

したがって

$$H_0 t_0 = \frac{\theta_0}{3\sqrt{1 - \Omega_{\mathrm{m}}}} = \frac{1}{3\sqrt{1 - \Omega_{\mathrm{m}}}} \ln \frac{2 - \Omega_{\mathrm{m}} + 2\sqrt{1 - \Omega_{\mathrm{m}}}}{\Omega_{\mathrm{m}}}. \tag{A.6.60}$$

(A.6.57) 式と (A.6.60) 式を用いて問題に与えられたパラメータの場合の宇宙年齢を計算すると, 以下のようになる.

a	宇宙年齢 $[h^{-1}$ 年$]$		
	$\Omega_{\mathrm{m}} = 0.3, \Omega_\Lambda = 0$	$\Omega_{\mathrm{m}} = 0.3, \Omega_\Lambda = 0.7$	$\Omega_{\mathrm{m}} = 0.1, \Omega_\Lambda = 0.9$
1	7.9×10^9	9.4×10^9	1.2×10^{10}
0.5	3.3×10^9	4.0×10^9	6.3×10^9
0.2	9.4×10^8	1.1×10^9	1.8×10^9
0.1	3.5×10^8	3.8×10^8	6.5×10^8
0.01	1.2×10^7	1.2×10^7	2.1×10^7
0.001	3.8×10^5	3.8×10^5	6.5×10^5

[6.16] (p.147)　質量, 長さ, 時間をそれぞれ M, L, T と表すと

$$[G] = L^3 M^{-1} T^{-2}, \quad [\hbar] = L^2 M T^{-1}, \quad [c] = LT^{-1}. \tag{A.6.61}$$

質量 m_{pl} (プランク質量と呼ばれる) については,

$$m_{\mathrm{pl}} = G^\alpha \hbar^\beta c^\gamma = L^{3\alpha + 2\beta + \gamma} M^{-\alpha + \beta} T^{-2\alpha - \beta - \gamma} \tag{A.6.62}$$

となるから,

$$3\alpha + 2\beta + \gamma = 0, \quad -\alpha + \beta = 1, \quad -2\alpha - \beta - \gamma = 0 \tag{A.6.63}$$

を満たす α, β, γ の組を求めればよい. これを解けば, $\alpha = -\dfrac{1}{2}$, $\beta = \gamma = \dfrac{1}{2}$ となるので,

$$m_{\mathrm{pl}} \equiv \sqrt{\frac{\hbar c}{G}} \simeq 2.18 \times 10^{-5} \,\mathrm{g}. \tag{A.6.64}$$

プランク長さ ℓ_{pl}, プランク時間 t_{pl}, プランク密度 ρ_{pl} も同様にして求めることができ,

$$\ell_{\mathrm{pl}} = \sqrt{\frac{\hbar G}{c^3}} \simeq 1.62 \times 10^{-33} \,\mathrm{cm}, \tag{A.6.65}$$

$$t_{\mathrm{pl}} = \sqrt{\frac{\hbar G}{c^5}} \simeq 5.39 \times 10^{-44} \,\mathrm{s}, \tag{A.6.66}$$

$$\rho_{\mathrm{pl}} = \frac{c^5}{\hbar G^2} \simeq 5.16 \times 10^{93} \,\mathrm{g\,cm^{-3}} \tag{A.6.67}$$

となる. また, 単位間の換算表は以下の通り.

	eV	K	erg	g
eV	—	$1.16 \times 10^4 \,\mathrm{K}$	$1.60 \times 10^{-12} \,\mathrm{erg}$	$1.78 \times 10^{-33} \,\mathrm{g}$
K	$8.62 \times 10^{-5} \,\mathrm{eV}$	—	$1.38 \times 10^{-16} \,\mathrm{erg}$	$1.54 \times 10^{-37} \,\mathrm{g}$
erg	$6.24 \times 10^2 \,\mathrm{GeV}$	$7.24 \times 10^{15} \,\mathrm{K}$	—	$1.11 \times 10^{-21} \,\mathrm{g}$
g	$5.61 \times 10^{23} \,\mathrm{GeV}$	$6.51 \times 10^{36} \,\mathrm{K}$	$8.99 \times 10^{20} \,\mathrm{erg}$	—

[6.17] (p.147)　$K > 0$ のときは $y \equiv \sqrt{K}x$ とおいて

$$\chi = \frac{1}{\sqrt{K}} \int_0^{\sqrt{K}x} \frac{dy}{\sqrt{1 - y^2}} = \frac{1}{\sqrt{K}} \sin^{-1}\left(\sqrt{K}x\right) \tag{A.6.68}$$

$$\Longleftrightarrow x = \frac{1}{\sqrt{K}} \sin\left(\sqrt{K}\chi\right). \tag{A.6.69}$$

他の場合も同様にして

$$\chi = \begin{cases} \dfrac{1}{\sqrt{K}} \sin^{-1}\left(\sqrt{K}x\right) & (K > 0), \\[2mm] x & (K = 0), \\[2mm] \dfrac{1}{\sqrt{|K|}} \sinh^{-1}\left(\sqrt{|K|}x\right) & (K < 0). \end{cases} \tag{A.6.70}$$

したがって

$$x \equiv S_K(\chi) = \begin{cases} \dfrac{1}{\sqrt{K}} \sin\left(\sqrt{K}\chi\right) & (K > 0), \\[3mm] \chi & (K = 0), \\[3mm] \dfrac{1}{\sqrt{|K|}} \sinh\left(\sqrt{|K|}\chi\right) & (K < 0). \end{cases} \tag{A.6.71}$$

これは，6.2 節で示された (6.10) 式である．

[6.18] (p.147)　動径座標の原点において，(その場所で測定して) δt の間に等方的に光を出し，観測者 (我々) が $x = S_K(\chi) = S_K(\chi(z))$ でその光を受け取るとする．やってくる光が赤方偏移 $(1 + z)^{-1}$ を受けること，および，観測者が光を観測する時間は time dilation を受けて $\delta t(1 + z)$ になっていることを考慮すると，次の等式が成り立つ：

$$\mathscr{L} \times \delta t \times \frac{1}{1+z} = \mathscr{F} \times 4\pi \left(S_K(\chi(z))\right)^2 \times \delta t(1+z) \tag{A.6.72}$$

$$\Longleftrightarrow \mathscr{F} = \frac{\mathscr{L}}{4\pi \left(S_K(\chi(z))(1+z)\right)^2}. \tag{A.6.73}$$

光度距離の定義式 (6.116) と比べて

$$d_{\mathrm{L}} = (1+z)S_K(\chi(z)) \tag{A.6.74}$$

である．

[6.19] (p.148)　視線方向に垂直な大きさ D の物体から光が発せられるとする．観測者 (我々) のところに光がやってくるときに見込む角度 θ は，光が発せられるときに決定されるから

$$D = a(z)S_K(\chi(z)) \times \theta = \frac{1}{1+z}S_K(\chi(z)) \times \theta. \tag{A 6.75}$$

角度距離の定義式 (6.117) 式と比べれば

$$d_{\mathrm{A}} = \frac{1}{1+z}S_K(\chi(z)) = \frac{d_{\mathrm{L}}}{(1+z)^2}. \tag{A.6.76}$$

[6.20] (p.148)　数値積分すれば

$$d_{\mathrm{H}} \approx \frac{3.24c}{H_0} \approx 470 \left(\frac{67.4\,\mathrm{km \cdot s^{-1} \cdot Mpc}}{H_0}\right) \text{億光年} \tag{A.6.77}$$

となる．

　そもそも距離とは，何らかの手段を用いて，遠くの場所を指定するパラメータの値に過ぎない．そのため，遠方宇宙までの「距離」は一般相対論的効果のために，その定義によって値が大きく異なってしまう．式 (6.118) において常に $a(t) = 1$，すなわち宇宙が膨張しない場合を考えれば，d_{H} は t_0 と一致する．つまり，その場合には，光で見える宇宙の果てまでの距離は，予想通り 138 億光年となる．

　一方，宇宙が膨張している場合には，光が出発した点はそのおかげで光が実際に進んだ距離以上に，

我々から遠ざかっているはずで，地平線距離が 138 億光年より長くなるのは，直感的にも明らかである（過去の宇宙は $0 < a < 1$ に対応する）．

とはいえ，宇宙論的「距離」には，光度距離，角度距離，共動距離などのさまざまな定義があるため，138 億光年であろうと 470 億光年であろうと，その 3 倍程度の違いにはあまり意味はない．例えて言うならば，半径 1 の円の大きさを伝えたいときに，直径を指して「円のサイズは 2 である」と言うのか，円周を指して「円のサイズ 2π である」と言うのか程度の違いである．その値を用いてさらに正確な計算をする目的がない限り，この 2 つはいずれも円のサイズを伝えるためには十分である．そもそも宇宙の果てまでの距離を，単純に，今から 138 億年前に出発した光が，光速で 138 億年かけて移動した距離という意味だと定義すれば，138 億光年だとしても別におかしくないのである．実際ほとんどの天文学者は，たとえば今から 132 億年前の宇宙に存在する天体を発見した際，一般の人々に向けては「132 億光年」先の天体の発見，と表現する．しかし，天文学の論文においては，決してそのような表現は用いない．直接の観測量である赤方偏移 z を用いて，「$z = 10$」の天体の発見と記述するのである．これをあえて 132 億光年と表現しているのは，むしろサービス精神の表れなのだ．より厳密な「距離」の定義にこだわって「310 億光年」先の天体，などと表現してしまえば，かえって無用な混乱を引き起こすだけなのである．というわけで，私は「観測できる宇宙の果てまでの距離は 138 億光年である」と表現することにしている．講演会で「実際は 470 億光年である，と書いている本があるのですがどちらが正しいのでしょうか」という質問を受けた場合でも，「それは距離の定義によるだけの話ですから気にしないでください」と答えてすましている．

第 7 章

[7.1] (p.177) まず (7.75) 式より，この連星系は

$$L_{\mathrm{GW}} = \frac{32 G^4}{5 c^5} \frac{m_1^2 m_2^2 (m_1 + m_2)}{a^5} = \frac{2 L_{\mathrm{pl}}}{5} \left(\frac{1.4 \times 3}{2 \times 10^6} \right)^5$$

$$\approx 0.4 \times 3.6 \times 10^{59} \times 4.1 \times 10^{-29} \approx 6 \times 10^{30} \,\mathrm{erg/s} \sim 1.5 \times 10^{-3} L_\odot \quad (A.7.1)$$

の重力波光度を持つ．太陽光度の 0.1%という値は決して小さいわけではないが，(7.72) 式より，重力波の振幅の大きさは

$$h = \frac{2 G m_1 \times 2 G m_2}{a d} \approx \frac{(1.4 \times 3)^2}{2 \times 10^6 \times 2 \times 10^{17}} \approx 4 \times 10^{-23} \quad (A.7.2)$$

と地上ではきわめて小さな値となる．またその振動数は $2\omega = 0.45\,\mathrm{mHz}$ なので，地上観測ではこの振幅を直接検出することは不可能である．

次に (7.82) 式を用いて，この重力波の放射が連星系の軌道パラメータに与える影響を評価してみる．$cP \approx 3 \times 10^5 \times 7.75 \times 3600 \approx 8.4 \times 10^9 \,\mathrm{km}$ なので

$$\frac{dP}{dt} = -\frac{384 \times (2\pi^4)^{2/3}}{5} \left(\frac{Gm_1 m_2}{c^3(m_1 + m_2)P}\right) \left(\frac{G(m_1 + m_2)}{c^3 P}\right)^{2/3}$$

$$\approx -2581 \times \frac{1.4 \times 1.5}{2 \times 8.4 \times 10^9} \times \left(\frac{1.4 \times 3}{8.4 \times 10^9}\right)^{2/3}$$

$$\approx -2.0 \times 10^{-13} \approx -6.3 \ \mu\text{s/yr}. \tag{A.7.3}$$

30 年以上にわたる継続的な観測を通じて，この微小な公転周期の変化は，実際に観測されている．(7.125) 式の観測値に比べて 1 桁小さいのは，この系が大きな離心率をもっていることを無視して円軌道で近似したためである．離心率の効果まで含めた予言値を計算すれば，それらの比は 0.997 ± 0.002 となり，驚異的な一致となる．

[7.2] (p.178)　$e = 0.617$ を代入すると，この離心率の効果に対応する係数は 11.8 になるので，円軌道を仮定した場合の (A.7.3) 式が観測値に比べて 1/12 であった理由が見事に説明できる．このような簡単な計算で観測をぴったり説明できるのは驚異的である．

[7.3] (p.178)　(5.69) 式より，近点移動率は

$$\frac{d\omega}{dt} = \frac{6\pi G(m_1 + m_2)}{a(1 - e^2)}\frac{1}{P}$$

$$\approx \frac{6\pi \times 1.4 \times 3}{1.95 \times 10^6 \times (1 - 0.6171334^2)}\frac{365 \times 24}{7.75}\frac{180}{\pi} \ \text{度/yr} \approx 4.25 \ \text{度/yr} \tag{A.7.4}$$

となり，これも素晴らしい一致である．

　水星の近日点移動の観測値は，地球の歳差運動と他の惑星からの摂動が，一般相対論による効果の 100 倍以上の寄与をしていた．これに対して連星パルサーは，きわめて良い近似で重力 2 体系となっているおかげで，一般相対論の効果が支配的なのである．仮に，太陽系に水星がなかったとすれば，この連星パルサーが，重力波による公転周期の減少のみならず，近点移動についても，一般相対論の初めての精密検証例となっていたかもしれない．

[7.4] (p.178)　(7.86) 式より

$$\frac{\tau_{\text{GW}}}{P_0} = \frac{3}{8A}\left(\frac{P_0}{P_c}\right)^{5/3}. \tag{A.7.5}$$

したがって，

$$P_c = \left(\frac{3}{8A}\frac{P_0}{\tau_{\text{GW}}}\right)^{3/5} P_0 \approx \left(\frac{3}{8 \times 2500}\frac{6 \times 10^{-2}}{0.15}\right)^{3/5} P_0$$

$$\approx (6 \times 10^{-5})^{3/5} P_0 \approx 1.8 \times 10^{-4} \ \text{秒} \approx \frac{36GM_\odot}{c^3}. \tag{A.7.6}$$

この式と (7.84) 式を比べれば

$$\mu^{3/5} M^{2/5} = (m/2)^{3/5}(2m)^{2/5} = m/2^{1/5} \approx 36M_\odot \tag{A.7.7}$$

より，$m \approx 1.1 \times 36 M_\odot \approx 40 M_\odot$．GW150914 のブラックホール連星の質量は $36^{+5}_{-4} M_\odot$ と $29^{+4}_{-4} M_\odot$ だと推定されているので，上記は十分よい近似となっている．

[7.5] (p.178)　(7.75) 式を用いて，合体までに放出される重力波のエネルギーは

$$\int L_{\mathrm{GW}} dt = \int \frac{32 G^4}{5 c^5} \frac{\mu^2 M^3}{a^5} \, dt \tag{A.7.8}$$

から計算できる．(7.80) 式を用いれば

$$\int L_{\mathrm{GW}} \, dt = -\int_{a_0}^{a_{\min}} \frac{G \mu M}{2 a^2} \, da = \frac{G \mu M}{2} \left(\frac{1}{a_{\min}} - \frac{1}{a_0} \right) \tag{A.7.9}$$

ここで $a_0 \gg a_{\min}$ としてよいから，

$$\int L_{\mathrm{GW}} \, dt = \frac{G \mu M}{2 a_{\min}} = \frac{m c^2}{10} \quad \Rightarrow \quad a_{\min} = \frac{5 G \mu M}{m c^2} = \frac{5 G m}{c^2} \tag{A.7.10}$$

これは質量 m のシュワルツシルト半径の 2.5 倍である．つまり，互いに，そのシュワルツシルト半径程度まで接近すれば有限サイズの効果 (あるいはニュートン力学近似の破綻) が顕著となって合体することを示唆している．

[7.6] (p.178)　(7.128) 式を計算すれば

$$I_{ij} = \begin{pmatrix} (I_x + I_y)/2 + I_0 \cos 2\Omega t & I_0 \sin 2\Omega t & 0 \\ I_0 \sin 2\Omega t & (I_x + I_y)/2 - I_0 \cos 2\Omega t & 0 \\ 0 & 0 & I_z \end{pmatrix}. \tag{A.7.11}$$

ただし，

$$I_0 \equiv \frac{I_x - I_y}{2} \tag{A.7.12}$$

と定義した．この結果を四重極近似解 (7.54) 式に代入すれば

$$h_{xx} = \frac{2G}{r} \frac{d^2 I_{xx}(t-r)}{dt^2} = -\frac{8 G I_0 \Omega^2}{r} \cos 2\Omega(t-r) = -h_{yy}, \tag{A.7.13}$$

$$h_{xy} = -\frac{8 G I_0 \Omega^2}{r} \sin 2\Omega(t-r) \tag{A.7.14}$$

となる．これは $h_+ = h_{xx}$，$h_\times = h_{xy}$ かつ $h_+^2 + h_\times^2 = $ 一定となるので，円偏光重力波である．特に，軸対称 ($I_x = I_y$) な系がその対称軸の回りに回転する場合には $I_0 = 0$ なので，重力波は放射されないことが分かる．

参考文献

　前書きで述べたように，本書は主として初学者に相対論の心を伝えることを目的としている．したがって，本格的に相対論/宇宙物理学の分野に進むことを考えている読者にはまだまだ物足りない部分が多いことであろう．またもしもそのように感じていただけたとすれば，本書の目的はある程度達成されたとも言える．そのような読者のために，さらに進んだ文献を少し補足しておこう．

　一般相対論は体系が明確で，他のさまざまな物理とはかなり独立して記述できるため，古くから優れた教科書が多い．まず私が学生の頃に読んで感銘を受けたものとして

(1) C.W. Misner, K.S. Thorne & J.A. Wheeler: *Gravitation* (Freeman, 1972)

(2) エリ・ランダウ，イェ・エム・リフシッツ：『場の古典論――電気力学，特殊および一般相対論』(東京図書，1978)

(3) 内山龍雄：『一般相対性理論』(裳華房，1978)

をあげておきたい．

　(1) は，すべての物理量は座標系とは無関係に存在する幾何学的実在である，という立場をしつこいまでに強調しており，本書の前半はその影響を強く受けている．半面，その記述がしつこ過ぎる傾向は否めない．全部で1279ページという分厚さは，書きかたを精錬すれば半分以下ですむのではないか，と思われる点は残念である．好き嫌いが分かれる書ではあろうが，個人的には是非とも推薦しておきたい教科書である．

　(2) も特にその後半の一般相対論の部分はランダウ-リフシッツ教程のなかでも名著の誉れが高い．(1) とは対照的に，難しい内容を簡潔かつスマートに説明している．

　(3) は著者の個性がにじみだしているような文体で，一般相対性理論の思想を切々と訴えかける思いが伝わってくる．

　それ以外には

(4) 佐藤勝彦：『相対性理論』(岩波書店，岩波基礎物理シリーズ 9, 1996)

(5) 佐々木節：『一般相対論』(産業図書，1996)

(6) ジェームス・B・ハートル：『重力 (上)(下)』(牧野伸義訳：日本評論社，2016)

(7) 須藤靖：『もうひとつの一般相対論入門』(日本評論社，2010)

がある．

(4) は本書と同じく，東京大学物理学教室で行われた講義を元にして書かれたものであり，丁寧かつ平易な記述が特徴である．標準的な相対論の教科書として安心して薦められる．

(5) は，相対論の専門家によるもので，本書あるいは (4) に比べると，かなり高度な記述スタイルとなっている．本書で一般相対論の基礎を学んだ後，さらにより深く理解したい人にはお薦めしたい．

(6) は，具体的な例を数多く扱い説明しながら一般相対論を解説する現代的なスタイルの教科書である．2 分冊でかなりの厚さではあるが，興味深い視点と物理的洞察が散りばめられている好著である．

(7) は本書の初版を出した後に，一般相対論の天体物理学的応用を念頭におき，意図的に異なるスタイルで書き起こしたもの．GPS，球対称時空とオッペンハイマー–ボルコフ方程式，重力波のエネルギー運動量擬テンソル，重力レンズなど，本書では扱えなかったテーマを解説した相補的な教科書である．

主として重力波を解説した教科書として

(8) 川村静児：『重力波物理の最前線』(共立出版，2018)

(9) 柴田大，久徳浩太郎：『重力波の源』(朝倉書店，2018)

をあげておく．

(8) は重力波検出の原理，技術，データ解析から，将来の重力波天文学に至るまで，本書ではまったくカバーできなかった重要なテーマが実験家の視点から明快に説明されている．

(9) は数値相対論の専門家である 2 名の著者が，理論家の視点から，重力波物理学から重力天文学へ至る道を解説したもので，(8) とともに，現時点での重力波研究を概観できる優れた教科書である．

索引

▶ 数字・アルファベット

3C273	107
3 次元球面	123
3 次元双曲面	124
3 次元ユークリッド空間	123
4 元運動量	16
4 元速度	16
4 元素説	7
4 元電流	17
4 元ポテンシャル	19
4 元力	16
EHT	110
GW150914	107
LIGO	107, 149
(m, n) 型テンソル	16
(m, n) 混合テンソル	33
n 階テンソル	31
SDSS	107
TT ゲージ	155

▶ あ行

アインシュタインテンソル	64
アインシュタイン-ドジッター宇宙モデル	131
アインシュタインの規則	11
アインシュタインの静的宇宙モデル	139
アインシュタイン-ヒルベルト作用	72
アインシュタイン方程式	66
アインシュタイン方程式の線形化	150
一様	120
一般座標変換	27
一般相対性原理	28

因果律	13
宇宙	11
宇宙 X 線背景輻射	23
宇宙原理	120
宇宙項	67
宇宙項優勢期	132
宇宙定数	67, 128
宇宙の加速膨張	137
宇宙の晴れ上り	132
宇宙マイクロ波背景輻射	21
宇宙論パラメータ	133
エーテル	7
エディントン限界	110
エディントン光度	109
エトベッシュの実験	25
エネルギー運動量テンソル	58, 59, 73
エネルギー損失率	160
応力テンソル	61

▶ か行

階層構造の形成	132
角度距離	148
加速膨張	138
活動銀河核	107
ガリレイ変換	3
ガリレオ衛星	8
換算四重極モーメント	159
慣性系	2
慣性質量	24
完全流体	60, 74, 144
ガン-ピーターソン効果	110
基底ベクトル	29
軌道傾斜角	93
軌道平均	96

球対称時空	77
共形変換	46
共動系	121
共動座標	122
共変成分	32
共変微分	37, 54
共変ベクトル	15
局所慣性系	26, 39
局所的ゲージ不変性	53
局所ローレンツ系	39
曲率項優勢期	132
近点引数	93
空間曲率	122
クエーサー	106
クリストッフェル記号	39
クロスモード	156
計量	31
計量テンソル	11
ゲージ理論	52
ケプラー軌道要素	93
減速膨張	138
光円錐	14
光速度	10
光速度不変の原理	10
降着エネルギー	108
光度距離	147
コペルニクス原理	120
固有座標	122
固有時間	17

▶ さ行

時空	11
四重極近似解	159
四重極モーメント	98, 159
事象の地平線	81
重力質量	24
重力赤方偏移	87, 88
重力波イベント GW150914	175

重力場のエネルギー運動量擬テンソル	161
重力波の偏光テンソル	155
重力波の方向依存性	165
重力波輻射の四重極公式	160
シュワルツシルト解	78
シュワルツシルト時空	78
シュワルツシルト半径	78
シュワルツシルトブラックホール	81
昇交点経度	93
ジョセフ・ウェーバー	173
真近点角	96
水素燃焼 (核融合)	108
スカラー	15, 31, 34
スカラー曲率	43
スケール因子	122
精密宇宙論	133
赤方偏移	132
接続係数	37, 39, 54
摂動関数	94
セファイド変光星	130
線素	11, 31
相対論的物質	128
双対ベクトル基底	31
測地線	47, 49
測地線の方程式	48

▶ た行

ダークエネルギー	68, 128
第 2 のインフレーション	137
大局的ゲージ不変性	52
太陽の四重極モーメント	98
単色平面波解	154
遅延解	154
地動説	8
チャープ	163
チャープ質量	163
中性子星連星	177
潮汐力	114

電磁場	61	平坦な宇宙	124
電磁場テンソル	17	ベクトル	15, 34
テンソル	15, 34	ホーキング温度	113
テンソル積	31		
天動説	8	**▶ ま行**	
等価原理	26	マイケルソン-モーリーの実験	8
同期化された座標系	121	マクスウェル方程式	4
等方	120	マゴリアン関係	107
等方座標	80	マッハの原理	58
特殊相対性原理	16	ミンコフスキー時空	11
閉じた宇宙	124		
		▶ ら行	
▶ は行		リーマン接続	39
バーコフの定理	77, 116	リーマンの曲率テンソル	40, 42
ハッブル宇宙望遠鏡	130	離心近点角	96
ハッブル定数	129	リッチテンソル	43
ハッブルの法則	129	臨界密度	130
反変成分	30	ルメートルモデル	139
反変ベクトル	15	レーザー干渉計	174
ビアンキの恒等式	43	レーダーエコー実験	118
光の捕獲半径	111	連星系からの重力波	161
非相対論的物質	127	ローレンスゲージ	152
ビッグバン元素合成	132	ローレンツ変換	6, 12, 20
開いた宇宙	124	ロバートソン-ウォーカー計量	122
平川浩正	173		
輻射優勢期	132		
物質優勢期	132		
不変 4 次元体積要素	69		
プラスモード	156		
ブラックホールシャドウ	111		
ブラックホールの熱力学	114		
プランク光度	160		
プランク質量	113		
プランクスケール	142		
プランク分布	22		
フリードマン方程式	125		
平均運動	95		
平行移動	35		

須藤 靖 (すとう・やすし)

略歴
1958年　高知県安芸市に生まれる.
1981年　東京大学理学部物理学科卒業.
1986年　東京大学大学院理学系研究科博士課程修了.
　　　　カリフォルニア大学バークレー校ミラー基礎科学研究所研究員,
　　　　茨城大学理学部物理教室, 広島大学理論物理学研究所,
　　　　京都大学基礎物理学研究所, 東京大学大学院理学系研究科を経て,
現在　　高知工科大学特任教授, 東京大学名誉教授. 理学博士.

専門は宇宙論・太陽系外惑星.

主な著書に『もうひとつの一般相対論入門』(日本評論社, 2010),
『人生一般ニ相対論』(東京大学出版会, 2010),
『科学を語るとはどういうことか』(河出書房新社, 2013, 共著),
『宇宙人の見る地球』(毎日新聞出版, 2014),
『情けは宇宙のためならず』(毎日新聞出版, 2018),
『この空のかなた』(毎日新聞出版, 2018),
『不自然な宇宙』(講談社ブルーバックス, 2019),
『解析力学・量子論 (第2版)』(東京大学出版会, 2019).

いっぱんそうたいろんにゅうもん　かいていばん
一般相対論入門 [改訂版]

2005年3月20日　初版第1刷発行
2019年9月25日　改訂版第1刷発行
2024年6月25日　改訂版第3刷発行

著　者	須　藤　　靖
発行所	株式会社　日　本　評　論　社
	〒170-8474 東京都豊島区南大塚3-12-4
	電話　(03) 3987-8621 [販売]
	(03) 3987-8599 [編集]
印　刷	三美印刷
製　本	井上製本所
装　釘	Malpu Design (陳 湘婷+清水良洋)

JCOPY　〈(社) 出版者著作権管理機構 委託出版物〉

本書の無断複写は著作権法上での例外を除き禁じられています. 複写される場合は, そのつど事前に, (社) 出版者著作権管理機構 (電話：03-5244-5088, FAX：03-5244-5089, e-mail：info@jcopy.or.jp) の許諾を得てください. また, 本書を代行業者等の第三者に依頼してスキャニング等の行為によりデジタル化することは, 個人の家庭内の利用であっても, 一切認められておりません.

ⓒ Yasushi Suto 2005, 2019　　　　　　　　Printed in Japan
ISBN 978-4-535-78901-2

もうひとつの一般相対論入門

須藤 靖[著]

面倒な数学的準備は座標変換と微分計算だけにとどめ、GPS、重力波、重力レンズなどの実例に即して一般相対論に"再"入門する。

●A5判
定価2,640円

重力 上 下

アインシュタインの一般相対性理論入門

ジェームズ・B・ハートル[著] **牧野伸義**[訳]

「まず物理を!」をスローガンに複雑な数学は最小限にして、さまざまな物理現象に一般相対論をどう使うかに力点を置いた好著。下巻ではアインシュタイン方程式を扱う。

●各A5判／定価各3,960円

シリーズ 現代の天文学〈第2版〉

好評刊行中!

圧倒的な支持を得た旧版に、重力波の直接観測、太陽系外惑星など、この10年のトピックスを盛り込んだ第2版。 ●A5判

第1巻 **人類の住む宇宙** ●定価2,970円

第2巻 **宇宙論Ⅰ**──宇宙のはじまり 第2版補訂版 ●定価2,860円

第3巻 **宇宙論Ⅱ**──宇宙の進化 ●定価2,860円

第4巻 **銀河Ⅰ**──銀河と宇宙の階層構造 ●定価3,080円

第5巻 **銀河Ⅱ**──銀河系 ●定価3,080円

第6巻 **星間物質と星形成** ※続刊

第7巻 **恒星** ※続刊

第8巻 **ブラックホールと高エネルギー現象** ※続刊

第9巻 **太陽系と惑星** ●定価3,080円

第10巻 **太陽** ●定価3,080円

第11巻 **天体物理学の基礎Ⅰ** ●定価3,300円

第12巻 **天体物理学の基礎Ⅱ** ●定価3,080円

第13巻 **天体の位置と運動** ●定価2,750円

第14巻 **シミュレーション天文学** ※続刊

第15巻 **宇宙の観測Ⅰ**──光・赤外天文学 ●定価2,970円

第16巻 **宇宙の観測Ⅱ**──電波天文学 ●定価3,410円

第17巻 **宇宙の観測Ⅲ**──高エネルギー天文学 ●定価3,410円

第18巻 **アストロバイオロジー** ※続刊

別巻 **天文学辞典** ●定価7,150円

※2024年5月現在

日本評論社
https://www.nippyo.co.jp/

※表示価格は10%の消費税込の金額です。